北大社“十四五”普通高等教育规划教材

高等院校艺术与设计类专业“互联网+”创新规划教材

# Illustrator商业案例项目设计实训

主　审　王东辉
主　编　蔺海峰　赵　迪　吴　健

## 内容简介

本书是编者多年教学经验的总结。编者精心挑选了15个经典案例进行详细讲解，全面介绍了Illustrator软件基础、工具箱、属性栏、菜单栏等核心功能及商业案例的实际设计流程。本书分别从初识Illustrator、图标设计、平面广告设计、书籍设计、包装设计、企业形象设计6个方面结合实际案例讲解软件的操作方法，使读者可以边学边练，既可以掌握软件功能，又可以参与到项目案例设计当中。每章以经典故事导入，配合理论知识及实际案例操作流程进行讲解，理论结合实际，使知识体系更加立体化、系统化。

为了使读者更加直观地理解软件的操作方法，也方便教师教学，我们以"数字化"教材的模式开发了与课程配套的微课，读者可以通过扫描书中的二维码进行学习。

本书既可以作为高等院校艺术与设计类专业及应用型本科院校相关专业的教材，也可作为设计爱好者与自学者的工具书。

**图书在版编目（CIP）数据**

Illustrator商业案例项目设计实训 / 蔺海峰，赵迪，吴健主编．—北京：北京大学出版社，2023.4
高等院校艺术与设计类专业"互联网+"创新规划教材
ISBN 978-7-301-33942-8

Ⅰ．①I… Ⅱ．①蔺… ②赵… ③吴… Ⅲ．①图形软件—高等学校—教材 Ⅳ．①TP391.412

中国国家版本馆CIP数据核字（2023）第064640号

**书　　名** Illustrator商业案例项目设计实训
Illustrator SHANGYE ANLI XIANGMU SHEJI SHIXUN
**著作责任者** 蔺海峰　赵　迪　吴　健　主编
**策划编辑** 孙　明
**责任编辑** 李瑞芳
**数字编辑** 金常伟
**标准书号** ISBN 978-7-301-33942-8
**出版发行** 北京大学出版社
**地　　址** 北京市海淀区成府路205号　100871
**网　　址** http://www.pup.cn　新浪微博：@北京大学出版社
**编辑部邮箱** pup6@pup.cn
**总编室邮箱** zpup@pup.cn
**电　　话** 邮购部010-62752015　发行部010-62750672　编辑部010-62750667
**印 刷 者** 三河市博文印刷有限公司
**经 销 者** 新华书店
889毫米×1194毫米　16开本　12印张　290千字
2023年4月第1版　2023年4月第1次印刷
**定　　价** 49.00元

# 前 言

Illustrator 是一款应用于印刷与出版、多媒体设计和图形图像制作的矢量图形软件，应用非常广泛，是设计者实现设计意图的重要设计工具。Illustrator 计算机辅助设计作为设计类专业的基础技能课程之一，是各大高校视觉传达设计等专业的必修课程。

本书以理论为基础，结合真实设计案例，多角度、全方位地对 Illustrator 进行讲解。

本书具有如下特点。

（1）基于应用型人才培养，理论知识和设计案例相结合。

充实的理论知识和丰富的设计案例是本书的主要特色。每一章首先介绍设计理论知识，并提供作品欣赏，然后通过实际案例来讲解软件功能，使读者在动手实践的过程中轻松掌握软件的操作技巧，了解设计项目的特点和制作流程。本书中不同类型的设计案例和教学视频，能够让读者充分体验学习的乐趣，真正做到学以致用。

（2）基于 OBE 理念的项目教学。

以岗位能力为目标，按照使用和掌握软件的知识递进式方法，使读者首先掌握软件的操作原理，以 OBE（Outcomes-based Education，基于学习产出的教育模式）的教学理念为导向，通过案例式教学讲解软件的设计功能、使用技巧及应用领域。本书以软件操作的学习为主线，通过企业典型的项目案例进行学习提升，使知识体系更加全面，操作性更强。

（3）基于数字化资源运用的立体化教材。

本书利用数字化资源解决学生自主学习的需求，通过扫描书中二维码，可以获取设计素材、操作视频和故事导读等学习资源，让软件学习变得更加容易。

本书由王东辉担任主审，由蔺海峰、赵迪、吴健担任主编。本书具体编写分工：第1章、第2章由赵迪编写，第3章、第4章由蔺海峰编写，第5章、第6章由吴健编写。

由于编者水平有限，书中疏漏之处在所难免，敬请各位专家、同行、读者批评指正！

编者

2022年10月

【资源索引】

# 目 录

# 第 1 章　初识 Illustrator

## 学习目标

本章将学习 Illustrator 软件工作区和功能特色，包括 Illustrator 图像的概念、操作界面的应用、文档工具的基本操作等。掌握绘图、编辑和颜色等基础知识，为后续的软件学习和图像的编辑与设计打好基础。

## 学习要求

| 知识要点 | 能力要求 |
|---|---|
| 1. Illustrator 工作区介绍 | 1. 能够使用软件建立自己的工作区 |
| 2. Illustrator 的基本操作方法 | 2. 掌握 Illustrator 的基本功能 |
| 3. Illustrator 绘图基础知识 | 3. 能够在运用软件的同时了解相关设计知识 |

## 思维导图

## 故事导读

### Adobe公司的发展史

【故事导读-Adobe公司的发展史】

Adobe公司是世界上最大的桌面出版、电子文档与图形软件公司，在广告界与出版界无人不晓。公司名称“Adobe”来自加州洛思阿图斯的奥多比溪，这条河在公司原位于加州芒廷维尤的办公室不远处。

Adobe公司的知名度来自它旗下拥有的顶尖级软件，如Photoshop、PageMaker、Premiere等，但Adobe公司真正的成就还是它的创始人约翰·沃诺克博士在1980年发明的页面描述语言PostScript。PostScript与苹果公司的Mac电脑掀起了一场电脑桌面出版的革命，推动了整个印刷出版行业的发展。比起独自创业，合作创业更困难，大部分合伙人最后都分开了，如Microsoft公司的比尔·盖茨和保罗·艾伦、苹果公司的史蒂夫·乔布斯和斯蒂夫·G.沃兹尼亚克，但约翰·沃诺克和查尔斯·格什克在1982年共同创立了Adobe公司，40多年来，Adobe公司从只有他们两个人发展到现在，他们仍然合作得亲密无间，堪称合作创业的典范。Adobe公司标志如图1-1所示。

图1-1　Adobe公司标志

Adobe公司的总部位于美国加州圣何塞市，是世界领先的数字媒体和在线营销解决方案供应商。Adobe公司旗下的软件产品包括Photoshop（图像处理软件）、InDesign（文字排版软件）、Flash（动画软件）、Dreamweaver（网页编辑软件）、After Effects（视频特效编辑软件）、Acrobat（文档创作软件）、Premiere Pro（视频剪辑软件）、Reader（PDF阅读软件）等（图1-2）。

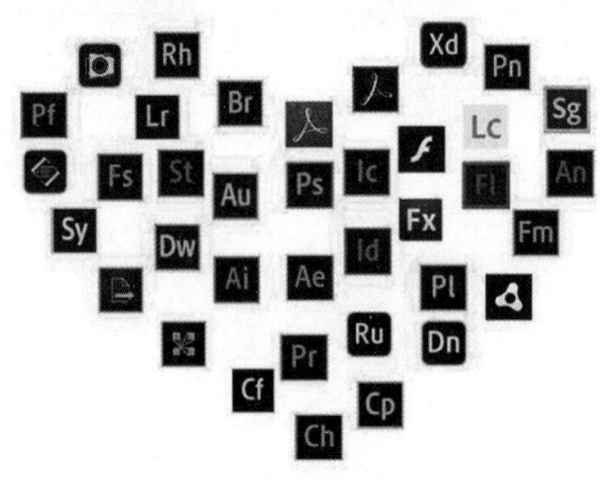


图1-2　Adobe公司旗下的软件产品

（资料来源：作者根据网络资料整理。）

# 1.1 Illustrator工作区介绍

**教学目标**

1. 了解 Illustrator 软件的功能特点和应用范围；
2. 掌握文档工具的基本操作方法及基本绘图工具的使用方法；
3. 学会建立工作区。

**故事导读**

【故事导读－用情感传播设计品牌故事】

**用情感传播设计品牌故事**

在每一个成功品牌的用户体验的核心中，都藏着一则创造品牌价值的故事。顾客之所以使用这个品牌的产品，是因为这个品牌的情感故事为顾客潜意识中对需求的渴望提供了答案。

中国餐饮文化博大精深，每一个地区都有其代表性美食；食材、味道、享用者之间存在和谐共生的关系。今天，在潮汕饮食文化里，潮汕狮头卤鹅因其历史悠久，烹制考究，深受广大消费者喜爱。如何让潮汕卤鹅形成品牌，让消费者追捧？这正是顺顺卤鹅设计品牌形象的目的，用情感传播顺顺卤鹅的品牌文化。顺顺卤鹅品牌设计如图 1-3 所示。

图 1-3 顺顺卤鹅品牌设计

（资料来源：作者根据网络资料整理。）

### 1.1.1 Illustrator 概述

1. 初识 Illustrator

Adobe 公司的 Illustrator 软件是目前使用最广泛的矢量图形制作软件之一。它功能强大、操作简便，深受艺术家、插画师及平面设计师的青睐。据不完全统计，全球约有 37% 的设计师使用 Illustrator 软件进行创作。Illustrator CC 2019 的启动界面如图 1-4 所示。

图 1–4　Illustrator CC 2019 的启动界面

2. Illustrator 功能介绍

（1）强大的绘图工具。

Illustrator 提供了钢笔、画笔、矩形、椭圆形、多边形、网格等数量众多的绘图工具，以及标尺、参考线、网格和测量等辅助工具，可以绘制出任何图形，表现各种效果，如图 1-5 所示。

图 1–5　Illustrator 强大的绘图功能

（2）完美的插画技术支持。

Illustrator 的图形编辑功能十分强大，可以创建不同风格、不同质感的矢量插画，如图 1-6 所示。

图 1–6　Illustrator 完美的插画技术支持

（3）可绘制出相片质感写实效果的渐变和网格工具。

Illustrator 的渐变工具可以创造细腻的颜色过渡效果；网格工具则更加强大，通过对网格点的着色，精确控制颜色的混合位置，可以绘制出相片质感的写实效果，如图 1-7 所示。

图 1–7 Illustrator 可绘制出相片质感的写实效果

（4）强大的 3D 功能。

Illustrator 的 3D 功能可将二维图形创建为可编辑的三维图形，还可以添加光源、设置贴图，特别适合制作立体模型，包括立体效果图。此外，Illustrator 的 3D 功能还提供了大量效果，可以创建投影、发光、变形等效果，如图 1-8 所示。

图 1–8 Illustrator 强大的 3D 功能

（5）灵活的文字和图表工具。

Illustrator 的文字工具可以在一个点、一个图形区域或一条文字路径上创建文字，而且文字的编辑方法也非常灵活，可以轻松完成排版、装帧设计、封面设计等任务。Illustrator 提供了 9 种图表工具，可以用绘制的图形替换图表中的图例，使图表更加美观，如图 1-9 所示。

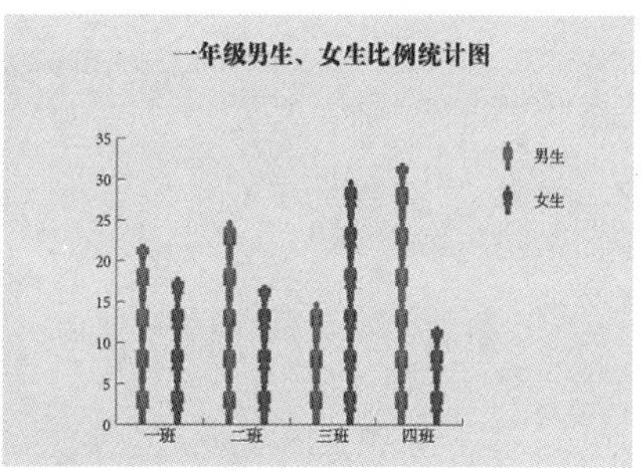


图 1–9 灵活的文字和图表工具

（6）简便而高效的符号工具。

当你需要绘制大量相似的图形，如花草、地图上的标记、技术图纸时，可以先将一个基本图形定义成符号，再通过符号快速地创建类似的对象，既省时又省力。需要修改时，只编辑符号样本即可，如图 1-10 所示。

图 1-10　简便而高效的符号工具

（7）丰富的模板和资源库。

Illustrator 提供了 200 多个专业设计模板，使用模板中现成的内容，可以快速创建名片、信封、标签、证书、明信片、贺卡和网站。此外，Illustrator 还包括众多资源库，如画笔库、符号库、图形样式库、色板库等，为创作与设计提供了极大的便利，如图 1-11 所示。

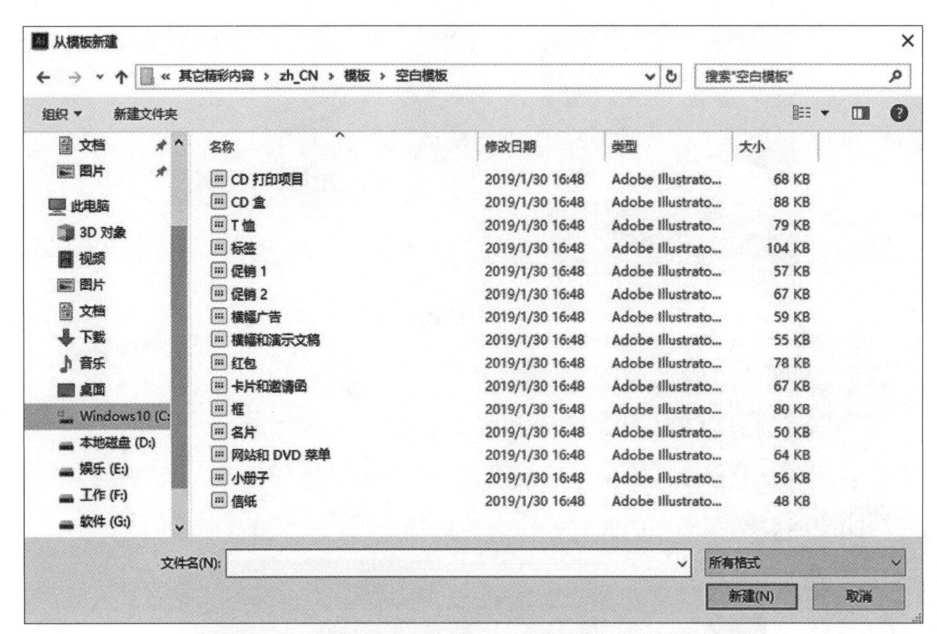


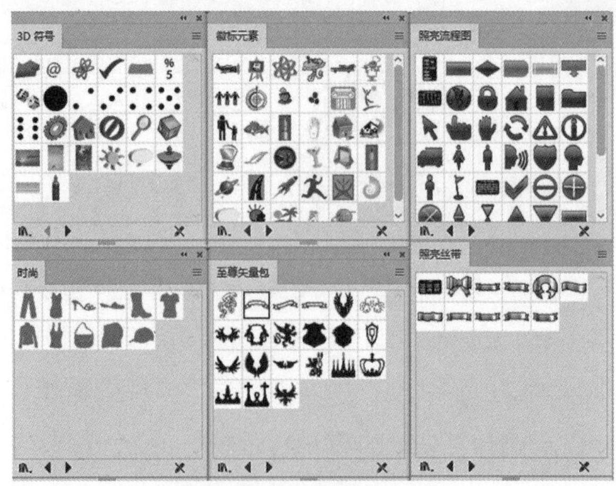


图 1-11　Illustrator 提供的模板及资源库举例

3. 工作界面介绍

Illustrator CC 2019 的工作界面由工作区、菜单栏、标题栏、工具箱、控制面板、状态栏和属性栏，以及可选择定义工作区等组成，如图 1-12 所示。

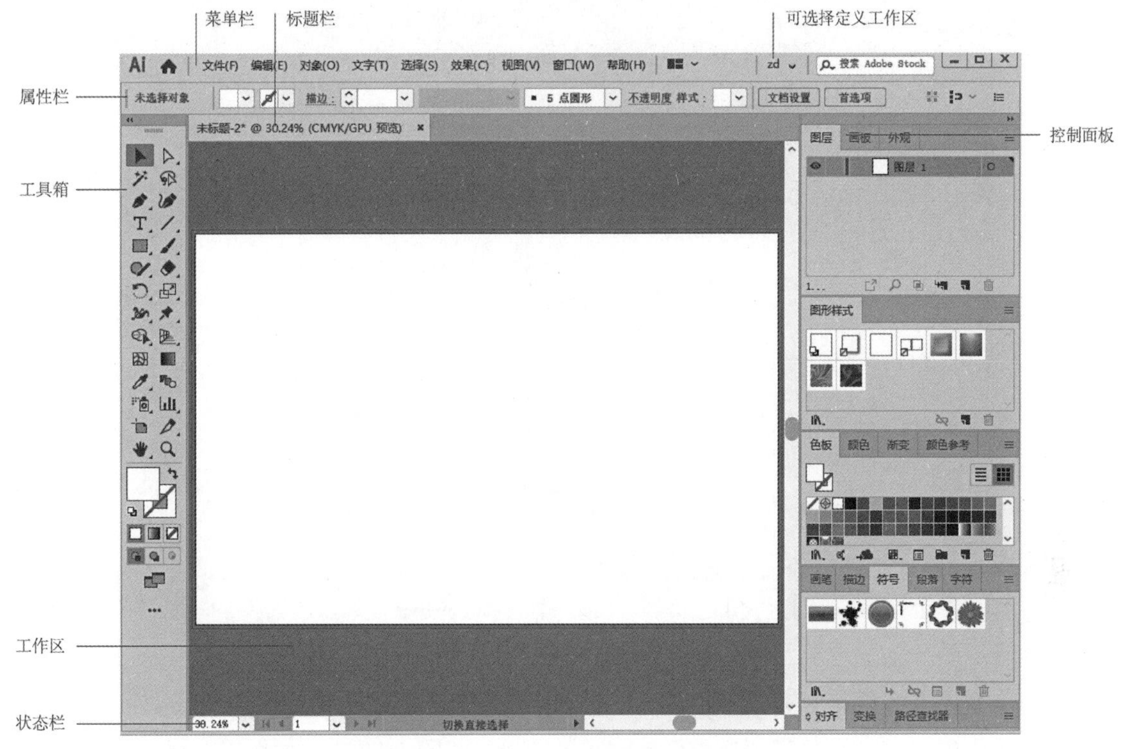


图 1–12 Illustrator 工作界面的构成

（1）工作区。

Illustrator CC 2019 可分为 5 个工作区域，分别是可打印区域、不可打印区域、画布、画板和出血区域，如图 1-13 所示。

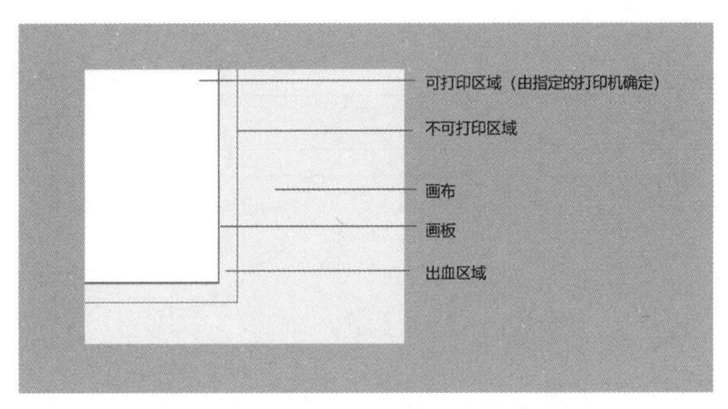


图 1–13 Illustrator 的 5 个工作区域

（2）菜单栏。

Illustrator CC 2019 共有 9 个菜单栏，每个菜单栏中都包含不同类型的命令。例如，“文字”菜单中包含与文字处理有关的命令，“效果”菜单中包含制作特效的各种效果命令，如图 1-14 所示。

单击一个菜单的名称可以打开该菜单，带有黑色三角标记的命令表示还包含下一级的子菜单，选择菜单中的命令即可执行该命令。如果命令后有快捷键，可以通过快捷键来执行命令，如图 1-15 所示。

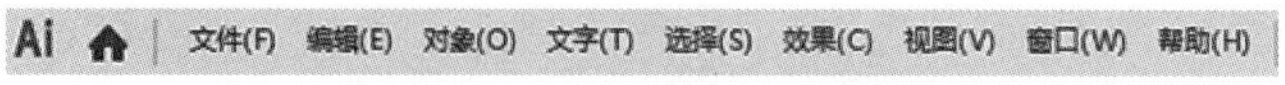

Ai 文件(F) 编辑(E) 对象(O) 文字(T) 选择(S) 效果(C) 视图(V) 窗口(W) 帮助(H)

图 1–14 Illustrator 菜单栏

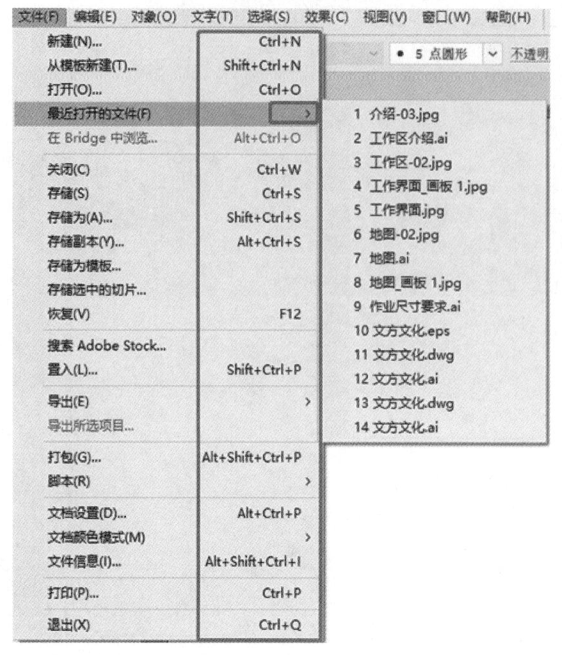


图 1–15 Illustrator 菜单栏的操作

（3）工具箱。

Illustrator CC 2019 的工具箱包含用于创建和编辑图形、图像、页面元素的各种工具，单击工具箱顶部的双箭头按钮，可将其切换为单排或双排样式，如图 1-16 所示为双排样式。

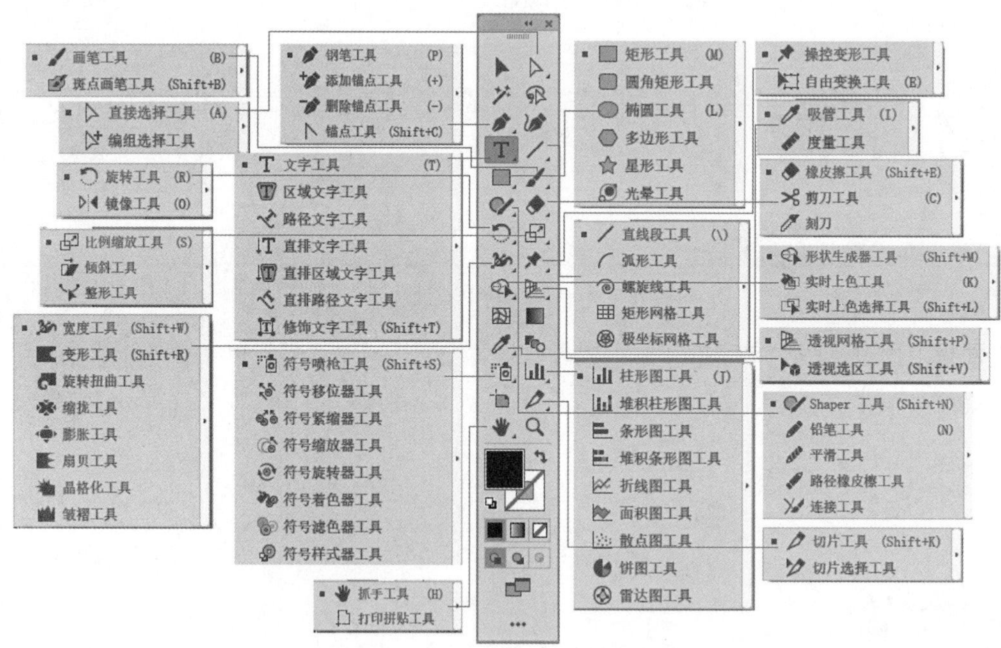


图 1–16 Illustrator 工具箱的构成

（4）控制面板。

在 Illustrator 中，很多编辑操作都要借助相应的控制面板才能完成。执行“窗口”菜单中的命令，可以打开需要的面板。默认的控制面板都成组地布置在窗口的右侧。

折叠、展开和移动面板的方法：用鼠标单击面板右上角的双箭头按钮»，可以将面板折叠成图标状，单击«图标可以展开该面板，单击“图层”面板文字的位置可以移动面板，如图1-17所示。

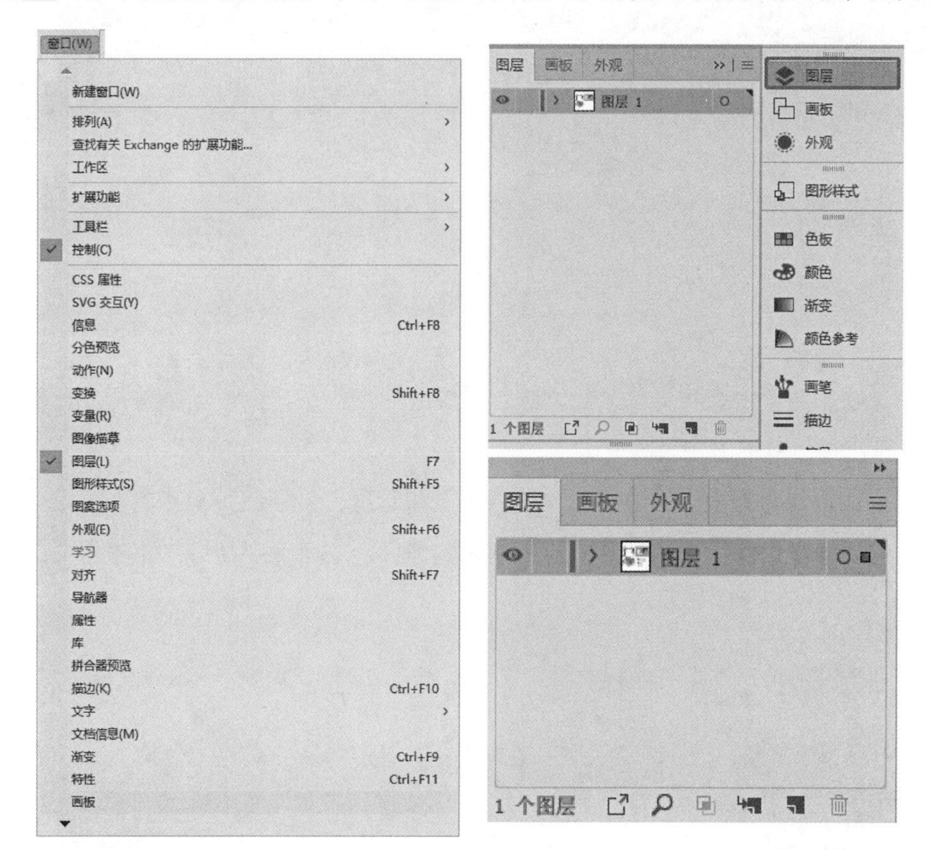

图1-17 Illustrator 控制面板的构成

（5）属性栏。

位于软件顶部的属性栏集成了“画笔”“描边”“图形样式”等常用的面板，因此不必打开这些面板就可以在属性栏中完成相应的操作，而且属性栏还会随着当前工具和所选对象的不同而变换选项的内容，如图1-18所示。

图1-18 Illustrator 属性栏

单击面板上面有虚线的文字按钮，可以显示相关的面板或对话框，单击菜单箭头按钮，可以打开下拉菜单或下拉面板，如图1-19所示。

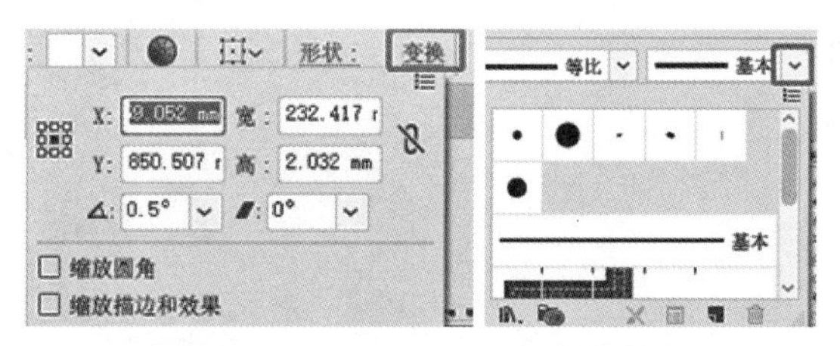

图1-19 Illustrator 属性栏的使用

（6）状态栏。

状态栏包含视图的缩放比例、画板的数量和当前使用的画板序号、显示的选择，以及可以通过拖动滑块移动画面的功能，如图1-20所示。

图 1-20　Illustrator 状态栏

## 1.1.2　工作区的设置

**案例内容：**

本案例是建立一个工作区并将其删除。建立工作区的目的是方便设计师按照自己的使用习惯来设置软件的显示组件，从而方便操作软件。

Illustrator 有两种操作方法可以进行工作区的建立和管理，分别在菜单栏的右上角“可选择定义工作区”位置的“基本功能”中选择“新建工作区”选项，或者在“窗口”菜单里面的“新建工作区”进行设置，如图 1-21 所示。

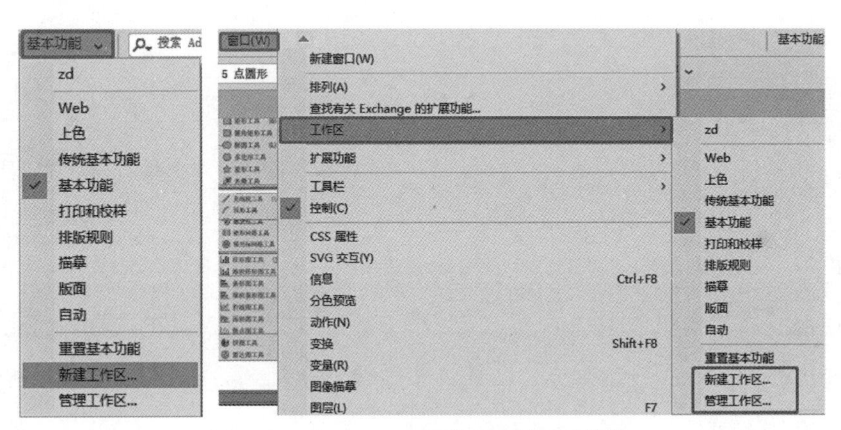


图 1-21　Illustrator 工作区的建立和管理

**操作步骤：**

步骤 01　执行“窗口”→“工作区”→“新建工作区”菜单命令，弹出“新建工作区”对话框，如图 1-22 所示。

步骤 02　在“新建工作区”对话框中将名称修改为“AI”，单击“确定”按钮，在菜单栏右上角即可显示名称为“AI”的工作区，如图 1-23 所示。

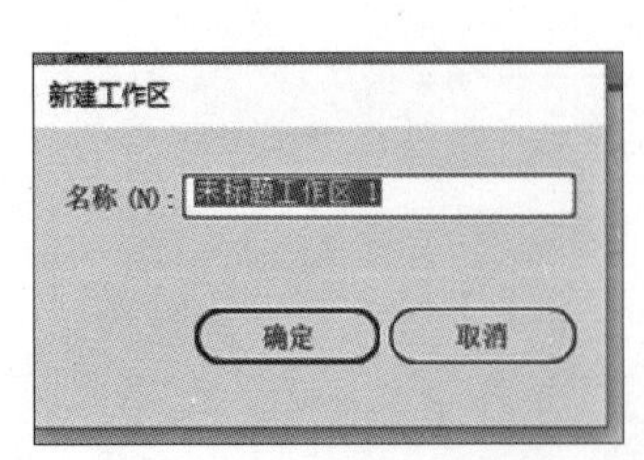


图 1-22　新建工作区

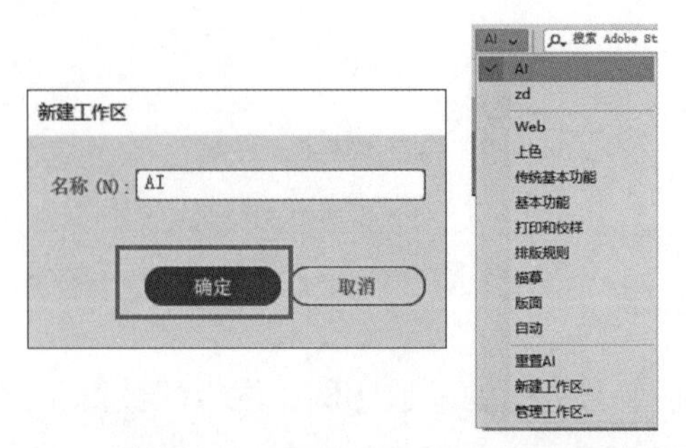


图 1-23　新建工作区“AI”

步骤 03 删除工作区。执行“窗口”→“工作区”→“管理工作区”菜单命令，在所弹出的“管理工作区”对话框中选择“AI”工作区，单击“删除工作区”图标按钮，此时会弹出一个消息提示框，单击“是”按钮，即可将工作区删除，最后单击“确定”按钮完成操作，如图 1-24 所示。

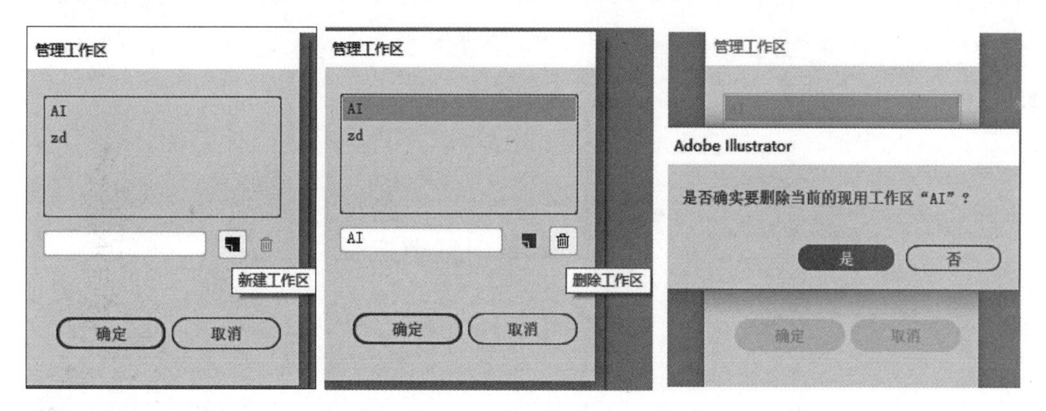


图 1-24 删除工作区“AI”

# 1.2 Illustrator基本操作方法

### 教学目标

1. 了解出血的概念和作用；
2. 掌握基本绘图工具的使用与操作；
3. 掌握路径查找器的分类与使用。

### 故事导读

【故事导读－自主学习的重要方法——管理碎片化时间】

**自主学习的重要方法——管理碎片化时间**

自主学习是指学习者在学习之前自己能够确定学习目标、制订学习计划、做好具体的学习准备，在学习过程中能够对学习进度、学习方法做出自我监控、自我反馈和自我调节。时间是人类用以描述物质运动过程或事件发生过程的一个参数。时间是我们最大的成本，也是我们的资本和财富，利用碎片化时间进行阅读是提高自主学习的方法之一。

鲁迅先生曾经说过，时间就是生命，无端地空耗别人的时间，无异于谋财害命。所以我们做任何事情，都应该认认真真，不浪费自己的一分一秒，更不浪费别人的时间（图 1-25）。

图 1-25 鲁迅与时间管理

鲁迅的成功，有一个重要的秘诀，就是管理自己的碎片化时间。鲁迅在绍兴城读私塾的时候只有 12 岁，父亲正患着重病，两个弟弟年纪尚幼，鲁迅不仅要经常去当铺和药店，还要帮助母亲做家务；为了不影响学业，他必须做好精确的时间安排。此后，鲁迅几乎每天都在挤时间。他说过："时间就像海绵里的水，只要愿挤，总还是有的。"鲁迅读书的兴趣十分广泛，又喜欢写作。他一生多病，工作条件和生活环境都不好，但他每天都要工作到深夜。鲁迅最讨厌那些成天东家跑跑，西家坐坐，说长道短的人，在他忙于工作的时候，如果有人来找他聊天或闲扯，即使是很要好的朋友，他也会毫不客气地对人家说："唉，你又来了，就没有别的事做吗？"

（资料来源：作者根据网络资料整理。）

### 1.2.1 Illustrator 基础知识

1. 出血

图 1–26 出血

出血是图稿位于打印定界框或画板外面的部分，可以把出血作为容差范围包含在图稿中，以保证在页面切边后仍可把油墨打印到页面边缘，或保证把图像放入文档中的准线内。出血的基本尺寸为 3mm，也可根据所建页面大小进行相应的调整。图 1-26 中红色的边框即为出血。

2. 颜色模式

颜色模式是将某种颜色表现为数字形式的模型，或者说是一种记录图像颜色的方式。Illustrator 中的颜色模式有两种，分别是 CMYK 模式和 RGB 模式，其中 CMYK 模式用于打印输出，RGB 模式用于屏幕显示。

3. 栅格效果

Illustrator 中的栅格效果即图片显示输出的分辨率设置，分为高（300ppi）、中（150ppi）、低（72ppi）3 类，一般设置为高（300ppi）。

4. 预览效果

Illustrator 中的预览效果有默认值、像素预览、叠印预览 3 种。正常新建打开的文档为默认值；像素预览是做文件时的直观效果；叠印预览是模拟印刷效果，属于颜色叠加后的预览效果，目的是防止在打印时两种不同的颜色中间出现白边，即补露白边。

5. 视图的预览模式（图 1-27）

视图(V)
轮廓(O) Ctrl+Y
在 CPU 上预览(P) Ctrl+E
叠印预览(V) Alt+Shift+Ctrl+Y
像素预览(X) Alt+Ctrl+Y
裁切视图(M)
显示文稿模式(S)

图 1–27 视图的预览模式

（1）"轮廓"模式：只显示对象的路径，不显示任何填充属性。在此预览模式下，可以更方便地选择复杂图形，且能加快复杂图形的画面刷新速度。

（2）"在 CPU 上预览"模式：在此预览模式下，可以直接看到对象的各种属性，包括颜色、变形、图案和不透明度等；可以直接编辑对象，是最常见的预览模式。

（3）"叠印预览"模式：可以在绘图窗口中预览图像设置的叠印印刷效果。

（4）"像素预览"模式：可以在绘图窗口中预览矢量图形被栅格化后的效果。

### 1.2.2 Illustrator 的基本操作

1. 文件的新建（图 1-28）

方法 1：执行“文件”→“新建”菜单命令，在“新建文档”对话框中单击“更多设置”按钮，在弹出的“更多设置”对话框中设置文件的相关参数。

方法 2：用 Ctrl+N 组合键，在“新建文档”对话框中设置文件的相关参数。

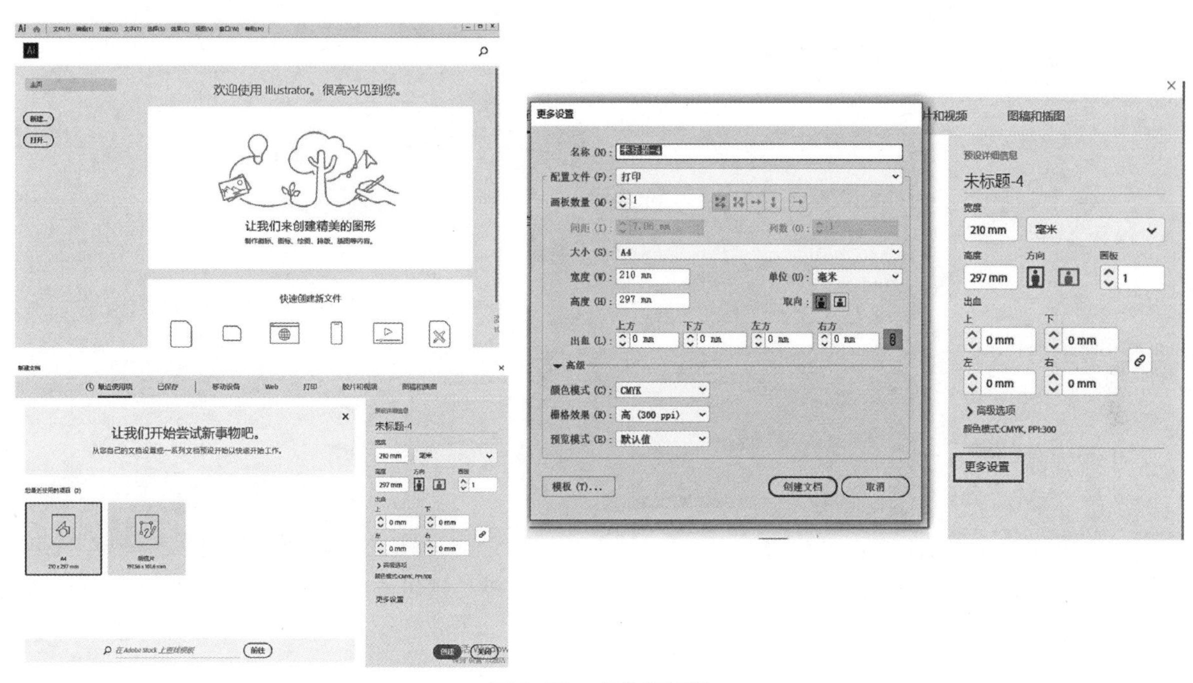

图 1-28　文件的新建

2. 图像的基本操作

★放大或缩小：使用工具箱中的缩放工具可以放大或缩小图像；光标在画面内为一个带加号的放大镜时，在画面中拖动可以实现图像的放大；按住 Alt 键，光标会变为一个带减号的缩小镜，在画面中拖动可以实现图像的缩小。

★移动：当图像的显示比例较大时，图像窗口不能完全显示整幅画面，这时可以使用抓手工具来拖动画面，以显示图像的不同部位。

★显示模式：在 Illustrator 中除了正常图显示模式外，还有一种轮廓图显示模式，如图 1-29 所示。打开一张矢量图，执行“视图”→“轮廓”菜单命令，可以轮廓图的方式观察对象。

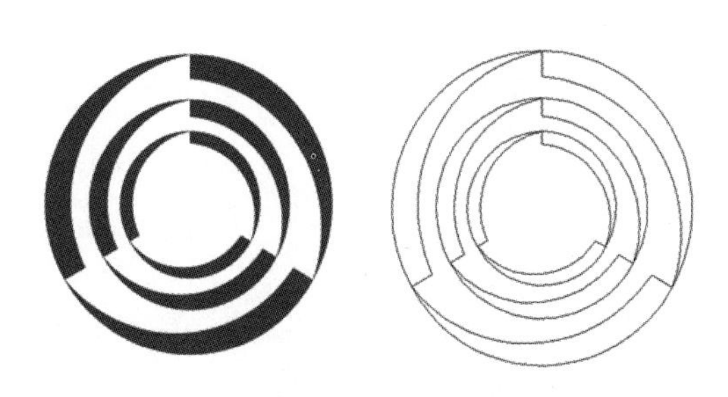

图 1-29　正常图显示模式与轮廓图显示模式

3. 基本的绘图工具

（1）隐藏工具的选择。

方法 1：使用鼠标按住工具箱中带有小三角的图标，然后选择隐藏的所需工具。

方法 2：在工具箱中包含所要使用的工具组图标上单击鼠标右键，在右键下拉列表中选择所需的工具。

（2）椭圆工具的使用（图 1-30）。

方法 1：使用椭圆工具在页面上拖拽绘制。

方法 2：使用椭圆工具，按住 Alt 键在页面上单击，在弹出的“椭圆”对话框中设置相关参数，完成椭圆的绘制。

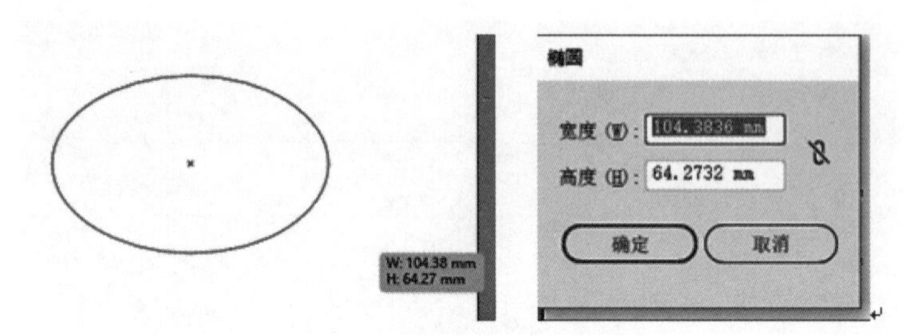


图 1–30　椭圆工具的使用

椭圆工具的绘制要点。

★按住 Shift 键可以绘制正圆形。

★按住 Alt 键是以原点为中心绘制椭圆形。

★按住 Alt+Shift 组合键是以原点为中心绘制正圆形。

★以某个点为圆心绘制一个固定尺寸的椭圆形，方法是先按住 Alt 键，再在页面上单击，在弹出的“椭圆”对话框中设置相关参数（图 1-30 中的椭圆形就是采用这种方法绘制的）。

（3）圆角矩形工具的使用。

圆角矩形工具 是 Illustrator 中常用的绘图工具之一，主要有以下两种使用方法，如图 1-31 所示。

方法 1：使用圆角矩形工具在页面上拖拽绘制。

方法 2：绘制固定尺寸的圆角矩形，按住 Alt 键，在页面上单击，在弹出的“圆角矩形”对话框中设置合适的参数即可。

（4）修改图形参数的方法。

在“变换”面板中对图形参数进行修改，如图 1-32 所示。

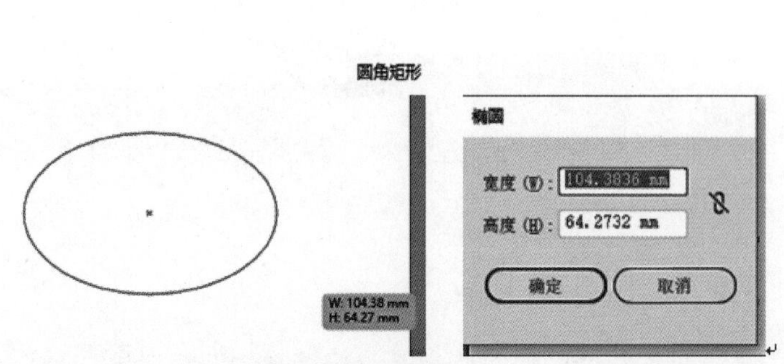


图 1–31　圆角矩形工具的使用

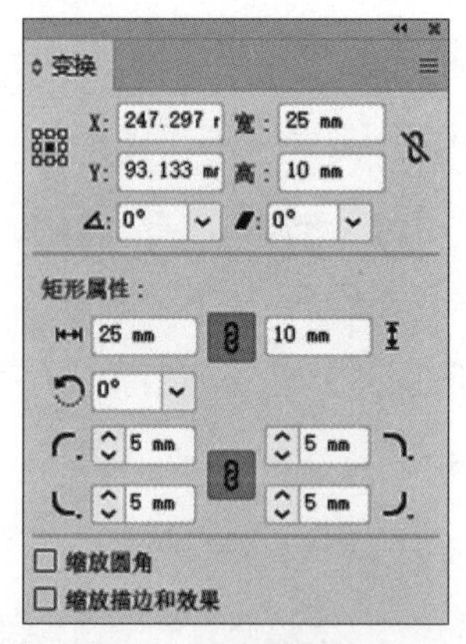


图 1–32　圆形参数的修改

（5）如何选择面板的中心点。

在“智能参考线”打开的情况下，用鼠标在页面中心晃动就会显示中心点，即为画板的中心点。

（6）智能参考线的启用。

执行“视图”→“智能参考线”菜单命令，即可启用智能参考线。

（7）钢笔工具的使用。

在工具箱中单击钢笔工具，先在页面上单击就是路径绘制的起点，然后单击就是路径绘制的终点，按住键盘上 Esc 键单击可以结束操作；按住 Shift 键操作，可以绘制垂直线或水平线。

（8）选择工具的使用方法。

在工具箱中单击选择工具（图 1-33），再选择要移动或编辑的图形即可。按住 Shift 键，可以多选或减选图形。

图 1–33　选择工具

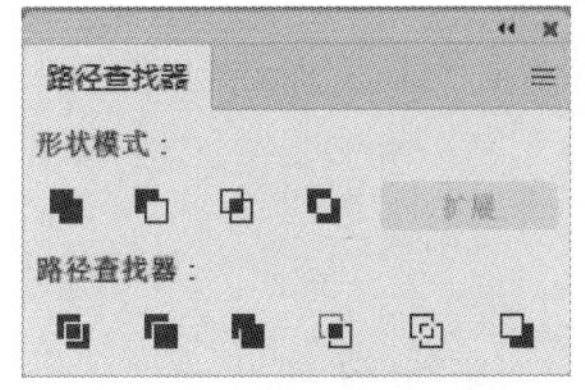


图 1–34　路径查找器工具

### 4. 路径查找器工具的使用

路径查找器工具（图 1-34）的功能就是将两个及以上的路径或图形组合成一个新的形状，分为形状模式和路径查找器模式两个部分。形状模式的功能是将两个封闭图形进行组合；路径查找器模式的功能是将多个物体的形状进行组合。

（1）形状模式的功能。

★联集：将所有选择的物体合并为一个形状，如果这些物体颜色不一样，则统一用最上面的物体的属性。

★减去顶层：用下面的物体减去最上面的物体的形状，得到一个新形状。

★交集：删掉选择的物体没有重叠的部分，并将重叠的部分合并为一个新的形状。

★差集：与交集的功能相反，删掉选择的物体重叠的部分，剩下的部分变成一个复合路径。

形状模式的效果展示如图 1-35 所示。

图 1–35　形状模式的效果展示

（2）路径查找器模式的功能。

★分割：这是经常用到的功能，沿着物体相叠部分进行切割，分割成许多片新的形状。新形状将继承原来形状的属性，如色彩会保持不变。分割之后，可以用直接选择工具或编组选择工具移动这些新的形状，也可以对这些形状进行取消组操作，对单个形状进行选择。

★修边：用上面的物体对下面的物体进行修边，删掉下面物体重叠的部分，如果物体有轮廓线，则轮廓线会被移除。各个物体都会保留原来物体的属性。

★合并：合并的功能和修剪相似，不同的是，合并会将色彩相同的物体合并，而且这个合并操作会忽略物体的堆叠顺序。

★裁剪：用最上面的物体裁切掉下面所有的物体，可以把最上面的物体想象成一个蒙版，这个操作也会移除轮廓线。

★轮廓：这个功能乍一看似乎没做什么，但其实它的功能有些类似分割，不同的是，其操作的结果是线段。

★减去后方对象：此功能与形状模式中的减去顶层功能刚好相反，即用上面的物体减去下面的物体。

路径查找器模式的效果展示如图 1-36 所示。

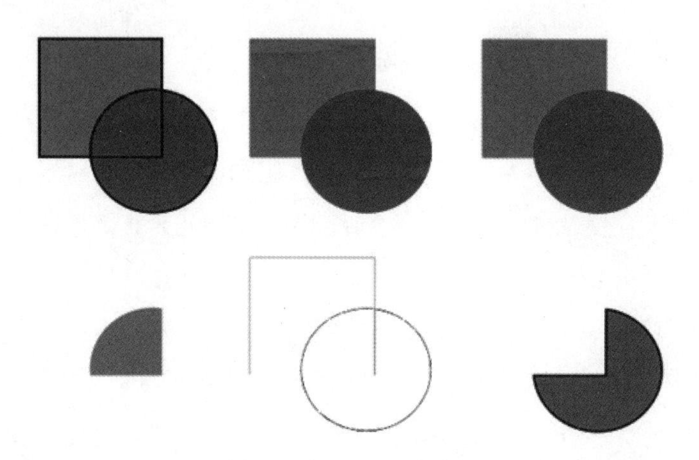

图 1-36　路径查找器模式的效果展示

（3）路径查找器的使用。

步骤 01　执行“窗口”→“路径查找器”菜单命令即可打开“路径查找器”面板。

步骤 02　选择要执行路径查找器命令的两个或多个图形进行命令的执行即可。

5. 等比例缩放工具的使用

（1）图形的缩放。

方法 1：使用选择工具选中图形，在图形的“定界框”的 4 个角进行拖动就可以对其进行缩放（图 1-37）。按住 Alt 键，是以中心为原点的缩放；按住 Shift 键，是等比例缩放；按住 Alt+Shift 组合键，是以中心为原点的等比例缩放。

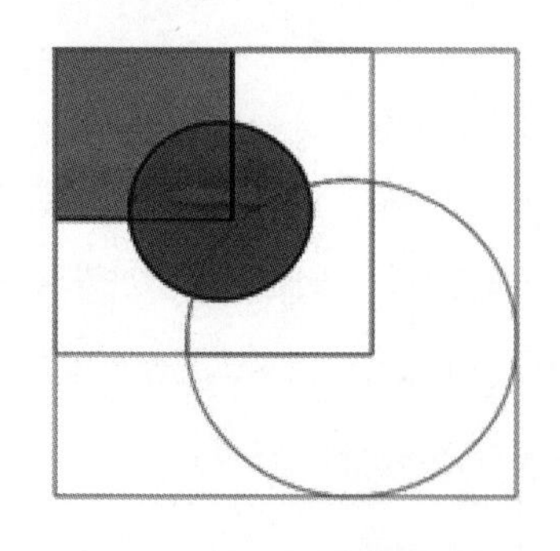


图 1-37　使用选择工具进行缩放

方法 2：使用比例缩放工具进行等比例或不等比例缩放，如图 1-38 所示。

（2）图形的等比例缩放。

方法 1：双击比例缩放工具的图标，就可以弹出“比例缩放”对话框，再进行相应的设置，如图 1-39 所示。

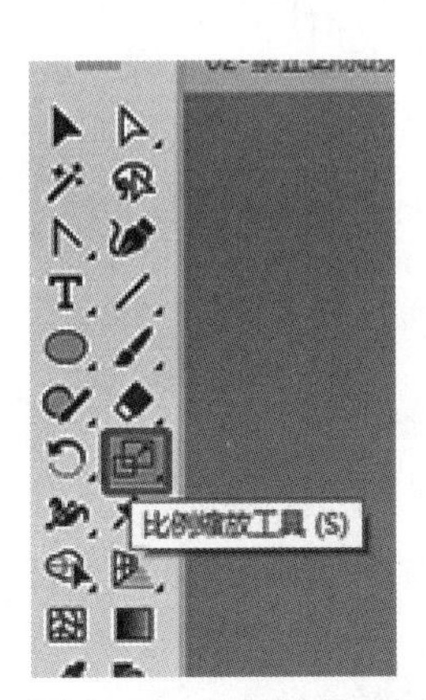


图 1–38　比例缩放工具

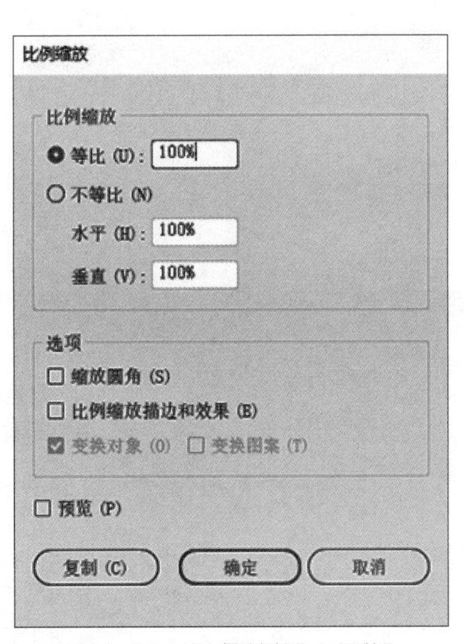


图 1–39　“比例缩放”对话框

方法 2：将图形按照一定的比例缩放或复制，重点是选择图形后，先选择要等比例缩放的中心点，然后在中心点按住 Alt 键后单击，在“比例缩放”对话框中输入相应的参数，如果需要复制就单击“复制”按钮，不需要复制就单击“确定”按钮，“选项”下的“缩放圆角”和“比例缩放描边和效果”是用来设置在缩放的时候圆角和描边是等比例缩放还是保持原状的（图 1-39）。

6.“对齐”面板工具的使用

对齐命令主要用于对齐对象或者让多个对象之间都有一个特定的距离，默认情况下，这个功能面板是隐藏的，可以通过执行“窗口”→“对齐”菜单命令来打开它。属性栏里也有“对齐”的选项，功能与“对齐”面板一样，如图 1-40 所示。

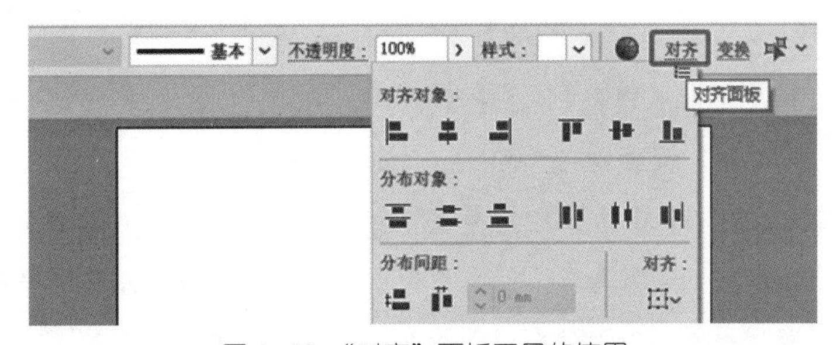


图 1–40　“对齐”面板工具的使用

“对齐”面板中有“对齐对象”“分布对象”和“分布间距”3 个部分，如图 1-41 所示。

（1）对齐对象：将两个或两个以上的对象进行对齐，包括“左对齐”“垂直居中对齐”“右

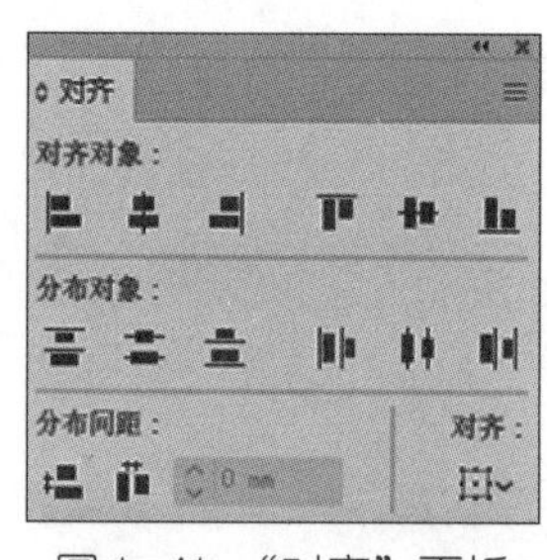

图1–41 “对齐”面板

对齐”“顶对齐”“水平居中对齐”和“底对齐”。

（2）分布对象：将3个或3个以上的对象按照等距进行排列，包括“垂直顶分布”“垂直居中分布”“垂直底分布”“水平左分布”“水平居中分布”和“水平右分布”。

（3）分布间距：将3个或3个以上的对象按照固定的间距进行排列，分为“垂直分布间距”和“水平分布间距”。

# 1.3 Illustrator绘图基础知识

**教学目标**

1. 了解信息图形设计的分类及特点；
2. 掌握自定义图形在图表工具中的使用和编辑方法；
3. 能够将软件工具的使用方法应用到数据图表的案例中，做到信息分类清晰明了。

**故事导读**

【故事导读－颜色的人生观、价值观】

**颜色的人生观、价值观**

有一天，世界上的五颜六色彼此争吵了起来，每一种颜色都声称自己是最好的。

绿色说：“很明显嘛！我就是最重要的，我是生命和希望的象征，青草、树叶都选择我，只要往乡野望去，我就是主色。”

蓝色打断它的话说：“你只想到地面，想想天空和海洋吧！水是生命之源，而天空包容大地，宁静而祥和。一旦失去我的宁静祥和，你们就什么也不是了。”

黄色暗自好笑：“太阳是黄色的，月亮是黄色的，星星也是黄色的，每当你看着向日葵，整个世界也跟着笑逐颜开起来，没有了我，也就没有了乐趣。”

橙色接着说：“我是最重要的维生素的颜色，想想胡萝卜、橘子和杧果，无论日出还是日落，我的美丽都会令人惊艳，根本不会有人想到你们。”

红色再也按捺不住，大声说：“我是你们的主宰，我是血！生命之血！我将热情注入血液，我是热情和爱情的颜色。”

紫色自视甚高，盛气凌人地说：“我是皇室和权威的颜色，国王和大主教都选择我，因为我是权威和智慧的象征，人们从不敢对我有所怀疑，只有乖乖听命的份儿。”

靛色终于说话了，比起其他颜色，它的声音平和多了，但也是同样斩钉截铁：“我是宁静之声，我代表思想、深思熟虑、曙光及深邃，你们需要我来平衡对比、祈祷并获得内在的平静。”

五颜六色就这样争吵不休，每个颜色都认为自己最优秀。突然间电闪雷鸣，大雨倾盆而下。雨开口说话：“你们这些颜色，不晓得自己各有所长吗？大家手牵手一起过来。”颜色们都乖乖地手牵手，站在一起。雨接着说：“从今以后，只要一下雨，你们都要伸展成大弓形横跨在天际，以提醒大家和平共处，因为彩虹（图1-42）是希望的象征。”

图1-42 彩虹

（资料来源：作者根据网络资料整理。）

## 1.3.1 Illustrator 的绘图知识

1. 认识图形

★图形的基本元素：所绘制的图形是由“锚点”（或“节点”）和“路径”构成的。路径是指在 Illustrator 中绘制图稿时产生的线条，这些线条可以是一个点、一条线段，也可以是它们的任意组合，线段的起始点和结束点通常被称为锚点。“锚点”和“路径”的操作工具是工具箱中的直接选择工具，如图 1-43 所示。

图1-43 图形的构成

★图形锚点的分类：分为直线型锚点、对称曲线锚点和圆曲线锚点 3 类（图 1-44），各种类型锚点之间的转换可使用锚点工具。

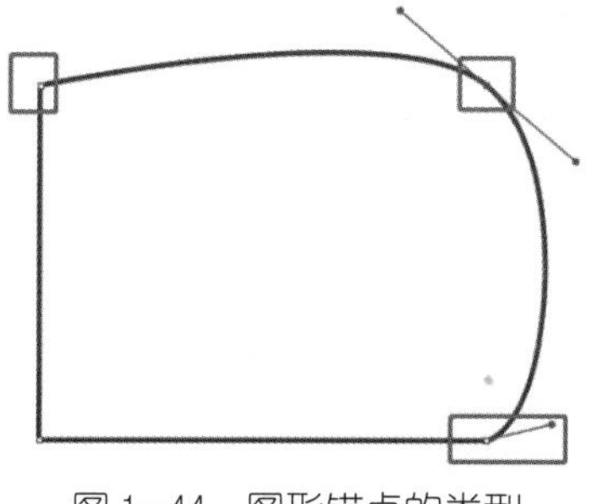

图1-44 图形锚点的类型

2. 钢笔工具的使用

钢笔工具是 Illustrator 中主要的绘图工具之一，常用于绘制自由形状或精确图稿，在编辑现有矢量图稿中也起到非常关键的作用，配合钢笔工具使用的是直接选择工具。

钢笔工具组（图 1-45）包括钢笔工具、添加锚点工具、删除锚点工具和锚点工具。钢笔工具属于矢量绘图工具，其优点是可以勾画出非常平滑的曲线（任意缩放都能保持清晰平滑的效果）。钢笔工具画出来的线条称为路径，路径是矢量的，路径分为开放路径（如“C”形）和闭合路径（如“O”形）两种。

使用钢笔工具绘制直线时，用钢笔工具在画板上单击起点（第一个锚点），再单击终点（第二个锚点），即可绘制一条直线；绘制曲线时，单击起点（第一个锚点），绘制第二个锚点的时候进行拖拽即可绘制平滑的曲线；绘制角的曲线时，单击起点（第一个锚点），绘制第二个锚点的时候拖拽后再单击第二个锚点，这样在绘制第三个锚点时就是一半是直角一半是弧线，如图 1-46 所示。

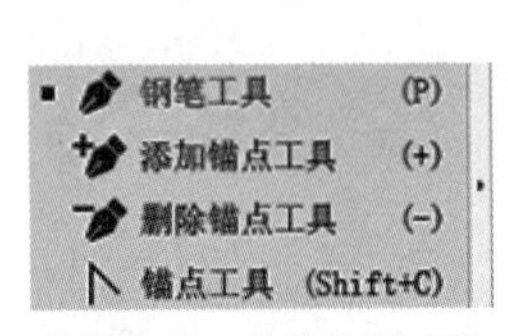

图 1-45　钢笔工具组

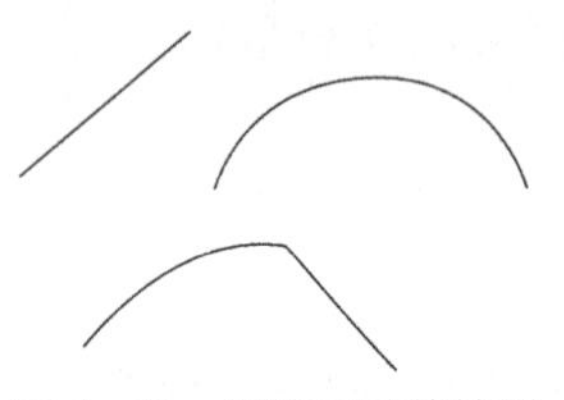
图 1-46　钢笔工具的使用

3. 图表工具的种类和使用

Illustrator 不仅可以用于艺术创作，也可以用来制作一些公司宣传资料中的数据信息等，因为图表比单纯的数字罗列更有说服力，表达更直观和清晰，所以不可避免地会用到图表的制作。图表设计作为信息化的重要组成部分，在 Illustrator 中也是比较重要的一个工具组，虽然 Illustrator 不像 Excel 那样对数据有很强的计算汇总能力，但在图表制作方面也有它的特长和优势。

图 1-47　图表工具的类型

在 Illustrator 中可以创建 9 种图表（图 1-47）：柱形图、堆积柱形图、条形图、堆积条形图、折线图、面积图、散点图、饼图、雷达图。

在图表的绘制过程中，要注意以下几点。

（1）执行“对象”→“图表”→“数据”菜单命令，通过在“数据”对话框中输入数值，修改数据信息。

（2）用直接选择工具和编组选择工具分别选中图表中的各个对象，对单个对象或组进行修改。

（3）用文字工具 T 输入文字，对图表内容进行补充。

4. 对象的变形操作

Illustrator 中常见的变形操作有旋转、缩放、镜像、倾斜和自由变换，应用方法包括以下几种。

（1）利用对象本身的定界框和控制手柄进行变形操作，这种方法比较直观方便。

（2）利用工具箱中的专用变形工具进行变形操作，如旋转工具、镜像工具等，可以设置相关变形参数。

（3）执行“窗口”→“变换”菜单命令，调出“变换”对话框并设置相关参数，可以进行精确的变形操作。

（4）选中对象，执行“对象”→“变换”菜单命令下的系列命令，或者使用鼠标右键菜单里“变换”下的系列命令。

★中心点和术语介绍如图 1-48 所示。

★旋转工具的使用：旋转工具能将图形按照固定的角度进行旋转或复制。

使用方法：先使用选择工具选中需要旋转的图形，然后在工具箱中单击旋转工具，按住 Alt 键在中心点单击，设置相应的参数，完成旋转。“旋转”对话框如图 1-49 所示。

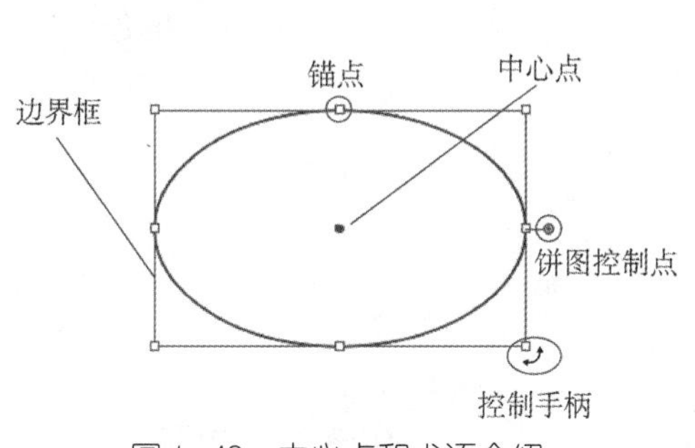


图 1-48　中心点和术语介绍

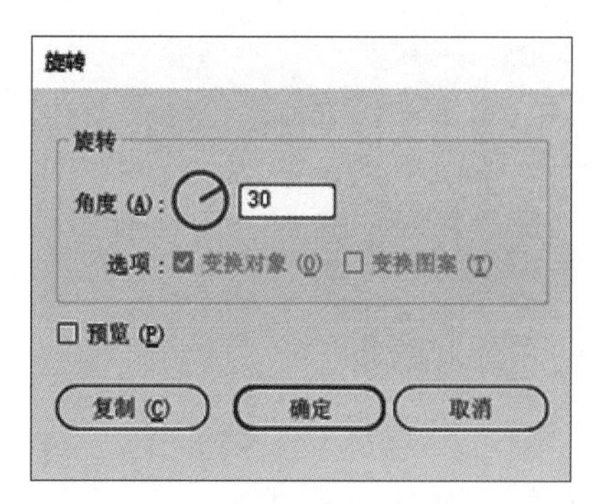


图 1-49　“旋转”对话框

★比例缩放工具的使用：比例缩放工具能将图形按照固定的比例进行等比例缩放或不等比例缩放，或者等比例或不等比例缩放后的图形进行复制。

使用方法：先使用选择工具选中需要比例缩放的图形，然后在工具箱中单击比例缩放工具，按住 Alt 键在中心点单击，设置相应的参数，完成比例缩放。“比例缩放”对话框如图 1-50 所示。

★镜像工具的使用：镜像工具能将图形按照镜像轴进行垂直或水平的镜像，或镜像后的图形进行复制。

使用方法：先使用选择工具选中需要镜像的图形，然后在工具箱中单击镜像工具，按住 Alt 键在对称轴的任意一点单击，设置相应的参数，完成镜像。“镜像”对话框如图 1-51 所示。

★倾斜工具的使用：倾斜工具能将图形按照水平轴、垂直轴或某个角度进行倾斜，或倾斜后的图形复制。

使用方法：先使用选择工具选中需要镜像的图形，然后在工具箱中单击倾斜工具，按住 Alt 键在倾斜轴的任意一点单击，设置相应的参数，完成倾斜。“倾斜”对话框如图 1-52 所示。

★自由变换工具的使用：集合了缩放、旋转、倾斜、透视等功能。

对选中的对象进行缩放的方法：先使用选择工具选中需要自由变换的图形，然后在工具箱中单击自由变换工具，使用自由变换工具在定界框的控制点上进行拖动；在定界框之外拖动控制点可以旋转对象。

对选中的对象进行倾斜的方法：使用自由变换工具时，单击选中定界框上的一个控制点，然后横向或竖向拖动鼠标。

对选中的对象进行透视的方法：使用自由变换工具时，先单击选中定界框上的一个控制点，然后按住 Shift+Ctrl+Alt 组合键横向或竖向拖动鼠标。

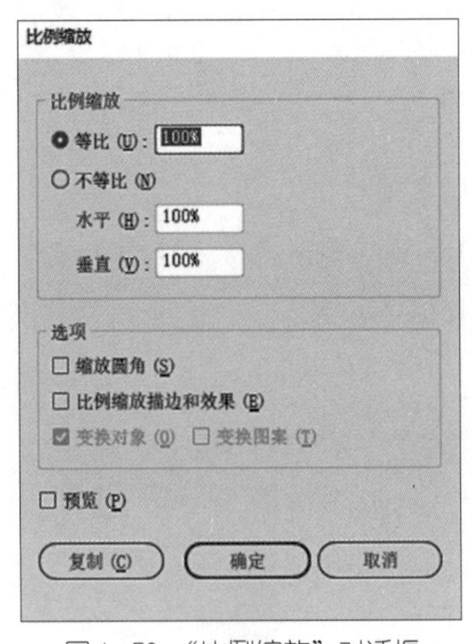

图 1–50 “比例缩放”对话框

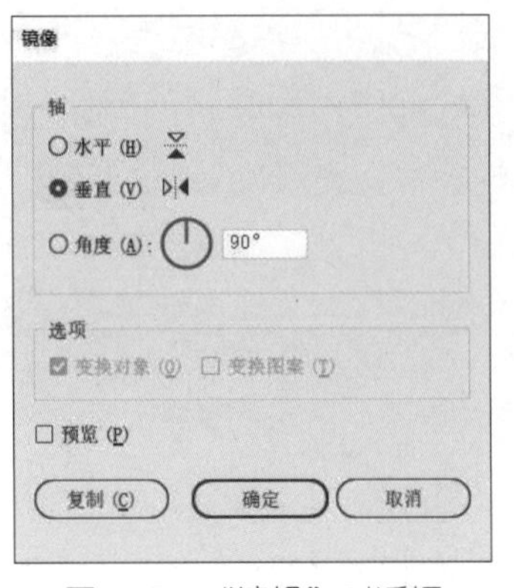


图 1–51 “镜像”对话框

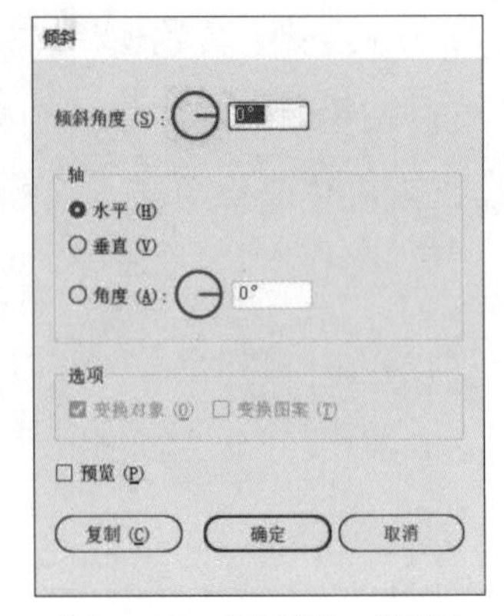


图 1–52 “倾斜”对话框

★对象的编组与解组：当画板中的对象比较多的时候，需要对其中相关的对象进行编组，以便于控制和操作，对多个对象进行编组的快捷键是 Ctrl+G，而解组的快捷键是 Ctrl+Shift+G。

### 1.3.2 Illustrator 的编辑知识

1. “图层”面板

（1）图层的隐藏与显示。单击“图层”面板中的“眼睛”图标即可在面板上隐藏或显示图层、子图层或各个对象。图层被隐藏时，其中的对象也会被锁定，无法选中或打印它们；再次单击“眼睛”图标即可在面板上显示图层内容。

（2）图层的复制与删除。

将图层拖拽到“图层”面板下面的“创建新图层”按钮，即可复制该图层及内容；将图层拖拽到“删除所选图层”按钮，即可删除所选图层及内容。

（3）创建子图层。

将图层拖拽到“图层”面板下面的“创建子图层”按钮，即可在该图层下创建一个子图层。

（4）建立 / 释放剪切模板。

选择图层，单击“建立 / 释放剪切模板”按钮，即可创建剪切模板。

（5）其他的图层相关功能在“图层”面板右上角的位置，单击按钮，即可打开相关功能列表，如图 1-53 所示。

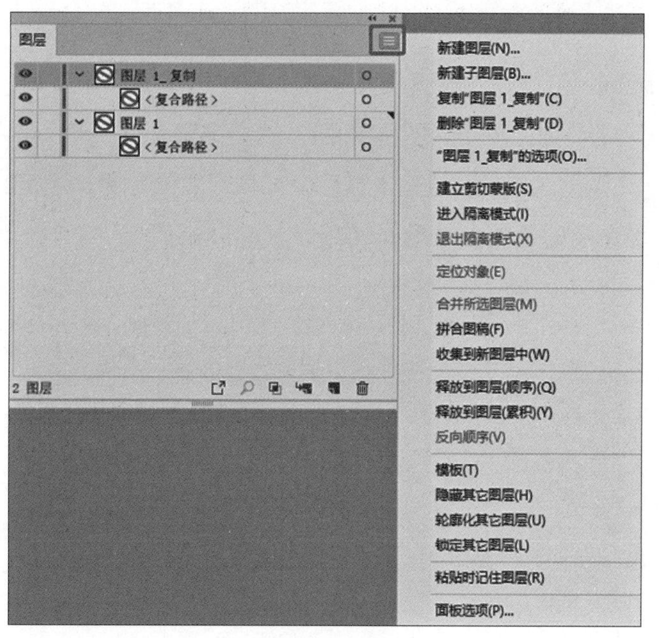

图 1–53 “图层”面板的相关功能

2. 图形编辑

（1）复制图形的 3 种方法。

方法 1：在使用移动工具的同时按住 Alt 键，会出现双箭头，说明这时正处于复制状态，再拖拽就可以复制一个图形。

方法 2：快捷键 Ctrl+C（复制），涉及的其他快捷键有 Ctrl+V（粘贴），Ctrl+F（粘贴到前面），Ctrl+B（粘贴到后面），Ctrl+X（剪切），Shift+Ctrl+V（就地粘贴），Alt+Shift+Ctrl+V（所有画板上粘贴）。

方法 3：先执行“文件”→“编辑”→“复制”菜单命令，再执行“文件”→“编辑”→“粘贴”菜单命令即可，如图 1-54 所示。

（2）原位粘贴后怎么能知道是否粘贴了两个图形?

在“图层”面板中能查看有几个图形，这样就知道粘贴是否成功，如图 1-55 所示。

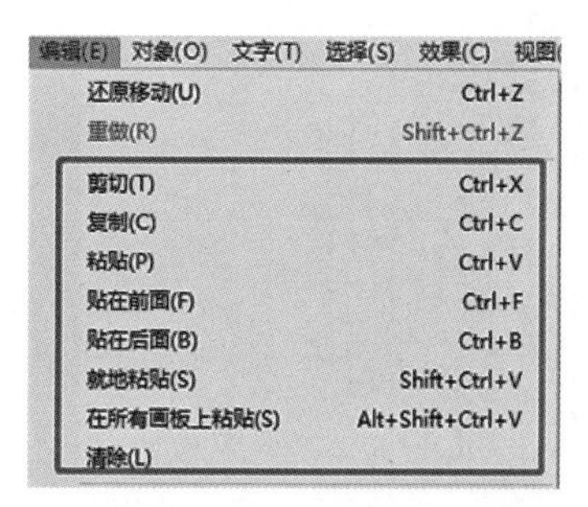

图 1–54 使用菜单命令进行复制与粘贴

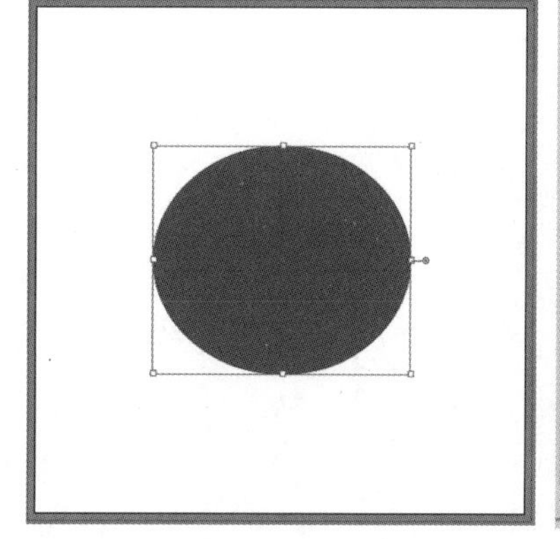
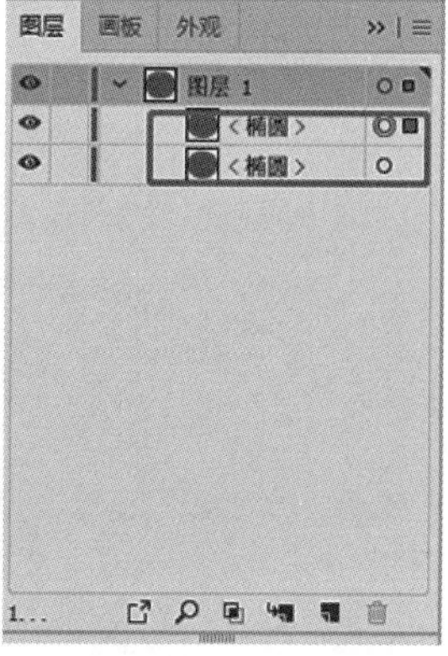

图 1–55 检查原位粘贴是否成功

3. 文字工具

文字工具T是 Illustrator 中主要的绘图工具之一，常用于编辑文字信息，在设计版面中添加各种不同样式的文字。文字工具组主要由如图 1-56 所示的文字工具组成。

（1）文字工具T：在页面上单击即可输入文字，如果在页面上用文字工具绘制文本框，在文本框中再输入文字就是区域文字的属性，如图 1-57 所示。

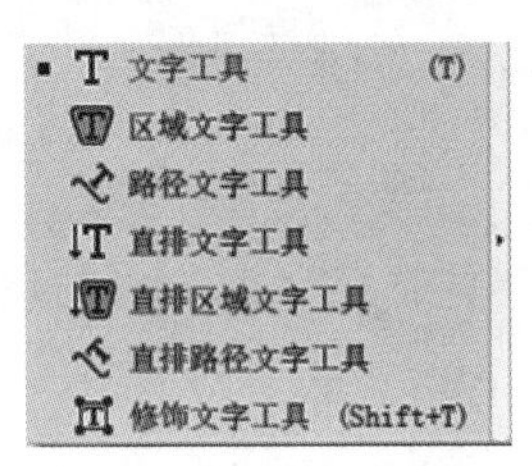


图 1-56　文字工具组

滚滚长江东逝水

是非成败转头空，青山依旧在，惯看秋月春风。一壶浊酒喜相逢，古今多少事，滚滚长江东逝水，浪花淘尽英雄。几度夕阳红。白发渔樵江渚上，都付笑谈中。

滚滚长江东逝水，浪花淘尽英雄。是非成败转头空，青山依旧在，几度夕阳红。白发渔樵江渚上，惯看秋月春风。一壶浊酒喜相逢，古今多少事，都付笑谈中。

是非成败转头空，青山依旧在，惯看秋月春风。一壶浊酒喜相逢，古今多少事，滚滚长江东逝水，浪花淘尽英雄。几度夕阳红。白发渔樵江渚上，都付笑谈中。

滚滚长江东逝水，浪花淘尽英雄。是非成败转头空，

图 1-57　文字工具

（2）区域文字工具：单击一个非复合、非蒙版路径的边缘，即可在一个路径区域内创建文字，如图 1-58 所示。

（3）路径文字工具：在路径上创建文本，可以是闭合的路径，也可以是非闭合的路径，如图 1-59 所示。

图 1-58　区域文字工具

图 1-59　路径文字工具

（4）直排文字工具：可以让文字竖着排列，如图 1-60 所示。

（5）直排区域文字工具：可以让文字在固定的路径区域内竖着排列，如图 1-61 所示。

图 1-60　直排文字工具

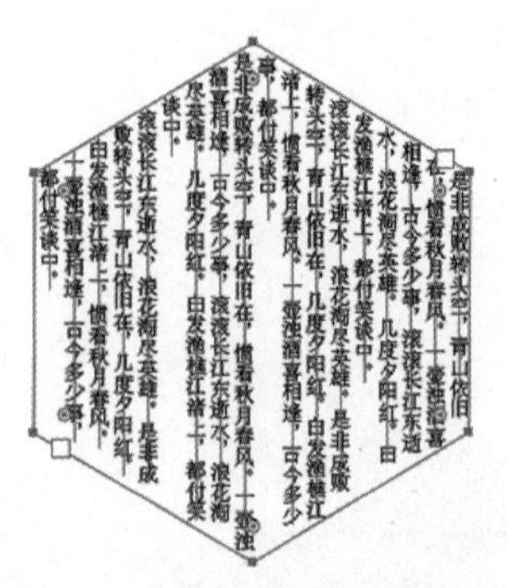

图 1-61　直排区域文字工具

（6）直排路径文字工具：可以让文字在固定的路径上竖着排列，如图 1-62 所示。

（7）修饰文字工具：可以选择文本中的某一个文字进行修饰，选中的文字可以单独进行更换颜色、修改字体、移动、旋转等操作，不影响本段文字内的其他文字样式，如图 1-63 所示。

图 1–62　直排路径文字工具

滚　长江东逝水
滚

图 1–63　修饰文字工具

### 1.3.3　Illustrator 软件中的图形

1. 图形分类

（1）位图。

位图（图 1-64）又称点阵图，是由一个个很小的颜色小方块组合在一起的图片。一个小方块代表 1px（像素）。我们的手机屏幕和计算机屏幕都是由很多个像素方块组成的，现在最普及的主流计算机显示器的分辨率是 1920px × 1080px，也就是有 1920 × 1080 个小方块。在 Photoshop 中把图片放大 1600 倍后，就可以看到一个个的像素点，类似马赛克的效果。日常生活中，我们见到最多的就是位图，如相机拍的照片、在计算机上看到的图片、用 QQ 截图工具截图保存的图片、手机和计算机上的图标等。常见的位图设计软件有 Photoshop（PS）、Lightroom（LR）等；常见的位图图片格式有 JPG、PNG、BMP 等。

图 1–64　位图

（2）矢量图。

矢量图也称面向对象的图像或绘图图像，是根据几何特性绘制的图形，与分辨率没有关系，因此其特点是图形放大后也不会失真。常见的矢量图设计软件有 CorelDRAW（CDR）、Illustrator（AI）、InDesign（ID）等，适用于文字设计、图案设计、标志设计、版式设计、包装设计、工业设计、产品设计等。图 1-65 所示是在 Illustrator 软件中放大 6400 倍的矢量图，依然很清晰。

图 1–65　矢量图

2. 颜色模式

Illustrator CC 2019 的颜色模式有灰度、RGB、HSB、CMYK 和 Web 安全 RGB 5 种，如图 1-66 所示。

（1）灰度（图 1-67）：灰度图使用黑色调表示物体，灰度值用黑色油墨覆盖的百分比来度量，每个灰度对象都具有从 0%（白色）～ 100%（黑色）的亮度值（灰色级别），灰度图是没有颜色的，只用不同饱和度的黑色来显示图像。

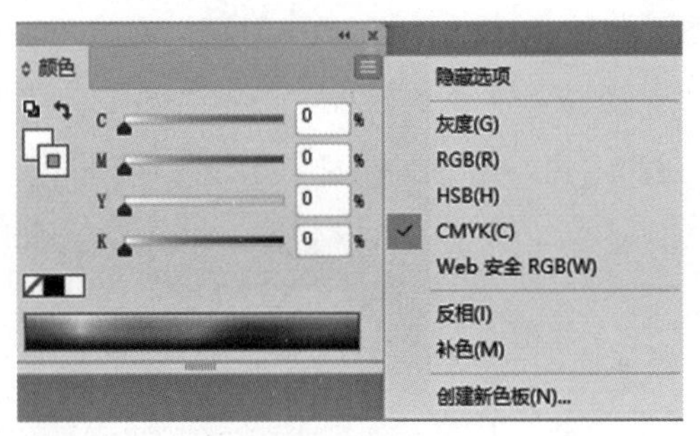


图 1–66　颜色模式

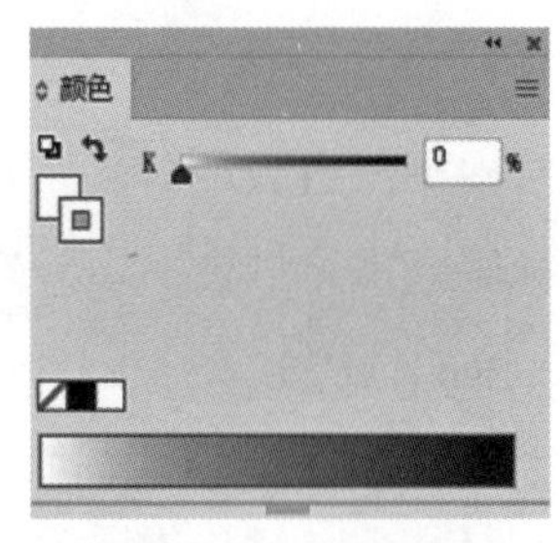


图 1–67　灰度颜色模式

（2）RGB（图 1-68）：称为加成色，因为将 R（红）、G（绿）、B（蓝）3 种颜色数值都为最大值（255）叠加在一起可产生白色。加成色用于照明光、电视和计算机显示器，在“颜色”面板中可以进行设置。

（3）HSB（图 1-69）：在 HSB 颜色模式中，H 表示色相，S 表示饱和度，B 表示亮度。色相是纯色，即组成可见光谱的单色。红色在 0°，绿色在 120°，蓝色在 240°。饱和度表示色彩的纯度。在最大饱和度时，每一色相都具有最纯的色光。

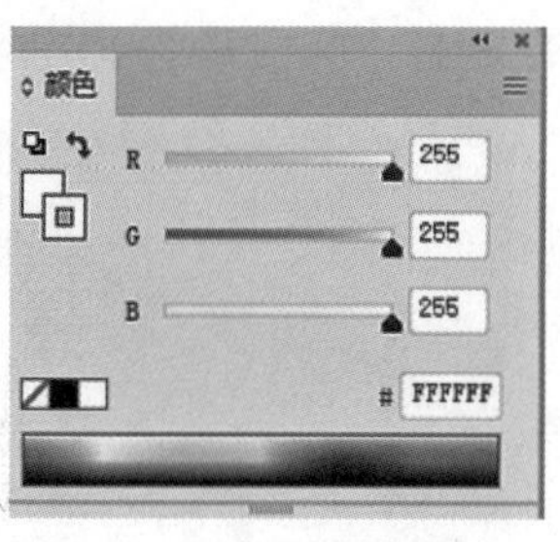

图 1–68　RGB 颜色模式

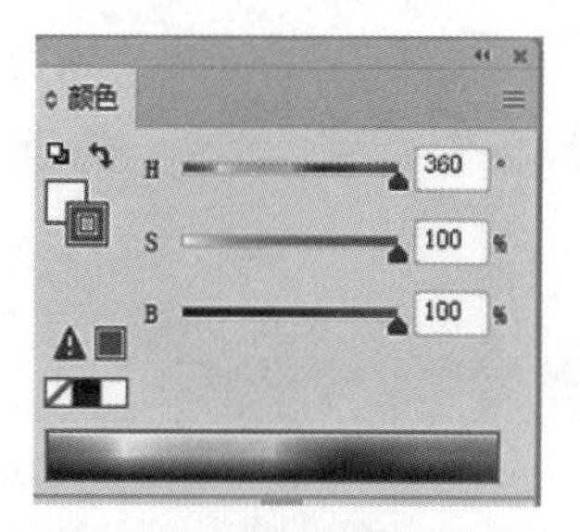

图 1–69　HSB 颜色模式

（4）CMYK（图 1-70）：也称减色，C（青色）、M（洋红色）、Y（黄色）、K（黑色）基于对纸张打印油墨的光的吸收，将四色混合而产生颜色。

（5）Web 安全 RGB（图 1-71）：使用了一种颜色模式，在该颜色模式中，可以用相应的十六进制值 00、33、66、99、CC 和 FF 来表达三原色（RGB）中的每一种颜色值。

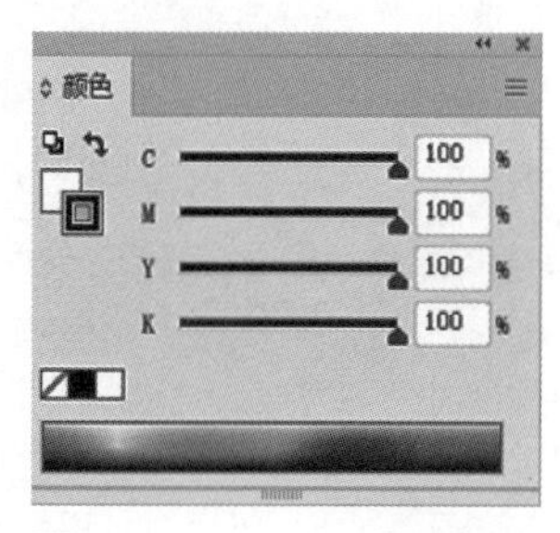

图 1–70　CMYK 颜色模式

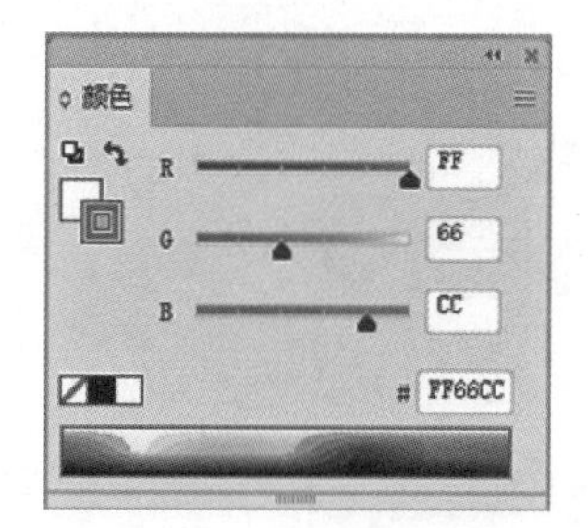

图 1–71　Web 安全 RGB 颜色模式

3. 描边和填色

（1）图形的颜色属性。

图形包括“描边”和“填色”两种颜色属性。

（2）给图形描边和填色的方法。

方法 1：在工具箱中分别双击“描边”和“填色”属性，弹出“拾色器”对话框进行颜色的拾取，如图 1-72 所示。

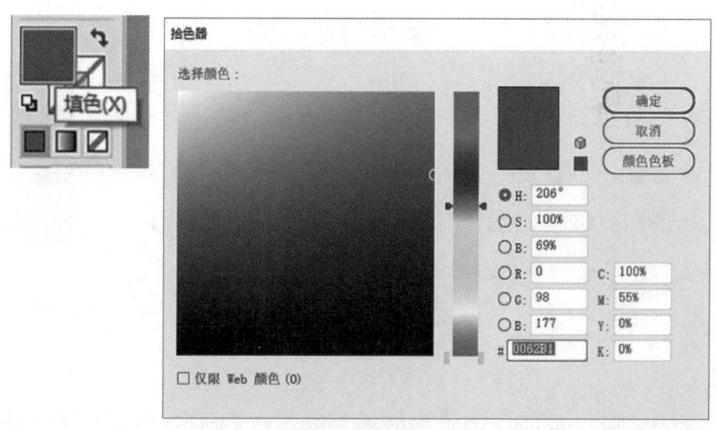

图 1–72　通过工具箱进行颜色填充

方法 2：在“色板”面板和“颜色”面板中进行颜色的设置，前提是先选中“描边”或“填色”，再进行颜色的设置，如图 1-73 所示。

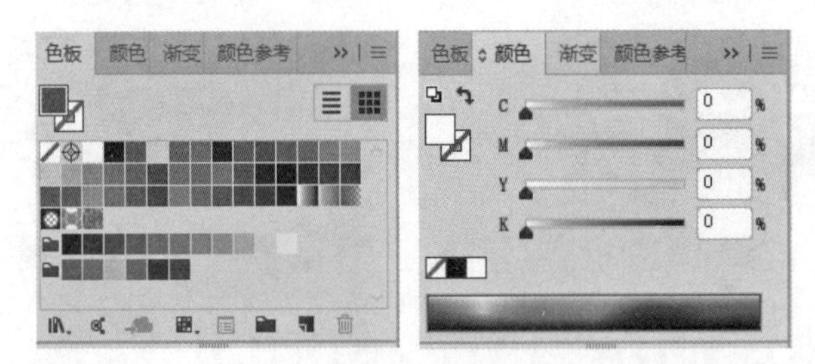


图 1–73　在“色板”面板和“颜色”面板中进行颜色的设置

# 本章小结

本章主要介绍 Illustrator 软件的基础知识和基本功能，以及基本操作，分别对图形、色彩、出血等基础绘图知识进行介绍，为后面的学习打下扎实的基础。

# 思考与练习

1. 简述 Illustrator 的功能。
2. Illustrator 的工作界面由哪几部分组成?
3. 如何在 Illustrator 中选择某个工具?

# 关键词

工作区　　颜色模式　　图形分类　　工具

# 知识延展

颜色，它能调动你的注意力，能唤起你的某种情感，甚至是传递某种信息。历代的设计师都在不断探索着颜色的可能性，想要更好地把握颜色，学习一些关于颜色的层级理论是非常必要的。颜色包括一级色、二级色和三级色。红色、黄色、蓝色是一级色，也就是我们常说的三原色，其他所有颜色都是由这 3 个颜色组合而来的。

一级色——红色、黄色、蓝色。红色 + 黄色 = 橙色，黄色 + 蓝色 = 绿色，蓝色 + 红色 = 紫色，于是得到了二级色。

二级色——橙色、绿色、紫色。如果再将相邻的颜色两两组合，就能得到三级色。

三级色——橙红色、橙黄色、黄绿色……于是就得到了“色环”。

在色环里，位置相对的颜色称为“互补色”，即对比最强烈的颜色，如红色和绿色、橙色和蓝色、黄色和紫色。它们的搭配通常是一种作为主色，另一种用于强调。

# 第 2 章　图标设计

**学习目标**

通过本章的学习，了解企业图标设计、立体图标设计及信息图表设计的理论知识和软件操作方法。能够将所学的软件的知识应用到实际的案例制作中，如手机图标的绘制、计算机立体图标的设计和信息图表的设计。

**学习要求**

| 知识要点 | 能力要求 |
| --- | --- |
| 1. 企业图标设计 | 1. 掌握企业图标的设计 |
| 2. 立体图标设计 | 2. 能够使用 Illustrator 进行立体图标的设计 |
| 3. 信息图表设计 | 3. 能够使用 Illustrator 中的相关工具进行信息图表的设计 |

**思维导图**

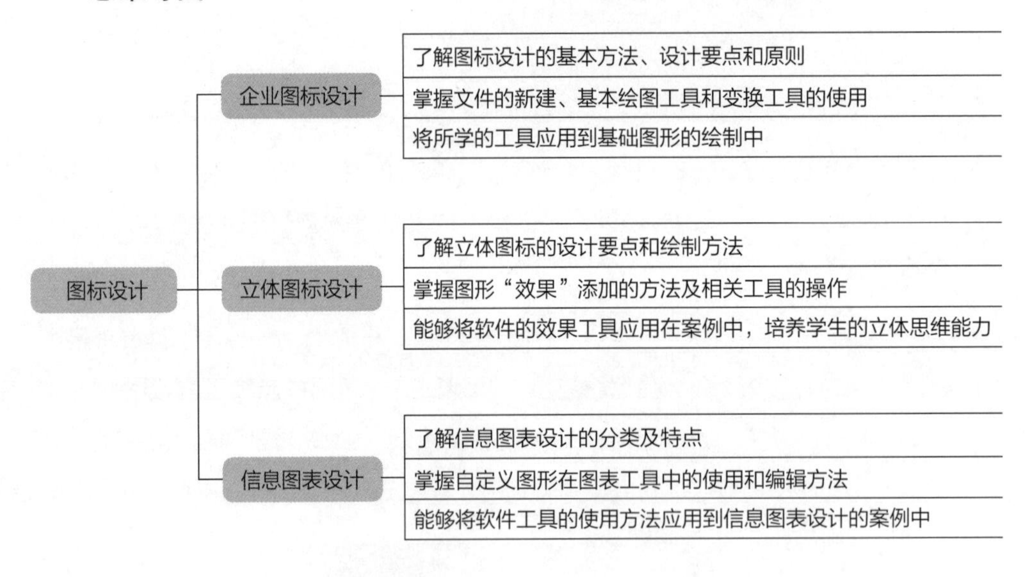

## 故事导读

### 设计师最好的朋友 Illustrator 三十多年的变迁史

【故事导读－设计师最好的朋友Illustrator三十多年的变迁史】

1987年3月19日，设计领域迎来了新的时代，设计软件Illustrator正式诞生。在此之前，它只是Adobe内部的字体开发和PostScript编辑软件。Illustrator最大的特征在于贝塞尔曲线的使用，使得操作简单、功能强大的向量绘图成为可能。现今，从高速公路旁的广告牌到杂货店里的包装袋，用Illustrator创作的作品无处不在，当前用户使用Illustrator创作出来的平面设计作品每月超过了十几亿件，正因如此，Illustrator才得以走到今天。

图2-1所示是从1987年至今历代Illustrator的工具箱样式。那么，你用过Illustrator软件最老版本的工具箱是其中的哪一个呢？

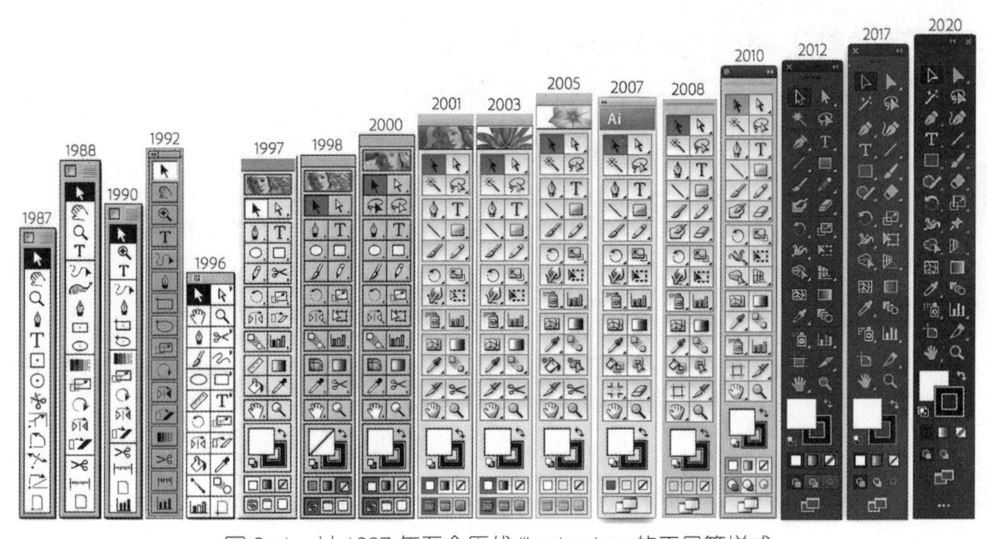


图2-1　从1987年至今历代Illustrator的工具箱样式

Adobe联合创始人约翰·沃诺克说："很多人都说优秀的设计就要被我们毁掉了，因为有了Illustrator，人人都能做设计。但是金子总会发光的，创造力是属于设计之中的，那些使用工具的人才是创造力之所在。"

三十多年前，Illustrator让设计师能够自由创作精确、完美、可调整的数字作品。一直以来，Illustrator坚持的信念就是让所有人都能接触平面设计。例如，引入Artboards让设计师能根据打印或屏幕显示的需要灵活地调整设计作品；Live Corners和Live Shapes让设计师能够直接控制对象的宽度、高度和圆角半径等属性。Illustrator的整个历史是由Adobe的用户所定义的。通过Adobe论坛、活动和焦点小组的反馈，Adobe致力于为用户提供创造最佳作品的工具。

（资料来源：作者根据网络资料整理。）

# 2.1 企业图标设计

**教学目标**

1. 了解图标设计的基本方法、设计要点和原则；
2. 掌握文件的新建、基本绘图工具和变换工具的使用；
3. 能够将所学的工具应用到基础图形的绘制中。

【故事导读－北京2022年冬奥会会徽（冬梦）设计解析——标志性图标设计的价值】

**故事导读**

**北京2022年冬奥会会徽（冬梦）设计解析——标志性图标设计的价值**

北京2022年冬奥会会徽（冬梦），是第24届冬季奥林匹克运动会使用的标志，主要由会徽图形、会徽印鉴、奥林匹克标志3个部分组成。会徽主体形似汉字“冬”的书法形态，主色调为蓝色（图2-2）。

图2–2 北京2022年冬奥会会徽

北京2022年冬奥会会徽运用中国书法的艺术形态，将厚重的东方文化底蕴与国际化的现代风格融为一体，上半部分展现滑冰运动员的造型，下半部分表现滑雪运动员的英姿，体现中国举办的冰雪两大运动的理念，中间舞动的线条流畅且充满韵律，代表举办地起伏的山峦、赛场、冰雪滑道和节日飘舞的丝带，为会徽增添了节日欢庆的视觉感受。会徽整体呈现出新时代中国的新形象、新梦想，传递出新时代中国为办好北京冬奥会，圆冬奥之梦，实现“三亿人参与冰雪运动”目标，圆体育强国之梦，推动世界冰雪运动发展，为国际奥林匹克运动做出新贡献的不懈努力和美好追求。

北京2022年冬奥会会徽代表了北京冬奥会的愿景，把中国的美好展现给全世界，用独特的方式把现代与传统融合在一起，也把冬季运动的乐趣带给全世界的年轻一代。

### 2.1.1 图标设计概述

1. 图标

图标是一种图形化的标识，有广义和狭义之分，广义的图标是指所有现实中有明确指向含义的图形符号，狭义的图标主要指在计算机设备界面中的图形符号。在当下最常见的扁平化设计风格中，图标的实际视觉组成只有图片、文字、几何图形3种元素，应用范围很广，在各种展示媒介及公共场合都能见到，如各种交通图标和各种软件图标等。

图标作为一种代表性的计算机图形，具有高度浓缩并快速传达信息和便于记忆的特点。图标的应用范围非常广泛，在现实生活中到处都可以看到图标，可以说，我们的生活离不开图标。

交通图标的基本功能是为车辆和行人提供完善和清晰的情报，面对复杂多变的交通状况和环境因素，理想的交通图标应满足视认性和表达概念的准确性，如指示交通的图标中采用红色，是因为红色可以在人们心理上产生强烈的兴奋感和刺激性；禁止标志的红圈，以及黑白色标志具有强烈的对比，更容易引起人们的关注（图2-3）。

在软件图标的设计中，每个软件图标都是一个"地标"，清晰地告诉用户每个图标代表的含义及软件的用途，给人们的印象是最直观的，而且有美与丑之分。Adobe公司的图标设计采用软件的缩写字母，给人非常明确的软件的功能定位，通过不同颜色对软件的使用范围进行了明确的界定（图2-4）。

图2-3 交通图标

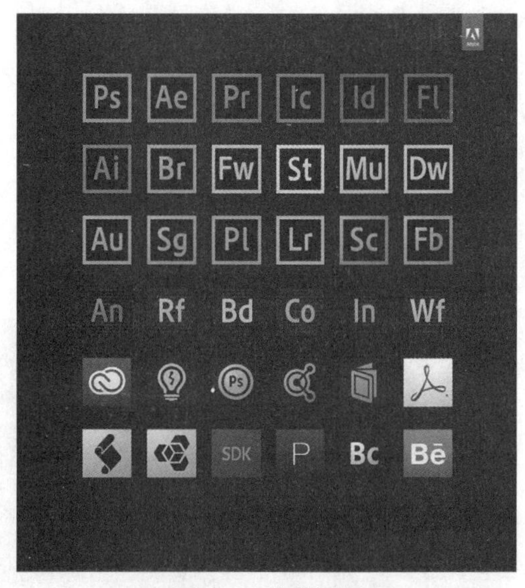


图2-4 软件图标

2. 图标设计

在图标设计中，图形是图标设计的基本元素，是一种说明性的图画形象，图形作为交流信息的媒介而存在，是指用绘、写、刻、印等手段产生的图画记号。它区别于文字、词语、语言，是一种可以通过印刷及数字媒介大量复制和广泛传播的用以传达信息、思想和观念的视觉形式，也是视觉传达信息的基本形态，具有传递信息生动准确、易识别、方便记忆和无障碍交流的特点。早期的人类运用视觉方式传递信息的唯一方法就是图形符号的形态，图形承担着传递视觉信息媒介的功能；在现阶段，图形具有将语言、象形符号、文字、绘画等各种信息传播形态融为一体的功能。

在图标设计中，首先，图形语言是将“物”发展成“图”的过程，是图形创造的基本方法和规律的形式语言。图标设计中的图形语言能起到文字语言和口语语言无法比拟的作用，能够更加直观、准确地将信息传达给受众。其次，图形语言也是视觉设计师在图标设计中传递信息的主要载体，常应用在户外广告、报纸、杂志、宣传单等印刷媒体上，在地铁、机场、车站、码头、城市广场等环境中展现，起到传播图标设计的导向作用。

图标设计给社会带来秩序和便利，起到安全快捷的作用。与其他设计形式相比，文字、版式设计是解决信息传达，色彩设计是解决视觉感受，而图标设计则试图将复杂的事情简单化、大众化，也可以将问题深化，引起官方和公众的关注，起到解决问题的作用。一套成功的图标设计不仅要质感精美、吸引人的眼球，更重要的是要具有良好的可用性和识别性。一般来讲，具有强烈质感和浓缩含义的图标可以增加展示媒介的识别度，给浏览者留下深刻的印象。

如果想设计出一个高识别度的图标，需要做到：第一，所表达的信息直观易懂，不需要让客户去猜测图标的意思；第二，在不同的背景下，图标都应当清晰可见；第三，去掉图标中不必要的装饰性元素。

图 2-5 所示的 QQ 像素表情设计就是让用户在一个有限的空间中一眼就能辨认出图标，此表情的设计能让人们一眼看出任务的状态，是在听音乐、打篮球，还是在思考等，清晰明了。

图 2–5　QQ 像素表情设计

3. 图标设计原则

一个图标是一个小的图形或对象，代表一个文件、程序、命令、表情或企业形象等。图标可以帮助用户快速执行各种命令、打开应用程序、了解企业形象的内涵，以及传达感情。在绘制图标的过程中，应遵循可识别性原则、与环境协调原则、差异性原则、视觉效果原则和应用性原则。

（1）可识别性原则。

可识别性原则是图标设计的首要原则。可识别性就是指设计的图标应该能够准确表达相应的内容，让浏览者一看就能明白它代表什么。图 2-6 所示的蓝色图标设计就可以让人一眼识别出图标中的物品属性。

图 2–6 可识别性原则——物品属性图标设计

（2）与环境协调原则。

与环境协调原则是指图标制作出来后会被应用到相应的环境中，应符合环境的特点，体现出其符合环境效果的价值。图 2-7 所示的宠物图标设计就是应用于各种手机的不同环境下的展示效果。

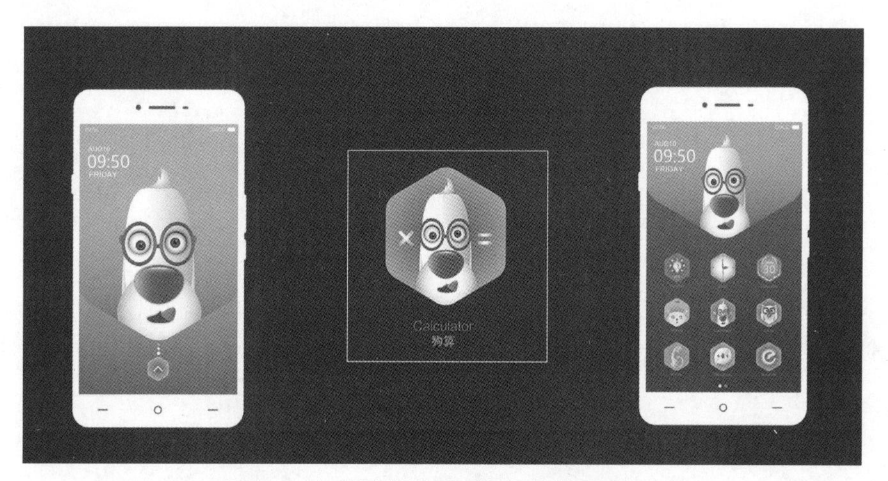


图 2–7 与环境协调原则——宠物图标设计

（3）差异性原则。

差异性原则是指图标之间要有明显的差别，能够让人一眼区分出不同的图标，这样才能被关注和记忆，并留下深刻的印象。图 2-8 所示的各国的国旗图标设计，根据每个国家国旗的特点进行精简化设计，使同类的设计具有差异化特点。

图 2-8　差异性原则——国旗图标设计

（4）视觉效果原则。

视觉效果原则是指图标设计应该刻画质感、细节和内容，使其更加美观，满足使用者的视觉需求。图标设计最重要的是通过对其形的把握来诠释自己的创意，要简洁易懂，一目了然。好的设计源于生活细节的体验，在颜色、光影细节上做得丰富一些，能更好地展现图标的视觉效果。图 2-9 所示的立体图标设计就是通过透视和光影来提升图标的视觉效果，使图标更具有真实感。

（5）应用性原则。

应用性原则是指一般在制作图标时都会创建较大尺寸的文档，或者使用矢量软件设计制作图标，制作完成后也会将其保存为不同的尺寸，应用于不同界面和场合的使用原则。图 2-10 所示为不同尺寸的图标设计，可以应用到不同的展示环境中，主要看是否具有清晰度和识别性，缩小后是否还能清晰地识别。

图 2-9　视觉效果原则——立体图标设计　　图 2-10　创造性原则——不同尺寸的图标设计

### 2.1.2 企业图标项目设计案例

#### 案例内容

本案例为企业的图标设计。企业的行业特征为科技类，图标元素采用蓝色作为基本色，以月牙作为基本形，表现企业的高科技性，3 个基本形的旋转表示企业的循环发展。图标色彩明快，图形简单明了，使消费者能够通过图标设计了解企业属性，加深对企业的印象，符合企业需求及行业理念。

企业图标样例如图 2-11 所示。

图 2-11 企业图标样例

#### 操作步骤：

步骤 01 执行“文件”→“新建”菜单命令，新建一个文件，设置文件的宽度、高度均为 200，方向为竖版，单位为毫米；单击“锁定”图标，上、下、左、右出血都为 3mm；单击“更多设置”按钮，弹出“更多设置”对话框，设置“名称”为“蓝色图标”,“颜色模式”为“CMYK”,“栅格效果”为“高(300ppi)”，单击“创建文档”按钮，如图 2-12 所示。

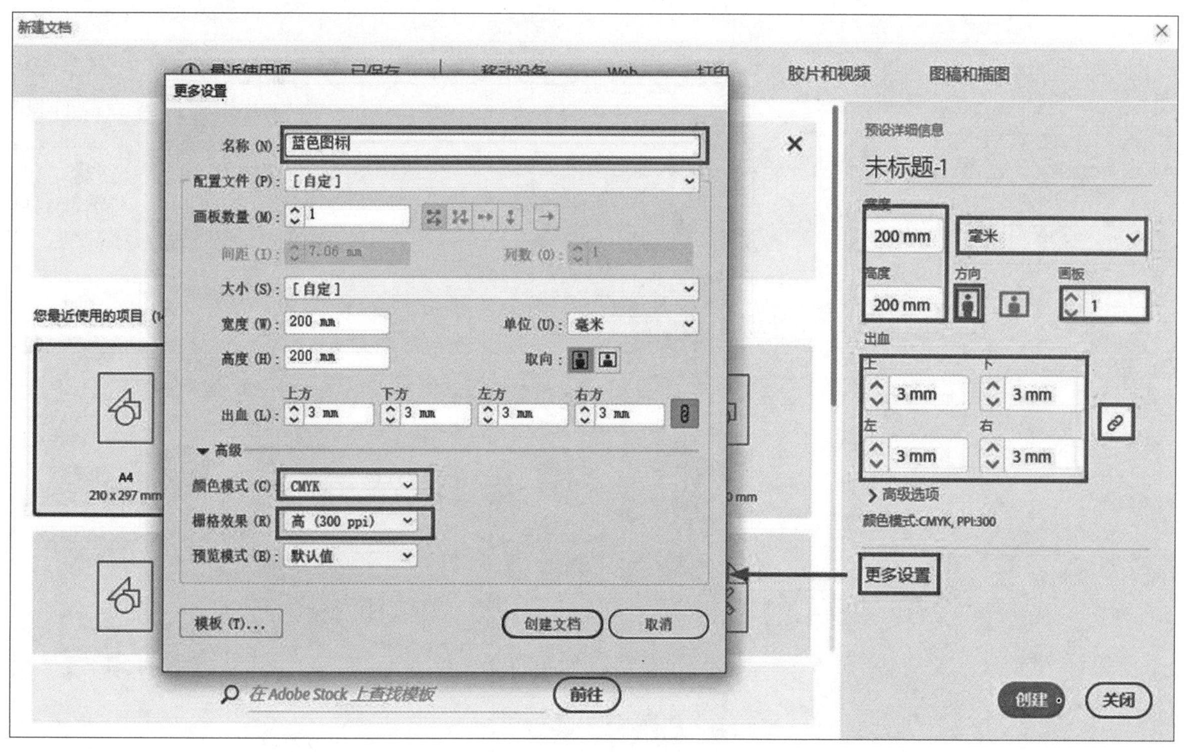


图 2-12 新建一个文件

步骤 02 单击工具箱中的椭圆工具，按住 Alt 键，在页面中心单击，在弹出的“椭圆”对话框中设置其宽度和高度均为 150mm，单击“确定”按钮，一个圆形便绘制完成，如图 2-13 所示。

步骤 03 使用工具箱中的钢笔工具绘制直线，在工具箱中单击旋转工具进行旋转复制，使用选择工具选中圆和两条直线，单击“路径查找器”面板中的“分割”按钮，如图 2-14 所示。

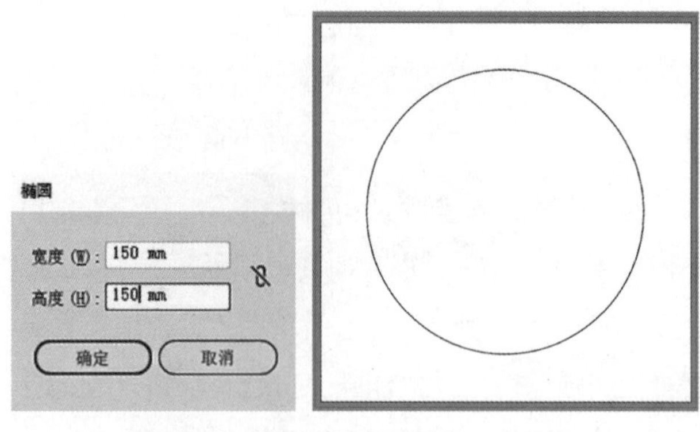

图 2-13　使用椭圆工具绘制一个圆形

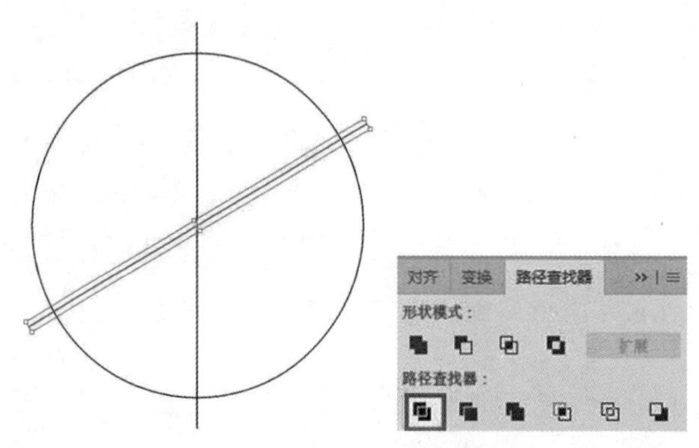

图 2-14　绘制直线并旋转复制

步骤 04　在选择状态下单击鼠标右键，在弹出的右键快捷菜单中选择“取消编组”命令，选择空白位置，将不需要的部分删除，就得到了一个扇形，如图 2-15 所示。

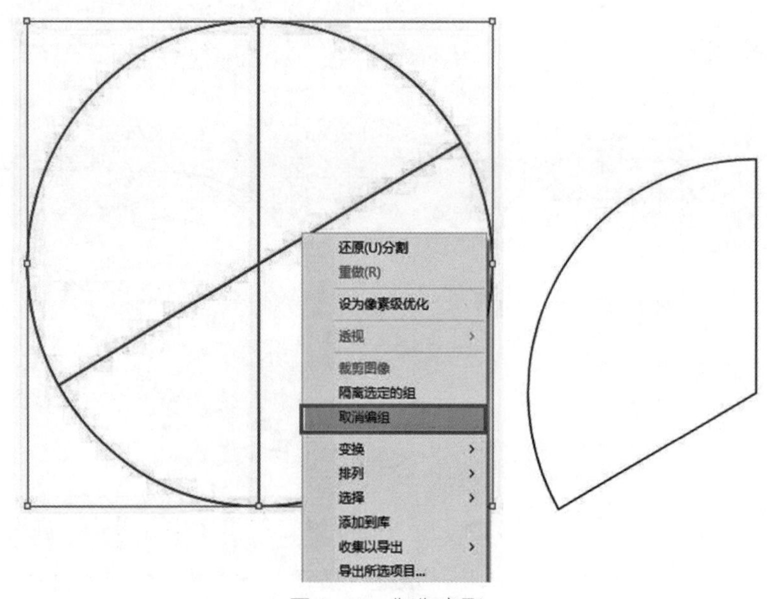

图 2-15　制作扇形

步骤 05　使用选择工具选中分割好的扇形，使用工具箱中的旋转工具，以扇形的右上角为中心点，按住 Alt 键后单击，设置旋转角度为 15° 并进行复制，复制出一个旋转 15° 的扇形；同时选中两个扇形，单击“路径查找器”面板中的“减去顶层”按钮，得到月牙图形，如图 2-16 所示。

步骤 06　使用椭圆工具在页面中心点再绘制一个 150mm × 150mm 的圆形，作为基本形使用。使用选择工具选中上一步骤得到的月牙图形，使用工具箱中的旋转工具以大圆的圆心为中心点进行旋转复制，将基本月牙图形旋转 120° 并进行复制；按 Ctrl+D 快捷键再次旋转 120° 并复制一个月牙图形，得到基本形，如图 2-17 所示。

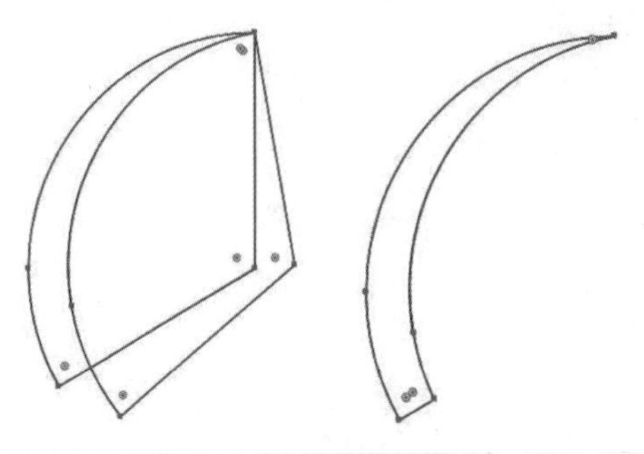

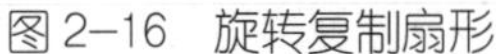

图 2-16　旋转复制扇形

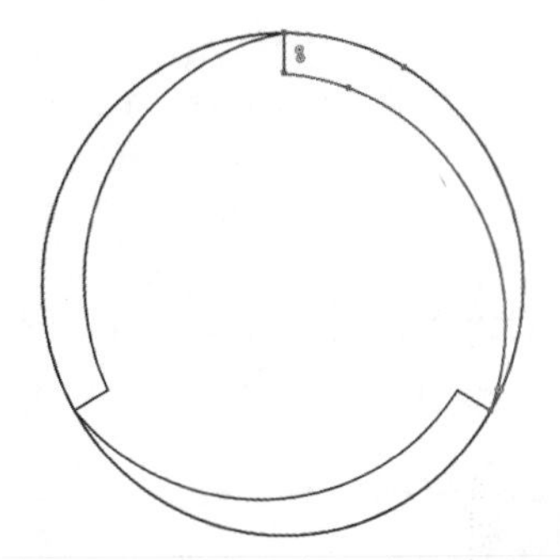

图 2-17　再次复制一个月牙图形

步骤 07　使用选择工具选中旋转复制后得到的基本形，单击工具箱中的比例缩放工具，按住 Alt 键在中心点单击，在弹出的“比例缩放”对话框中，设置“等比”为 70%，单击“复制”按钮，对图形进行等比例缩放并复制。按 Ctrl+D 快捷键再次等比例缩放 70% 并进行复制，得到全部图形，如图 2-18 所示。

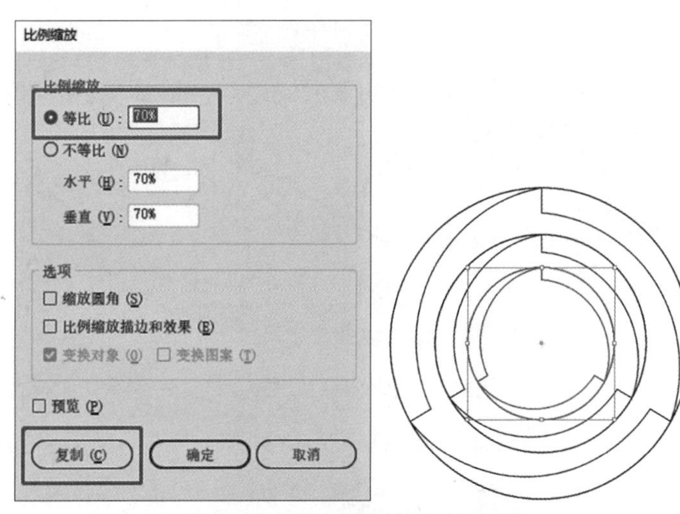


图 2-18　等比例缩放图形并复制

步骤 08　将视图模式切换成“预览”模式（快捷键 Ctrl+Y），使用选择工具选中之前的圆形并删掉；将所有图形选中，在“颜色”面板中设置颜色值为 C：100，M：55，Y：0，K：0，给图形填充颜色，完成标志图形的制作，如图 2-19 所示。

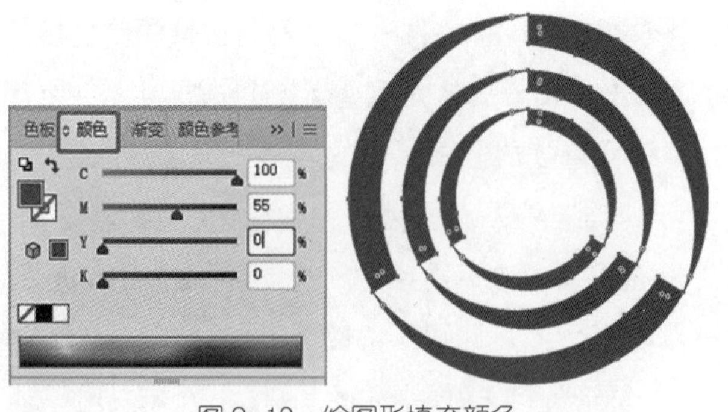


图 2–19　给图形填充颜色

# 2.2　立体图标设计

### 教学目标

1. 了解立体图标的设计要点和绘制方法；
2. 掌握图形“效果”添加的方法及相关工具的操作；
3. 能够将软件的效果工具应用在案例中，培养学生的立体思维能力。

### 故事导读

**北京 2008 奥林匹克运动会体育图标设计解析：运动美感与文化内涵的完美结合**

奥运会的体育图标是奥运会重要的视觉形象元素之一，它以生动准确的运动造型表现奥运会的各种体育项目。2006 年 8 月 7 日，北京 2008 奥林匹克运动会体育图标在奥运新闻中心揭晓，图标以篆书结构为基本形式，融合我国古代甲骨文、金文等文字的象形意趣和现代图形简化特征，显示运动美感和丰富的文化内涵（图 2-20）。

【故事导读 – 北京 2008 奥林匹克运动会体育图标设计解析：运动美感与文化内涵的完美结合】

图 2–20　北京 2008 奥林匹克运动会体育图标

北京2008奥林匹克运动会体育图标不仅符合体育图标易识别、易记忆、易使用的简化要求，还通过其特有的形态，将体育图标运动特征和丰厚的文化内涵、理念达到形与意的和谐统一。除了单线形式，北京2008奥林匹克运动会体育图标还有拓片的应用形式，就是把器物上的图形、文字用墨印在纸上，既能再现图文内容，又具备了独特的表现力。拓片形式正是应用这种艺术形式，以强有力的黑白对比效果的巧妙应用，使运动造型生动形象，呼之欲出，体现了生命的激情和运动的张力。

（资料来源：作者根据网络资料整理。）

### 2.2.1 立体图标设计概述

1. 立体图标的概念

立体图标是指由不在同一维度内的几何图形构成的图标，由平面图形或曲面图形通过光影效果抽象表现的图标。许多立体图标都是平面图形经过投影、叠加或旋转形成的，让用户通过视觉感受立体的效果，在视觉的多维度表现形式中感受图标设计的真实感，强化对图标设计的记忆。

随着社交媒体的兴起及印刷技术的不断发展，图标设计模式也在转变。传统的图标设计是二维的、静态的，难以和用户形成互动，视觉冲击力不强，不易引起观者的注意。传统的扁平化二维图标设计已经无法满足人们的要求，而立体图标设计打破了传统扁平化图标设计单调视觉效果，丰富了图标设计的视觉表现，更加有利于对信息的传递。因此，越来越多的设计师对图标立体化设计产生兴趣并应用在图标设计中，使观者的视觉感受突破了原有二维平面表现的局限性，通过立体空间增加对图标原型既有认识的真实感，不仅增添了设计的魅力，还能及时地将信息进行真实有效的传递。

立体图标之所以能够产生真实的效果，主要是因为传统的平面图标设计一般是通过传统印刷技术印刷在纸质媒介上，凭借其创意来传递信息并呈现二维平面的视觉效果，具有静态、单一的视觉化特点。而立体图标是通过二维的光影展现平面图形的多维性，让设计具有更强的视觉张力和吸引力（图2-21）。

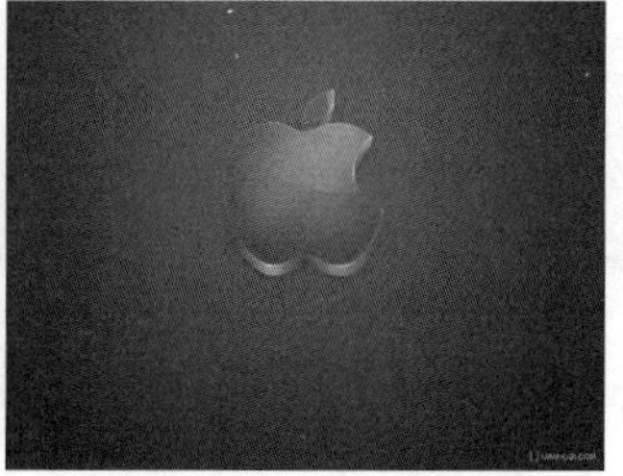

图2–21 立体图标

2. 立体图标设计

立体图标设计主要是通过假想空间的设计来表达三维的空间感，而从假想空间向真实空间的拓展是图标设计中立体图标的表现形式。这种假想空间更多指的是通过透视、明暗关系以及色彩关系和视错觉所产生的立体感，它不是真实的三维实体空间，而是平面的三维拓展空间。下面的三个图标设计就是在二维平面上表现一个假想的三维空间，让观者在视觉上有立体的感受，这就是立体图标设计的特点（图 2-22）。

图 2–22 立体图标设计

立体图标设计是将一些造型根据秩序和法则进行解构重组，呈现出视觉深度与空间体积感。立体图标设计的种类繁多，可以按照它所呈现的立体度进行分类。

（1）平面立体图标。

平面立体图标就是利用人眼视距的视觉规律，将平面上的物体在画面中制造出视觉差，使人眼产生错觉，从而产生立体感，设计出具有立体视觉效果的图标形象（图 2-23）。

（2）半立体图标。

所谓半立体图标是在二点五维构成中的图标设计效果，是一种融入视觉感知的透视式立体图形，其脱离了平面的限制，将图形凸出于画面之外，用色彩的深浅和透视关系表达出较强的立体感和丰富的效果，使人拥有更强烈的感官体验（图 2-24）。

图 2–23 平面立体图标

图 2–24 半立体图标

（3）完全立体图标。

完全立体图标是指将背景与前景通过光影的变化表达出立体的视觉感受，将设计语言重新组织，使图形的色彩、质地、肌理特征更加易于识别，将设计载体扩大到前景和背景的相互运用完成视知觉的延伸，产生富有趣味性的视觉效果。它将图形设计的交互感从原来的二维引入三维，使背景与图标设计很好地结合，从而吸引人们的视线，这是设计方法和设计思维上的一种创新（图 2-25）。

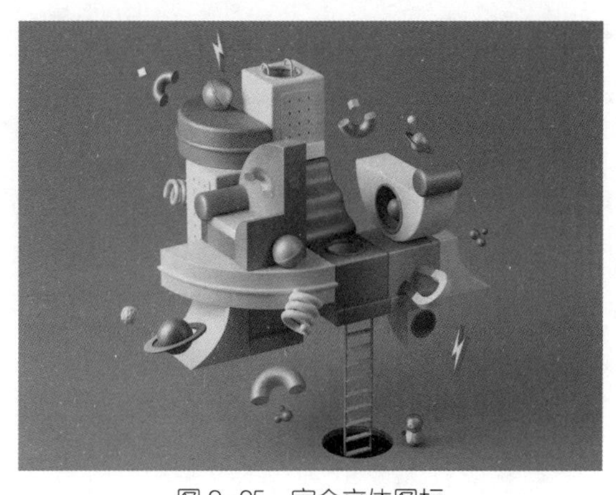

图 2-25　完全立体图标

## 2.2.2　立体图标项目设计案例

**案例内容：**

本案例为公共场所的禁止图标的制作。这款禁止图标将红色作为基本色，让人们知道有些行为在公共场所是禁止的，从而做一个遵守公共秩序的人。

公共类立体图标——禁止图标样式，如图 2-26 所示。

图 2-26　公共类立体图标——禁止图标样式

**操作步骤：**

步骤 01　执行“文件”→“新建”菜单命令，新建一个文件，设置文件的宽度、高度均为 200，取向为横版，单位为毫米；上、下、左、右出血都为 3mm，单击“锁定”图标 ；单击“更多设置”按钮，弹出“更多设置”对话框，设置“名称”为“禁止图标”，“颜色模式”为“RGB”，“栅格效果”为“高（300ppi）”，单击“创建文档”按钮即可，如图 2-27 所示。

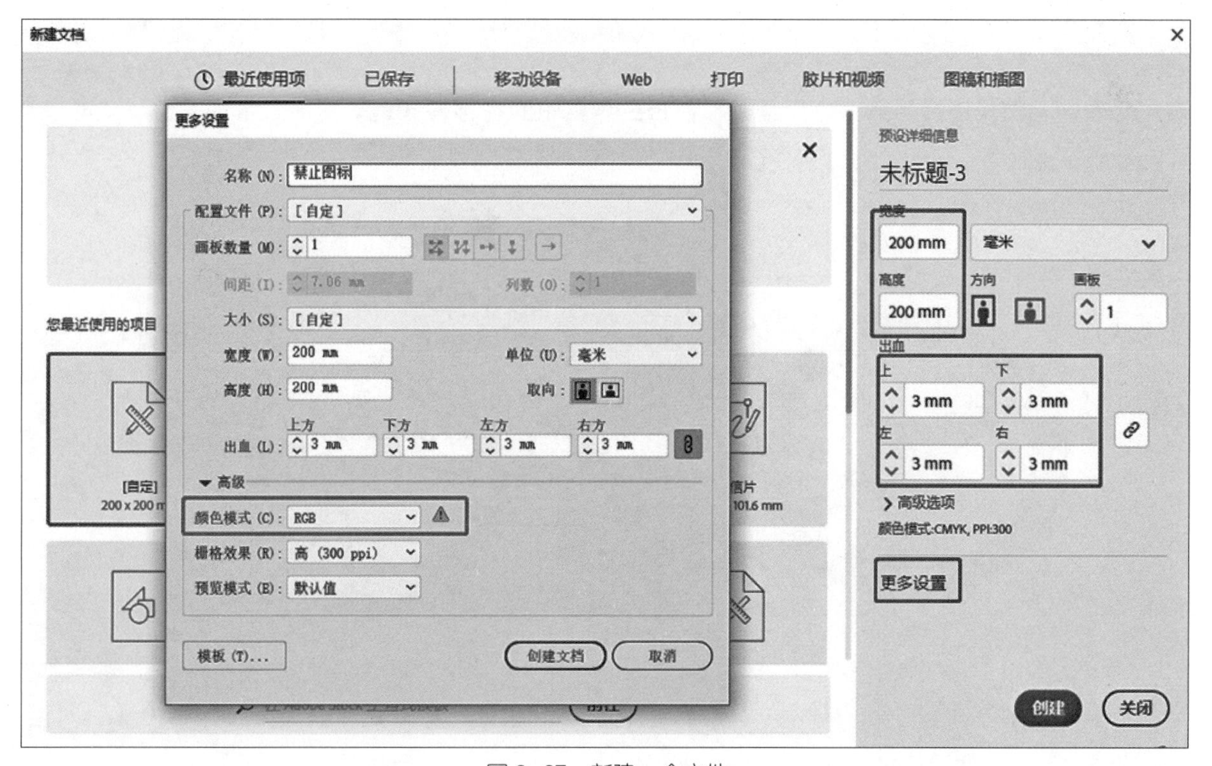


图 2-27　新建一个文件

步骤 02　使用工具箱中的椭圆工具绘制一个椭圆形，再使用比例缩放工具将刚绘制的椭圆形进行比例缩放，单击“路径查找器”面板中的“减去顶层”按钮进行圆环镂空处理，制作出如图 2-28 所示的圆环。

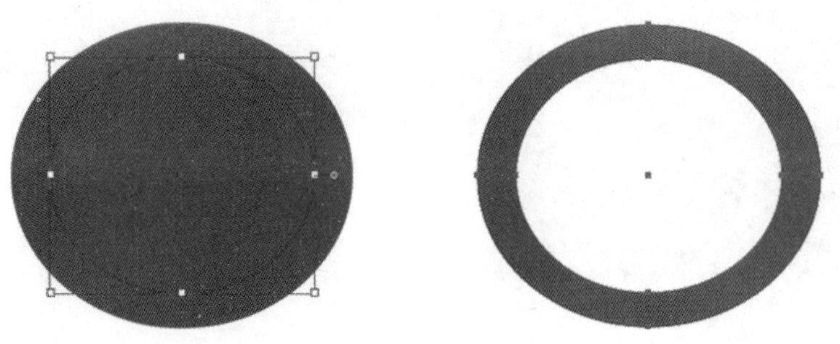

图 2–28　制作圆环

步骤 03　使用选择工具选中圆环，使用矩形工具绘制一个矩形，使用旋转工具旋转一定的角度，使用选择工具框选两个图形，然后单击“路径查找器”面板中的“联集”按钮将矩形与圆环进行合并。禁止图标基本形的架构如图 2-29 所示。

图 2–29　禁止图标基本形的架构

步骤 04　使用选择工具选中基本形，将工具箱中的色彩模式选择为前景色，并通过“渐变”面板添加渐变效果，效果如图 2-30 所示。

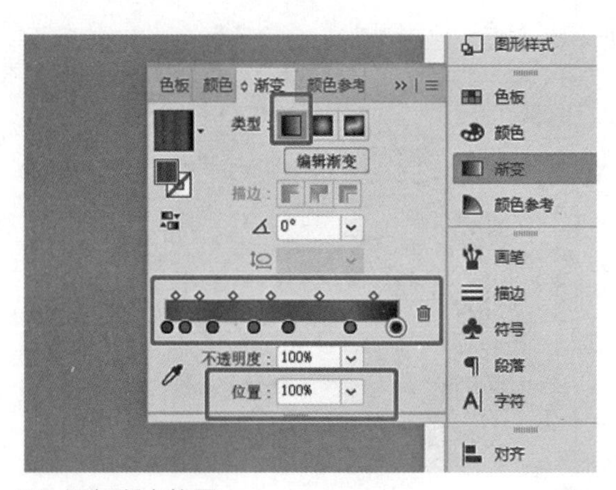


图 2–30　添加渐变效果

步骤 05　对基本形执行“效果”→“风格化”→“投影”菜单命令，在弹出的“投影”对话框中设置参数，具体设置如图 2-31 所示。

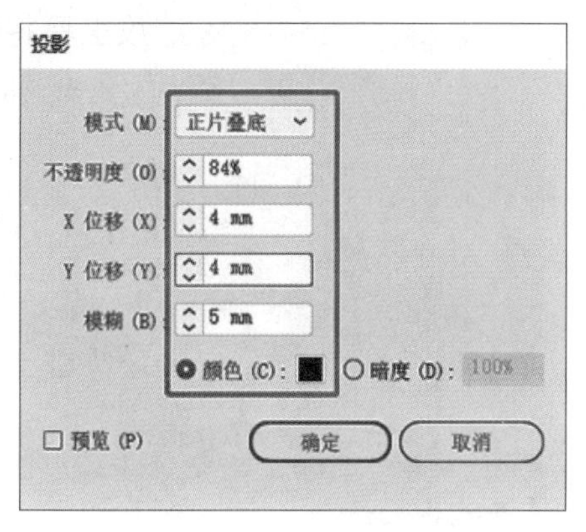

图 2–31　添加投影效果

步骤 06　制作中间层图形。复制基本形，使用选择工具 ▶ 将图形向上垂直移动一点，效果如图 2-32 所示。

图 2–32　制作中间层图形

步骤 07　再次给中间层图形进行渐变填充和投影效果的添加。选中复制后的基本形，通过“渐变”面板进行渐变的添加和调整。在“渐变”面板上的渐变条上单击，可增加滑块并添加渐变，将滑块拖出面板即可删除滑块颜色。执行“效果”→“风格化”→“投影”菜单命令添加投影的效果，如图 2-33 所示。注意，要使中间层图形具有高光感，与基本形在颜色上有所区别。

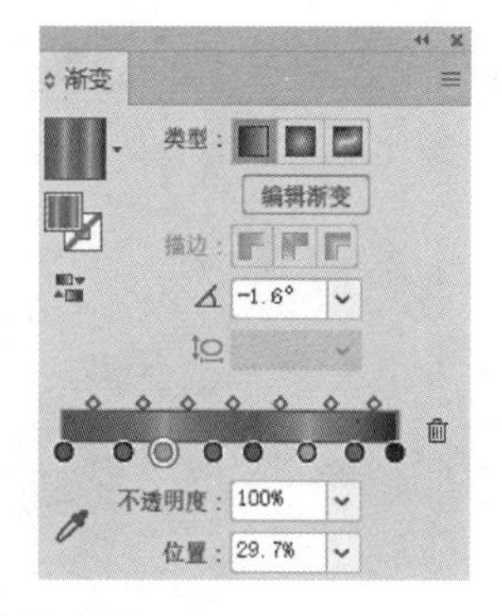


图 2–33　中间层图形的渐变及投影效果的添加

步骤 08　制作最上层图形。先复制基本形，再使用选择工具将图形向上垂直移动一点儿，并进行渐变填充，效果如图 2-34 所示。

图 2–34　制作最上层图形

步骤 09　对最上层图形添加内发光效果，让其看起来不那么生硬。执行“效果”→“风格化”→“内发光”菜单命令，在弹出的“内发光”对话框中设置参数，“模式”为“正片叠底”，“颜色”为“深红色”，色值为 R：145，G：2，B：2，“不透明度”为“80%”，“模糊”为“3mm”，“方式”为“边缘”。最上层图形的内发光效果如图 2-35 所示。

图 2–35　最上层图形的内发光效果

步骤 10　制作高光（图 2-36）。使用钢笔工具绘制高光，填充高光渐变颜色。通过执行“窗口”→“透明度”菜单命令打开“透明度”面板，设置“混合模式”为“明度”，完成案例的制作。

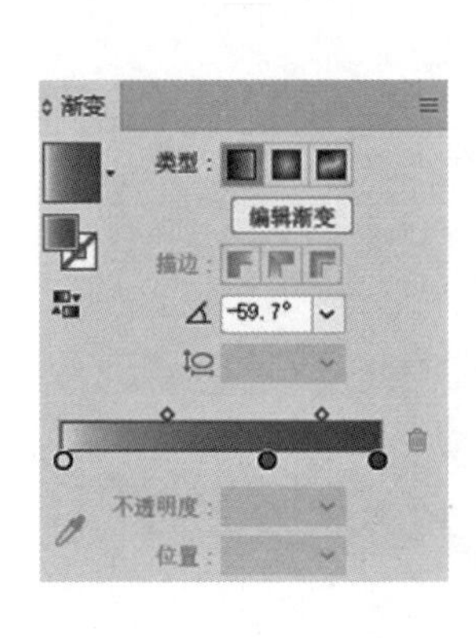

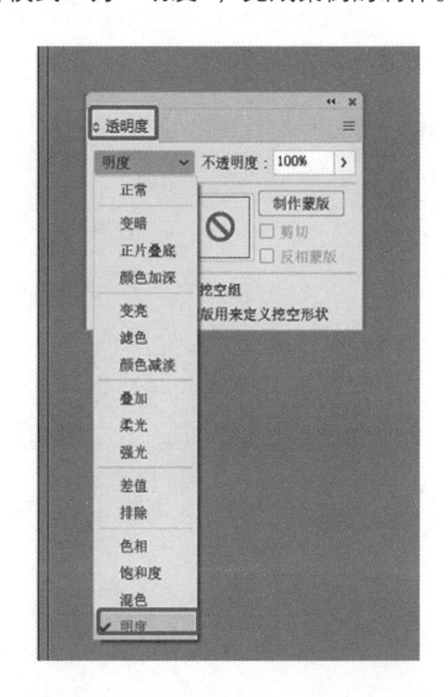


图 2–36　制作禁止图标的高光

# 2.3 信息图表设计

## 教学目标

1. 了解信息图表设计的分类及特点；
2. 掌握自定义图形在图表工具中的使用和编辑方法；
3. 能够将软件工具的使用方法应用到信息图表设计的案例中。

## 故事导读

### 将信息图表化，学会用数字讲故事

要通过一张海报囊括丰富多彩的信息绝非易事。要找到一种通俗易懂、吸引人且能准确传达人们所需信息的方法，并让所有人都能参与进来，更加不易。而可视化设计这种视觉传达手段可以满足上述所有要求。

【故事导读－将信息图表化，学会用数字讲故事】

发展初期的信息设计经常被作为平面设计的一个子集，穿插在平面设计课程当中。20 世纪 70 年代，英国伦敦的平面设计师特格拉姆第一次使用“信息设计”这一术语，旨在进行有效的信息传递，后来信息设计成为多学科交叉研究的领域。信息海报相比其他类型的海报，在海报尺寸上并没有什么太大差别，主要的区别在于态度、动机、情感、行为等的图表化，以及直观可视性，能让观者产生共鸣。

信息图表海报（图 2-37）相比一般的海报更具吸引力，更加耐人寻味，而这种信息的输出是其

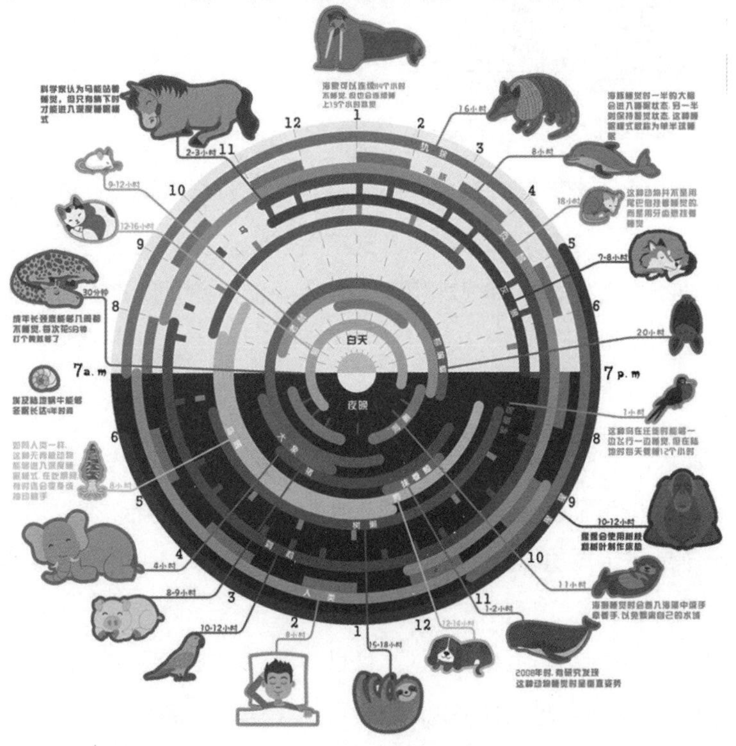


图 2–37 信息图表海报

他类型海报很难达到的。从设计的角度来讲，信息海报在为设计做加法，在为读者做减法。设计师不但要提炼相关信息元素在海报上展示出来，还要让读者能够通过这些简洁而清晰的信息挖掘出背后值得探究的问题，这便是信息海报的独特魅力。

（资料来源：作者根据网络资料整理。）

### 2.3.1 信息图表概述

1. 信息图表

信息图表又称信息图，是数据信息或指示的可视化表现形式。信息图表设计需要将庞大的、复杂的原始数据以清晰、直观的方式进行呈现，通过图形将信息清晰明了地传达给读者。一个好的信息图表设计可以使读者产生愉悦的阅读体验，减少因信息过多而产生的焦虑感。下面的几张图就是将信息数据进行可视化的图表说明，让死板的数据变得生动（图 2-38）。

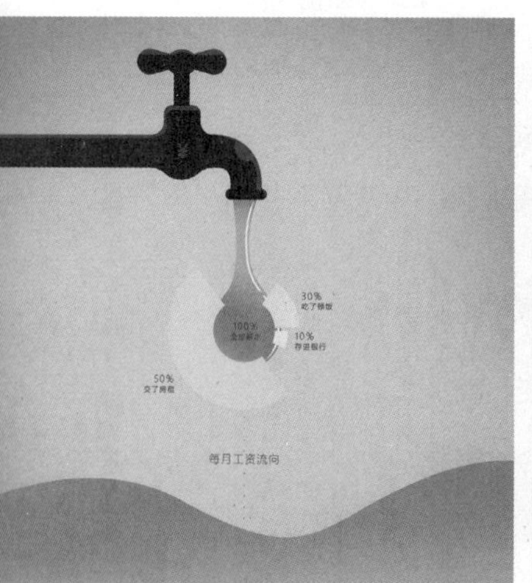

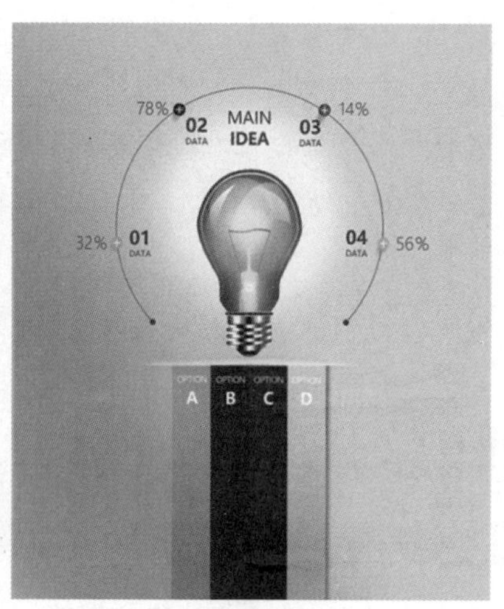

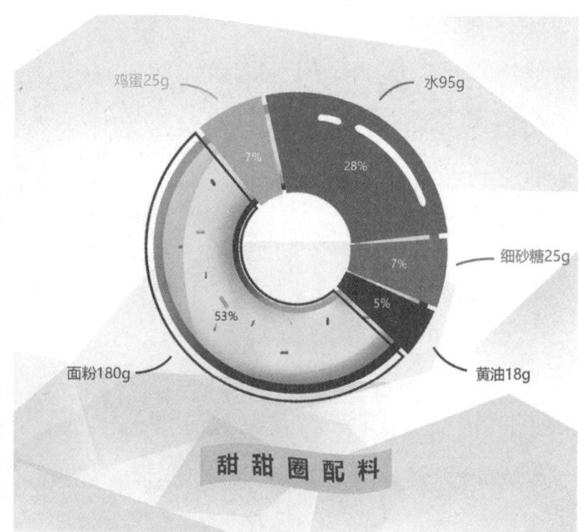


图 2–38　信息图表设计

信息图表最初是指报纸杂志等媒体刊登的一般图解，随着信息可视化在大数据时代越来越被人重视，以及越来越多的设计师热衷于以图形化方式结合视觉美感将信息传达给读者，使得信息图表越来越流行并且被大众所喜爱。将原本很难用语言表达的信息通过图形来加以说明，使其更容易理解，这是信息图表设计的目标。

2. 信息图表设计

20 世纪 90 年代以来，世界逐步进入信息时代，人们获得的信息越来越多，然而繁复冗杂的信息必然会给人造成疲劳感，为了使用户更加快速有效地接收信息，就必须对信息的传播方式进行调整。信息图表设计无论是在传播功能上还是在整体形式的表现上，都越来越多地获得大众的认同。

信息图表设计是指将原有的文字信息以图形化的方式进行表现，属于信息设计的范畴。信息图表设计是一个涉及图形学、信息学、统计学、计算机科学，以及人机交互等多个领域的设计，可视化是信息图表设计的一个重要特点。生活中有很多可视化信息的例子，如公共指示、统计图、星级评分、五线谱等（图 2-39）。

图 2-39　生活中的可视化信息

在进行信息图表设计时应注意：首先，图表设计应吸引人眼球、令人心动，设计内容能够让读者产生共鸣；其次，信息传达准确明了，主题鲜明，表达合理；再次，尽量避免使用文字对事物的结构或流程进行说明，仅以图表形式传达信息，去粗取精，简单易懂，从庞大的信息中将真正必要的信息筛选出来，同时设计的表现手法需要合理简化，突出重点；最后，充分利用人的阅读习惯，遵循视线移动的规律，通过设计引导人的视觉动线。图 2-40 中包饺子的馅料准备图表设计简单明了，信息传达准确，让人更容易理解。

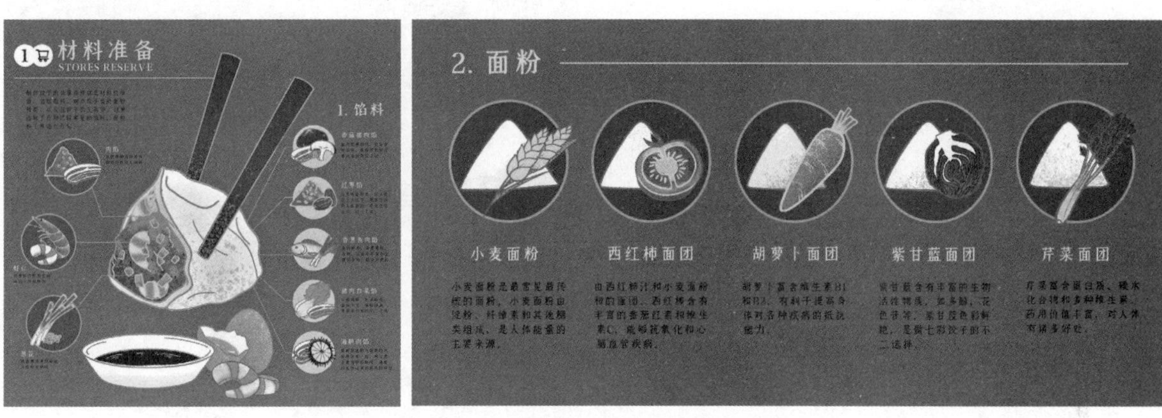


图 2-40　包饺子的馅料准备图表设计

3. 信息图表的分类

信息图表的种类很多，其划分方式也多种多样，依据设计对象的不同，可分为思维导向信息图表、数据类信息图表、关系类信息图表、文本类信息图表、说明类信息图表等。

（1）思维导向信息图表。

思维导向信息图表是运用图文并茂的方式，把各级主题的关系通过相互隶属与相关的层级图表现出来，是一种具有引导性质的表现方式。例如，图 2-41（a）的“毛驴产业链”关系图，我们用语言很难表述清楚产业链的关系，但是借助图表来说明，效果就会好得多。如图 2-41（b）所示，如果想说清楚“咖啡的前世今生”是需要费一番口舌的，即使从头至尾讲一遍也会有遗漏或讲不清楚的地方，但是通过信息图表的方式可以迅速找到表述亮点或事件的主干，这样主题和思路就会更加清晰。

（2）数据类信息图表。

数据类信息图表是将数据和统计结果图形化，让复杂的概念和信息在更短的时间内呈现更多含义。数据类信息图表只要以数据轴为中心进行数据对比即可。从设计的角度来看，将主题融入图表

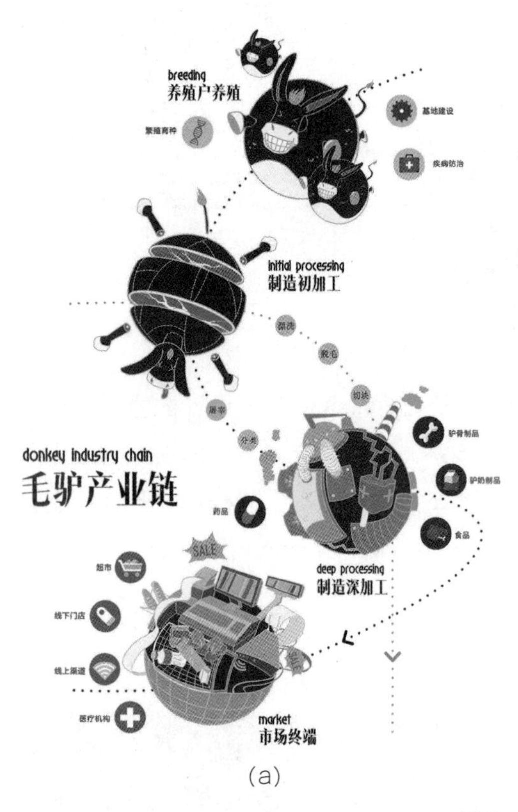


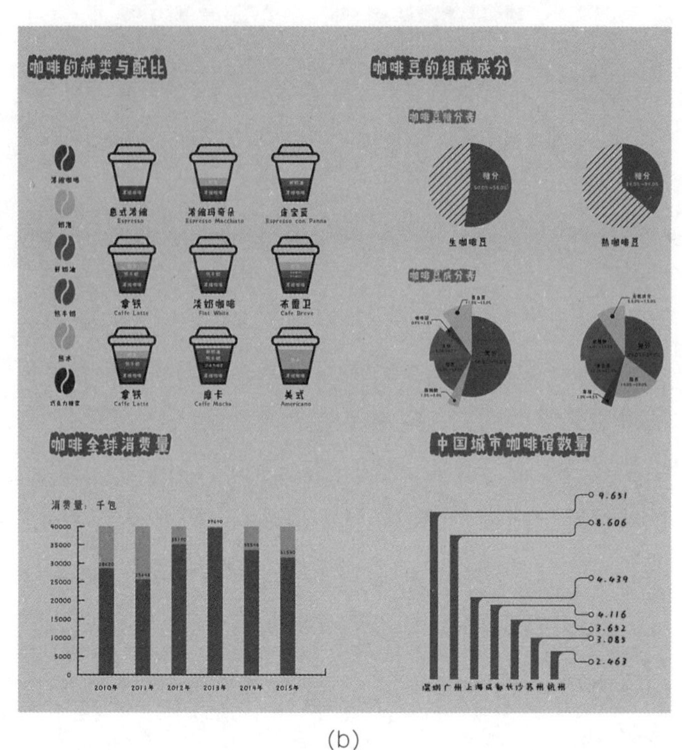


(a) (b)

图 2–41 思维导向信息图表

设计中，挑选重要的数据进行对比，就可以使画面精美，易于理解。图 2-42 所示的“机动车污染物排放量分担率”与“2017 年各地机动车排放源对细颗粒物浓度的贡献”数据类信息图表，其中的数据变化趋势直观明了，如果用语言来描述就会显得力不从心。

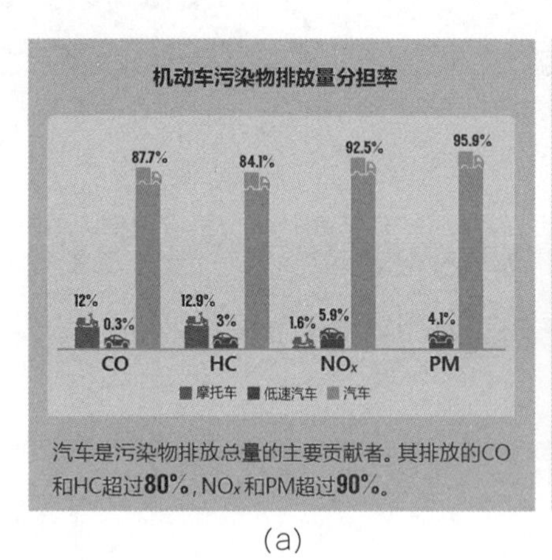


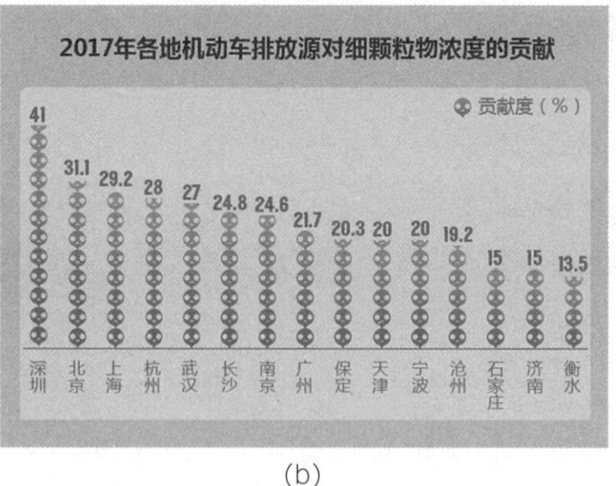


(a) (b)

图 2–42 数据类信息图表

（3）关系类信息图表。

关系类信息图表主要用来概括各要素之间的关系（如从属、并列、对立的关系），运用设计语言把繁杂结构模型化、虚拟化。用大篇幅的文字讲不清楚的事情，往往仅需要一个简单的关系结构示意图就可以解决。图 2-43 所示的“新年火锅团圆饭”通过关系类信息图表的解读将关系概括得清楚明了，并不需要大篇幅文字的阐述。

图 2–43　关系类信息图表

（4）文本类信息图表。

文本类信息图表是包含文字较多的信息图表类别。图 2-44 所示的“电商平台 VOC 分析（负面情绪）”，将文字通过图形化的语言进行表达，通过新闻媒体的文章标题式图形语言展现电商主体的情绪状态，使信息表达得更加准确且具有趣味性。

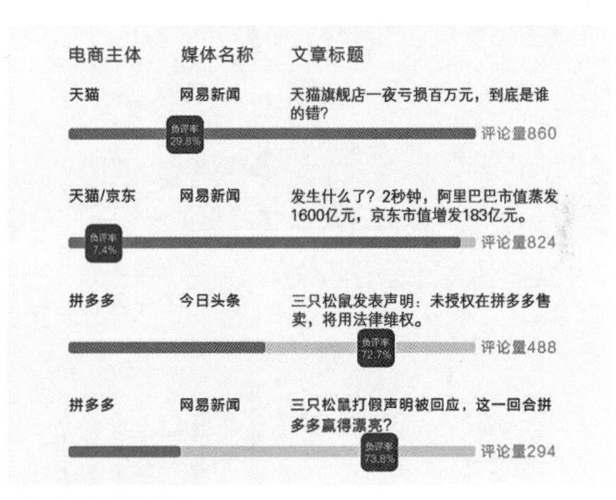


图 2–44　文本类信息图表

（5）说明类信息图表。

说明类信息图表主要用来介绍或阐释事物的一种图形化表达方式，图形决定了信息传达的有效性，文字起到让图表更容易被观者理解的作用。图 2-45（a）通过文字与图形相结合的形式清晰明了地说明了每个时间段的状态；图 2-45（b）通过图形设计和文字清晰地说明了用户体验的方式和途径。

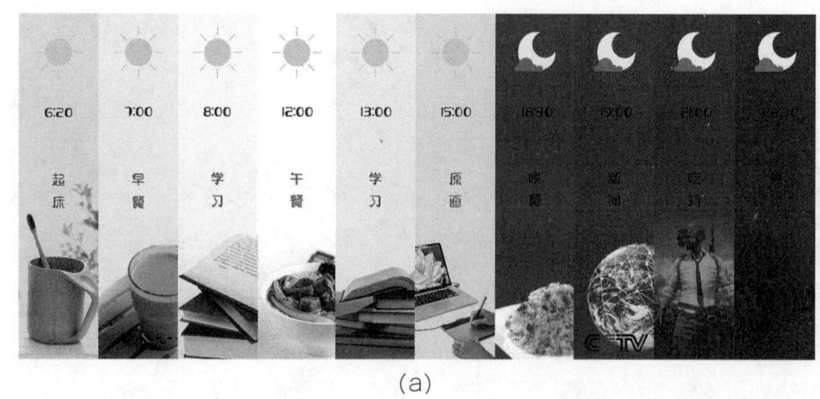


(a)

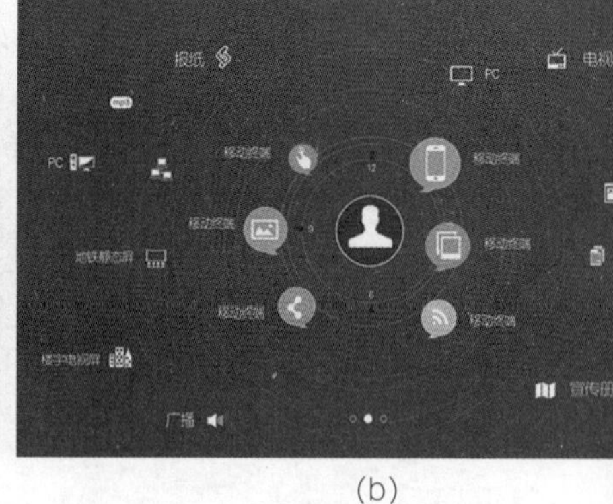


(b)

图 2-45　说明类信息图

## 2.3.2　企业销售业绩类信息图表项目设计案例

**案例内容：**

本案例为企业销售业绩类信息图表的制作，要求数据对比清晰明了，时间阶段设置合理，能够清晰地反映某一阶段的数据对比情况；文字设计方面，要求字号大小适中，字体运用应符合信息化图形美观、大方的特点，避免选择不易识别的字体。

销售业绩类信息图表样式如图 2-46 所示。

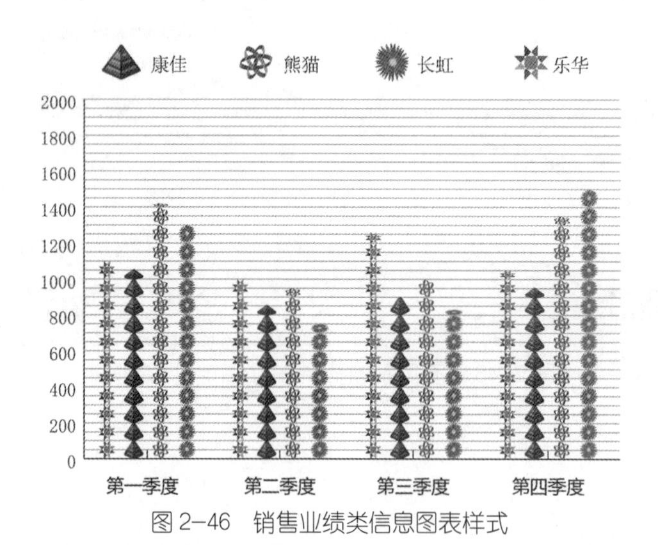


图 2-46　销售业绩类信息图表样式

**操作步骤：**

步骤 01　执行“文件”→“新建”菜单命令，新建一个文件，设置文件的宽度、高度均为 210，方向为横版，单位为毫米；上、下、左、右出血都为 0mm；单击“更多设置”按钮，弹出“更多设置”对话框，设置“名称”为“2020 年第一季度部门手机销售对比图”，“颜色模式”为“RGB”，“栅格效果”为“高( 300ppi )”，单击“创建文档”按钮即可，如图 2-47 所示。

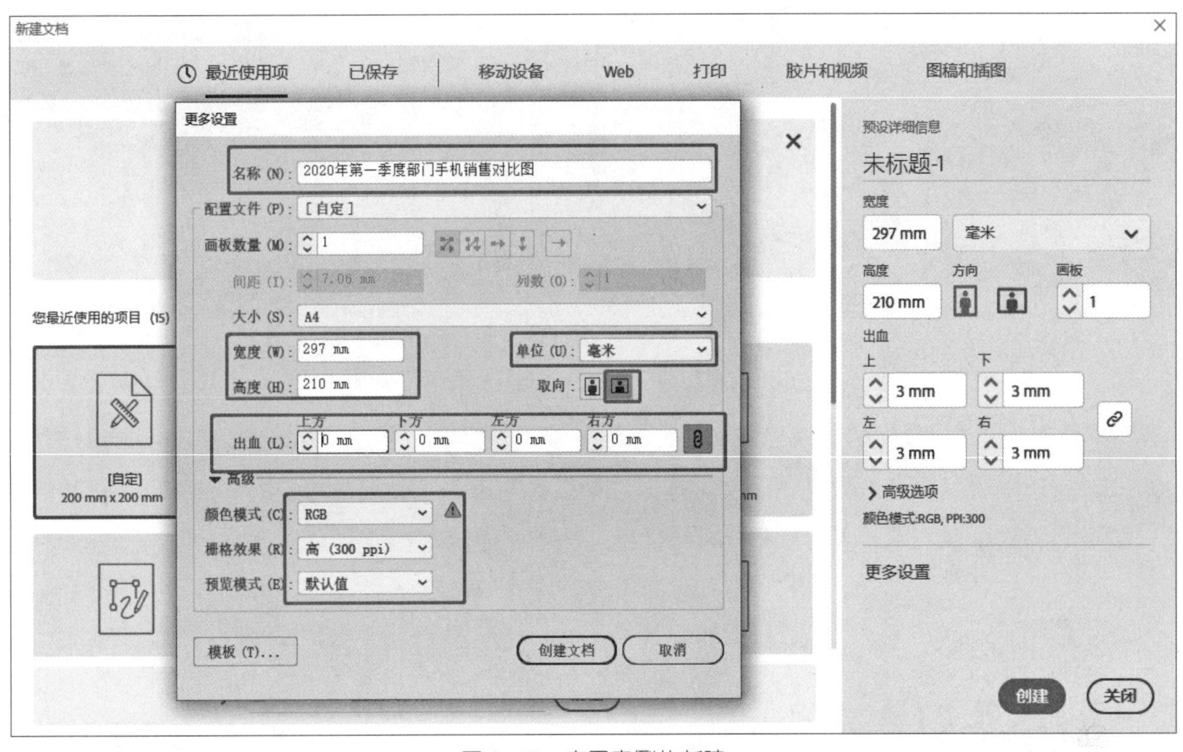


图 2-47 应用案例的新建

步骤 02 使用柱形图工具，在页面中绘制图表范围，绘制基本表格，输入数据，并生成数据图表，如图 2-48 所示。

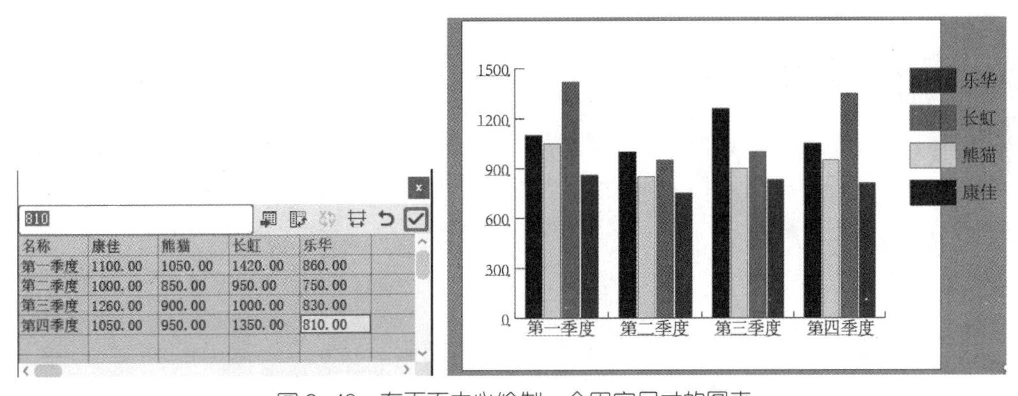

| 名称 | 康佳 | 熊猫 | 长虹 | 乐华 |
|---|---|---|---|---|
| 第一季度 | 1100.00 | 1050.00 | 1420.00 | 860.00 |
| 第二季度 | 1000.00 | 850.00 | 950.00 | 750.00 |
| 第三季度 | 1260.00 | 900.00 | 1000.00 | 830.00 |
| 第四季度 | 1050.00 | 950.00 | 1350.00 | 810.00 |



图 2-48 在页面中心绘制一个固定尺寸的图表

步骤 03 使用编组选择工具，选择图例及相关的数据表，与普通图形一样修改相应的颜色，对生成的数据图表进行颜色的变换，如图 2-49 所示。

步骤 04 改变图表的数据。将乐华第一季度和第四季度的数值分别修改为 1300.00 和 1500.00。具体操作方法为：执行“对象”→“图表”→“数据”菜单命令，打开“数据”对话框，修改数据之后，单击“√”按钮，如图 2-50 所示。

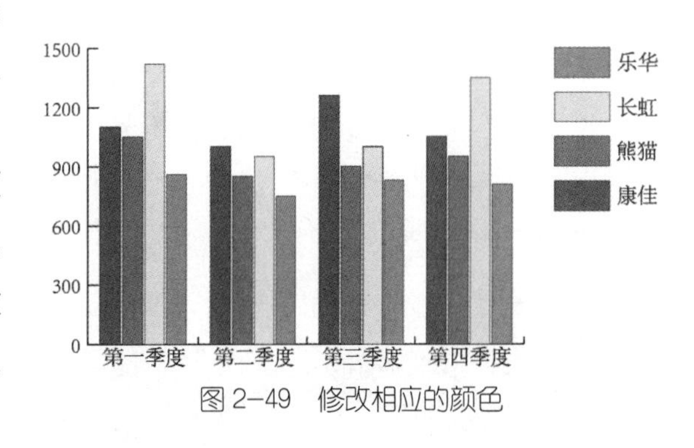


图 2-49 修改相应的颜色

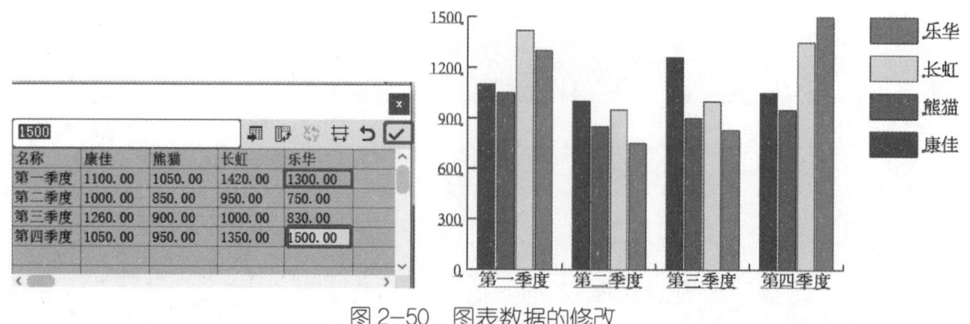


图 2-50　图表数据的修改

步骤 05　使用选择工具选中图表，在右键快捷菜单中选择“类型”命令，在弹出的“图表类型”对话框中的“样式”中选择“添加投影”给图表添加投影，并在“图表选项”中选择数值轴，如图 2-51（a）所示。进入数值轴选项，选择“刻度线”下的“长度”中选择“全宽”，同时修改“刻度线”的数量为“5”，增加图表中的刻度线，效果如图 2-51（b）所示。

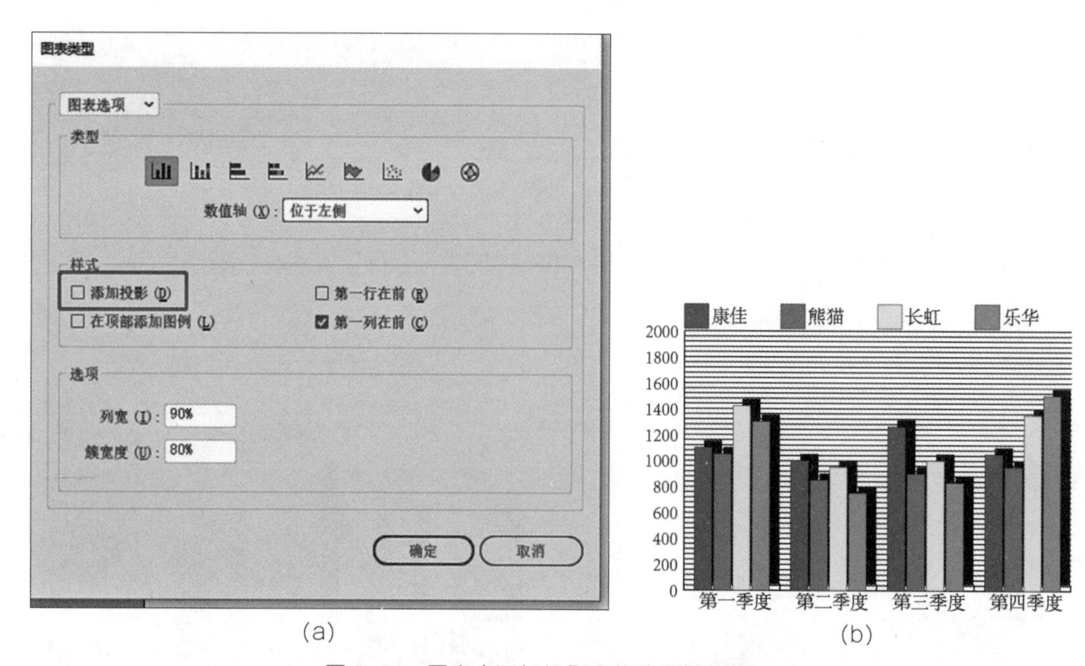


图 2-51　图表中添加投影和修改图例位置

步骤 06　自定义绘制图形符号。使用等腰直角三角形作为基本图形，通过镜像、旋转绘制出如图 2-52 所示的图形符号。

步骤 07　单击绘制的图形，之后单击“对象”→“图表”→“设计”→“重命名”，将名称改为“乐华”，单击“确定”按钮，完成自定义符号的重命名。

步骤 08　将自定义绘制的图形符号应用到图表中，使用编组选择工具双击“乐华”图例，将要应用图形符号的图表选中，执行“对象”→“图表”→“柱形图”菜单命令，弹出“柱形图”对话框，在“列类型”中选择“重复堆叠”，“每个设计”代表“100”个单位，在“对于分数”中选择“缩放设计”。应用图形符号后，投影显得多余，因此把投影去掉。方法是：执行“对象”→“图表”→“类型”菜单命令，弹出“图表类型”对话框，在“样式”中取消选中“添加投影”复选框，如图 2-53 所示。

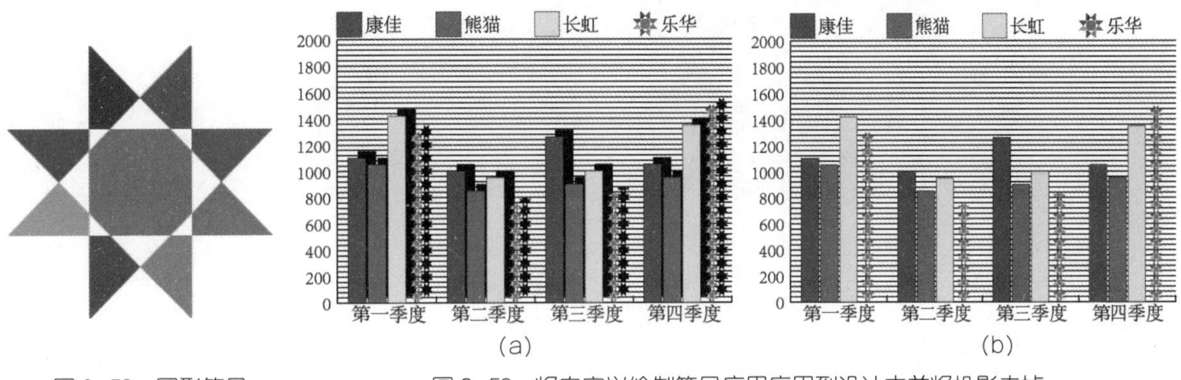


图 2-52 图形符号

图 2-53 将自定义绘制符号应用应用到设计中并将投影去掉

步骤 09 使用同样的方法自定义其他的图表。在符号库中选择相应的符号，在“字符”面板中将字体、字号进行个性化调整，最终效果如图 2-54 所示。

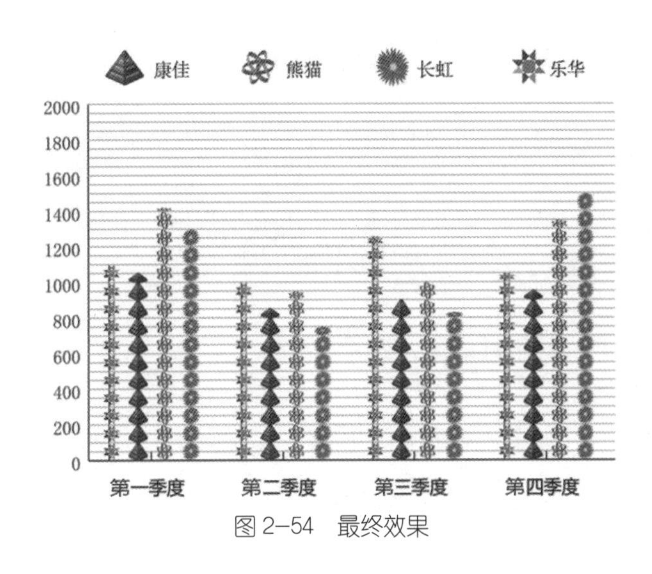


图 2-54 最终效果

# 本章小结

本章主要介绍了图标的相关设计，包括企业图标的设计、立体图标的设计、信息图表的设计；主要学习了 Illustrator 软件的基本功能，包括图形的绘制与编辑、图形效果的应用、文字的设计、标志图形的创意设计、信息图表的设计等。通过案例的详细讲解，帮助读者提高设计能力，以更好地适应当前设计市场对人才的技能需求。

# 思考与练习

1. 请给企业设计一个团花图标，要求为红色花瓣圆形图标，层次分明，制作效果可参考图 2-55。

2. 请分别设计一个“男”“女”计算机立体图标，“男”图标为蓝色。“女”图标为红色，制作效果可参考图 2-56。

3. 请采用无线框图表的制作方法制作一个汽车参数对比图表，包括座位数、行驶性能、耗油量、质量和体积的对比，制作效果可参考图 2-57。

图 2–55　团花图标

图 2–56　“男”“女”计算机立体图标

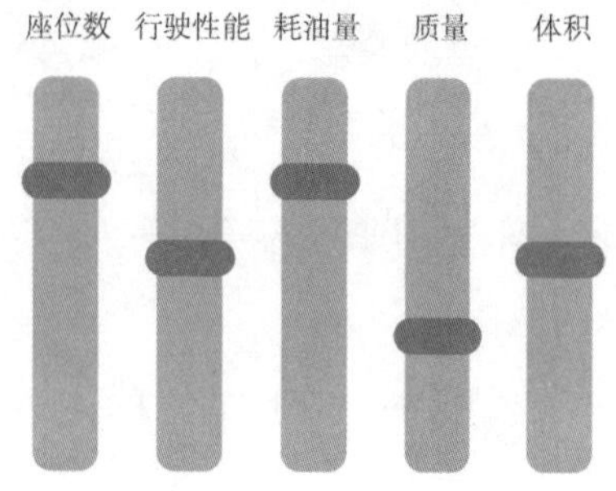


图 2–57　汽车参数对比图表

## 关键词

图标设计　　立体图标设计　　信息图表设计

## 知识延展

【App（手机软件）应用图标设计的三大要素】

1. 准确地体现自身信息

当用户筛选 App 应用时，最普遍的做法是先看 App 应用图标是否能够准确体现出 App 应用的信息，然后根据图标来判断是否需要这款 App 应用，它是否能够解决自己的问题。

2. 色彩搭配要合理

App 应用图标其实是非常小的一张图片，但需要体现出非常多的信息，而图标的色彩搭配非常重要。图标的色彩设计不仅应保证其美观，还应根据图标所表达的主题进行合理的色彩搭配。

3. 保持简洁的设计风格

App 应用图标应该越简洁越好，这样用户在浏览图标时才能更容易理解其所表述的含义，从而产生下载 App 应用的兴趣。

# 第 3 章　平面广告设计

## 学习目标

通过本章的学习掌握平面广告设计的理论知识及 Illustrator 软件的操作技巧；熟练掌握 Illustrator 软件的操作技巧，并能够运用绘图工具、文字工具进行设计，将所学的软件知识应用到实际的案例制作中，如名片、招贴、户外广告的设计。

## 学习要求

| 知识要点 | 能力要求 |
| --- | --- |
| 1. 名片设计 | 1. 能够熟练操作 Illustrator |
| 2. 招贴设计 | 2. 能够使用 Illustrator 进行排版和绘图 |
| 3. 户外广告设计 | 3. 能够独立完成平面广告设计作品 |

## 思维导图

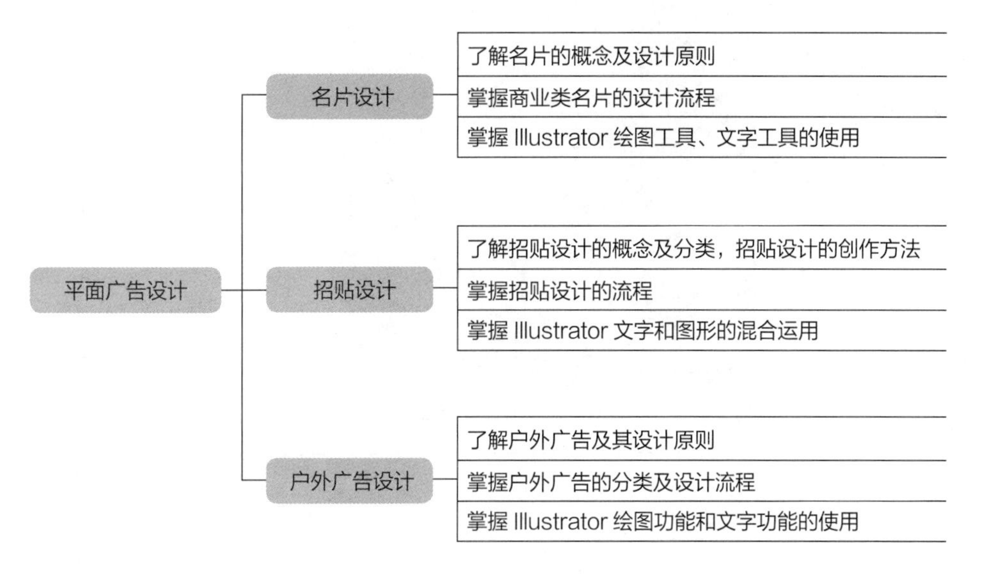

**故事导读**

**国潮风格海报设计**

【故事导读－国潮风格海报设计】

国潮风格海报设计通过对图像、文字、色彩与版式的整体归纳与融合，将中国传统文化与民族精神理念贯穿于作品之中，向大众传达出国潮文化的内涵，引发大众的文化认同感与情感共识。图形类国潮风格海报设计包含具象写实与抽象概括两种类别。具象写实类着重刻画事物的细节变化，以求还原视觉元素的真实状态，突出其造型美；抽象概括类将元素进行打散与重组，赋予图形新的形态，在保留其文化底蕴的基础上改变原有造型，突显其形式美。

随着网络科技的不断发展与计算机绘图技术的日趋成熟，国潮风格海报凭借着内容的广泛性与形式的多样化，成为商业海报中使用率最高的一种类型。国潮风格海报设计通过计算机技术将图像进行裁剪、拼贴、打散、重构等艺术处理与加工，将其以国潮的形式更好地融入画面之中，与当代的视觉审美观相契合（图 3-1）。

图 3–1 《国潮文化》海报

（资料来源：作者根据网络资料整理。）

# 3.1 名片设计

**教学目标**

1. 了解名片的概念及设计原则；
2. 掌握商业类名片的设计流程；
3. 掌握 Illustrator 绘图工具、文字工具的使用。

## 故事导读

### 名片的演变

【故事导读－名片的演变】

名片又称名刺、名纸、名帖，在我国古代就已流行，它经历了一个较长的发展过程。

早在汉朝时，人们为了拜见长官或名人，就用竹片、木片制成简，再用铁器将自己的名字刺在上面，这种简称为刺，又称名刺（图3-2）。后来发明了纸，于是便改用纸书写，并改称为名纸。名纸上除写姓名，也可以写官衔名。在明、清时期，人们用红纸书写自己的姓名、官衔，称为名帖。

图3–2 名刺

在古代，官场中官员拜谒时必须使用名刺。访问人先将名刺送到被访人的门房（相当于现在的传达室），等门人通报主人并得到允许后，才能入内。有钱人逢喜庆节日，需要庆贺对方时，如果自己不能亲自去，便在名刺上写“某某顿首拜”等字，然后贴在对方的大门上，这称为投刺。普通百姓不使用名刺，也没有这些礼节。现在人们所用的名片是从古代的名刺逐步发展变化而来的。现在的名片一般采用白色纸片，上面印有姓名、职务、地址、电话号码、电子邮箱等内容，在拜访客户或初次结识时，用来介绍自己的身份，便于日后联系。

（资料来源：作者根据网络资料整理。）

### 3.1.1 名片设计概述

1. 名片

名片（图3-3）是谒见、拜访或访问时用的小卡片，上面印有个人的姓名、职务、地址、电话号码、电子邮箱等。交换名片是现代社会中人们进行信息交流与展现自我的常用方式。信息的传达及品位的展现是名片设计的重点。本节从名片的分类、制作工艺等方面来学习名片设计。

图3-3　名片

2. 名片设计

名片的设计包含标志、图案、文字3个元素。标志常见于企业名片或公用名片设计中。标志是一个企业或机构形象的浓缩体，通常只要是有自己品牌的企业都会在名片设计中添加标志元素。在名片设计中，图案的应用比较广泛。图案可以作为名片版面的底纹，也可以作为独立出现的具有装饰性的图案。图案的风格不定，可以是几何图形、企业产品图片或建筑图片等。文字是信息传达的重要元素，也是名片的重要组成部分。

3. 名片的分类及工艺

（1）名片的分类。

① 企业名片。企业名片是一个公司企业文化、企业形象的代表，也是企业通过派发、宣传、交换名片获取客户信息宣传企业产品品牌的一个重要工具，所以企业名片在审核的时候需要慎重考核，一般需要经过公司整个高层商讨审核决定。

② 个人名片。个人名片的内容一般包括姓名、职务、移动电话、通信地址、固定电话、电子邮箱等。个人名片应具有较强的识别性，让人在最短的时间内获得所需要的信息。因此个人名片设计必须做到文字简明扼要，字体层次分明，图形易于识别，艺术风格新颖。

（2）名片制作工艺。

为了使名片更吸引人，在印刷名片时往往会使用一些特殊的工艺，如模切、打孔、UV、凹凸、烫金等。

① 模切。模切是印刷品后期加工常用的一种裁切工艺，依据产品样式，利用模切刀的压力作用将名片切成所需要的形状（图3-4）。

② 打孔。打孔一般分为单孔或多孔，多用于较为个性化的名片设计。打孔的名片具有一定的层次感和独特感（图3-5）。

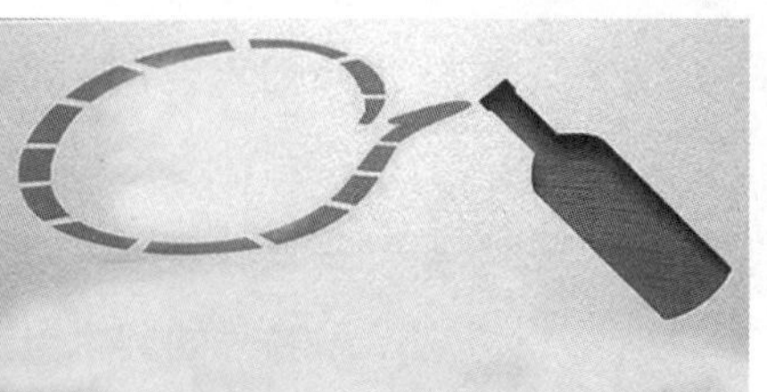
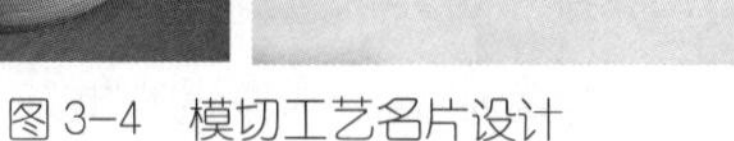

图 3-4 模切工艺名片设计

图 3-5 打孔工艺名片设计

③ UV。利用专用 UV 油墨在 UV 印刷机上实现 UV 印刷效果，使得局部或整个表面光亮凸起。UV 工艺突出了名片里的某些重要信息，并且使整个名片呈现一种高级感(图 3-6)。

④ 凹凸。凹凸是通过一组阴阳相对的凹模板和凸模板加压在承印物之上而产生的浮雕状的凹凸图案。凹凸工艺使名片具有立体感，不仅提高了视觉美观度，还具有一定的触感(图 3-7)。

图 3-6 UV 工艺名片设计

图 3-7 凹凸工艺名片设计

⑤ 烫金。烫金是指电化铝烫印箔通过加热和加压的方法，将金色的图形、文字套印在名片表面，使得整个名片看起来更加精美，更具设计感(图 3-8)。

图 3-8 烫金工艺名片设计

### 3.1.2 商业类名片项目设计案例

**案例内容：**

本案例为商业类名片设计，从企业名片的客户需求、设计定位、配色方案、版面构图等方面考

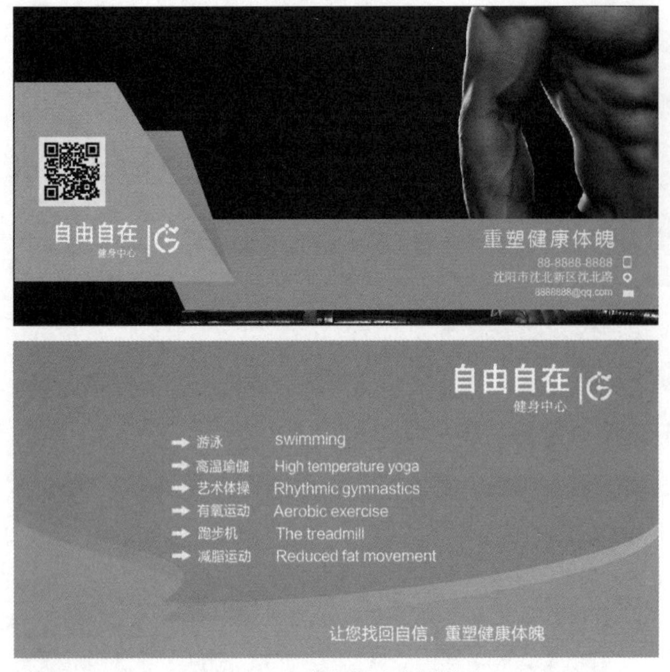


图 3–9　商业类名片案例样式

虑并进行设计。项目设计应能够满足客户需求，同时也能够使名片更好地发挥作用，有效地树立企业形象及推广产品。在设计简洁、大气的基础上，要重点展现名片的艺术设计感。

商业类名片案例样式如图 3-9 所示。

**操作步骤：**

步骤 01　执行“文件”→“新建”菜单命令，在弹出的“新建文档”对话框中设置“单位”为“毫米”，“宽度”为“95mm”，“高度”为“45mm”，“取向”为“横向”，“出血”为“3mm”，“颜色模式”为“CMYK”，“栅格效果”为“高（300ppi）”，单击“创建”按钮完成操作，如图 3-10 所示。

图 3–10　“新建文档”对话框

步骤 02　执行“文件”→“置入”菜单命令，置入图片素材“健身.jpg”，单击控制栏中的“嵌入”按钮，完成图片素材的置入操作，如图 3-11 所示。

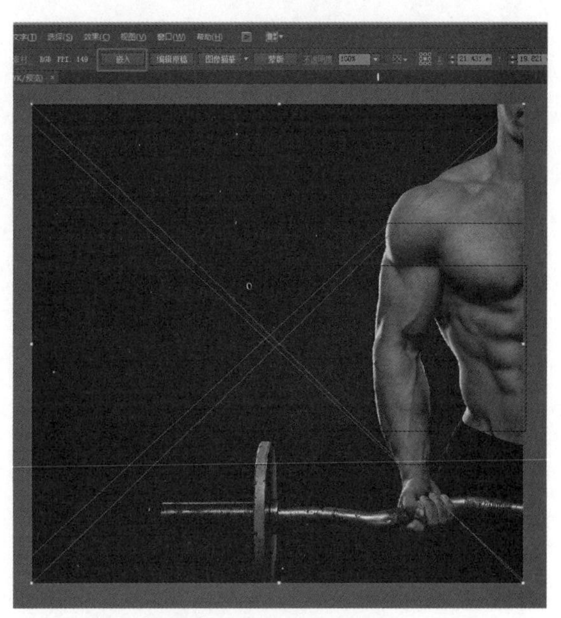

图 3-11　置入图片素材

步骤 03　选择工具箱中的矩形工具，参照画板的位置，绘制一个与画板等大的矩形，使用选择工具将矩形和图片同时选中，执行“对象”→“剪切蒙版”→“建立”菜单命令，此时超出矩形范围的图片部分就被隐藏了，如图 3-12 所示。

步骤 04　制作图像上的色块装饰。选择工具箱中的矩形工具，在画面中绘制一个矩形，使用工具箱中的直接选择工具单击选择矩形右下角的锚点，同时，按住 Shift 键拖拽形成一个斜边矩形，在控制栏中设置“填充”为“土黄色”，“描边”为“无”；使用同样方法再绘制一个矩形，并添加相同颜色，如图 3-13 所示。

步骤 05　制作两个色块之间的阴影，模拟出“折叠”效果。使用工具箱中的钢笔工具，在相应的位置绘制一个三角形，选中这个三角形，执行“窗口”→“渐变”菜单命令，在打开的“渐变”面板中，先设置一个由白色到黑色的渐变，单击渐变色块，为这个三角形填充渐变色，再使用渐变工具调整渐变角度；选中这个三角形，在控制栏中设置“不透明度”为“30%”，如图 3-14 所示。

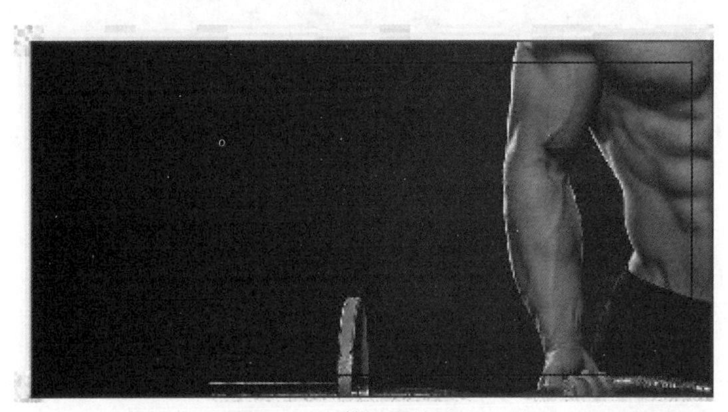

图 3-12　剪切图片大小

图 3-13　绘制斜边矩形

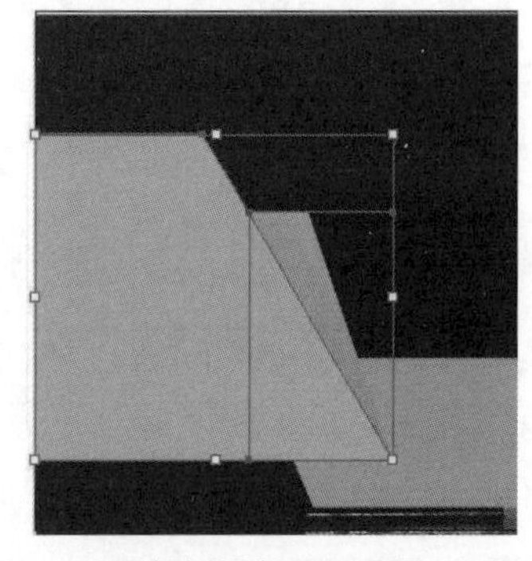

图 3-14　填充渐变色及设置不透明度

图 3–15　输入文字并绘制分割线

步骤 06　选择工具箱中的文本工具T，在控制栏中设置合适的字体及字号，填充颜色为“白色”，在名片的左侧单击并输入文字，接着使用矩形工具绘制一个白色的矩形作为分割线，如图 3-15 所示。

步骤 07　制作标志图形。选择工具箱中的钢笔工具，在控制栏中设置“填充”为“无”，“描边”为“白色”。单击“描边”按钮，在“描边”面板中设置描边“粗细”为“1pt”，“端点”为“圆头端点”。接着，在画面中绘制一个弧形（图 3-16），继续使用钢笔工具绘制另外两段弧线的路径。

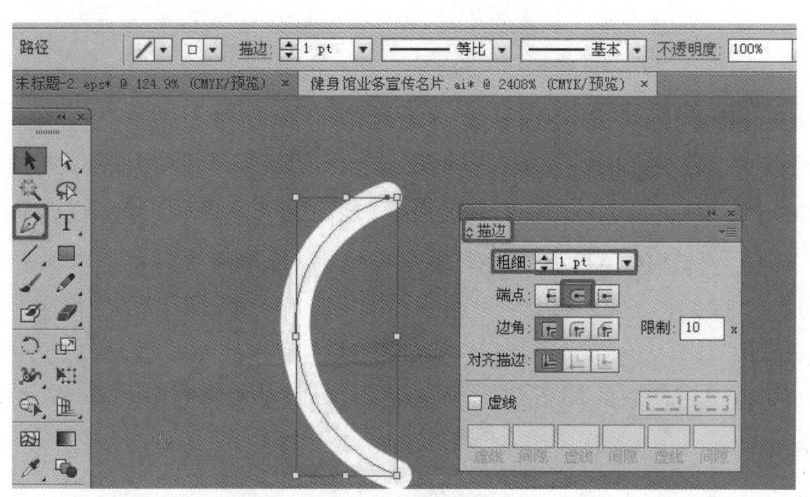

图 3–16　使用钢笔工具绘制弧形

步骤 08　使用选择工具将绘制好的 3 段路径同时选中，执行“对象”→“扩展”菜单命令，单击“描边”→“圆头端点”按钮，选择工具箱中的椭圆工具，在控制栏中设置“填充”为“白色”，“描边”为“无”，按住 Shift 键，在弧线中央的位置绘制一个正圆形；继续使用椭圆工具绘制另外两个正圆形，如图 3-17 所示。

步骤 09　接着绘制一个白色的圆角矩形，选择工具箱中的圆角矩形工具，在控制栏中设置“填充”为“白色”，“描边”为“无”，在画面中单击；在弹出的“圆角矩形”对话框中设置“宽度”为“5mm”，“高度”为“5mm”，“圆角半径”为“5mm”，单击“确定”按钮，一个圆角矩形绘制完成；使用同样的方法绘制另一个圆角矩形，如图 3-18 所示。

步骤 10　使用快捷键 Ctrl+A 进行全选操作，将这个标志图形全选，使用快捷键 Ctrl+G 进行编组操作，移动到合适位置；在图形中输入其他文字，执行“文件”→“打开”菜单命令，打开素材“3.ai”，选中其中的二维码，使用快捷键 Ctrl+C 进行复制，返回名片制作画面，使用快捷键 Ctrl+V 进行粘贴；将其移动到合适位置，如图 3-19 所示。

图 3-17 绘制正圆形

图 3-18 绘制圆角矩形

图 3-19 调整标志的位置并添加二维码

步骤 11 接下来制作名片背面。执行“文件”→“新建”菜单命令，在弹出的“新建文档”对话框中设置“单位”为“毫米”，“宽度”为“95mm”，“高度”为“45mm”，“取向”为“横向”，“出血”为“3mm”，“颜色模式”为“CMYK”，“栅格效果”为“高（300ppi）”，依次单击“创建文档”→“创建”按钮完成操作。新建一个文件制作名片背面，接着绘制一个与“新建页面”等大的黄色矩形，使用钢笔工具绘制一个矩形，并将其填充为灰色，选中这个图形，调整“不透明度”为“30%”，如图 3-20 所示。

步骤 12 使用钢笔工具绘制一个不规则图形，设置“填充”为“黄色”，“不透明度”为“100%”，“描边”为“白色”。将其调整为合适的大小，并向上移动，摆放在不规则图形的上面，如图 3-21 所示。

图 3-20 新建名片背面文件

图 3-21 绘制图形

步骤 13 绘制箭头形状。选择工具箱中的多边形工具，在控制栏中设置“填充”为“白色”，“描边”为“无”，接着在画面中单击，在弹出的“多边形”对话框中设置“半径”为 1.5mm，“边数”为 3，设置完成后，单击“确定”按钮。

步骤 14　在三角形左侧绘制一个白色矩形，将矩形和三角形同时选中，执行“窗口”→“路径查找器”菜单命令，单击“联集”按钮，即可制作出一个箭头图形；将箭头复制 5 份，放置在合适的位置，如图 3-22 所示。继续使用文字工具输入健身中心项目文字信息，如图 3-23 所示。完成后的效果如图 3-9 所示。

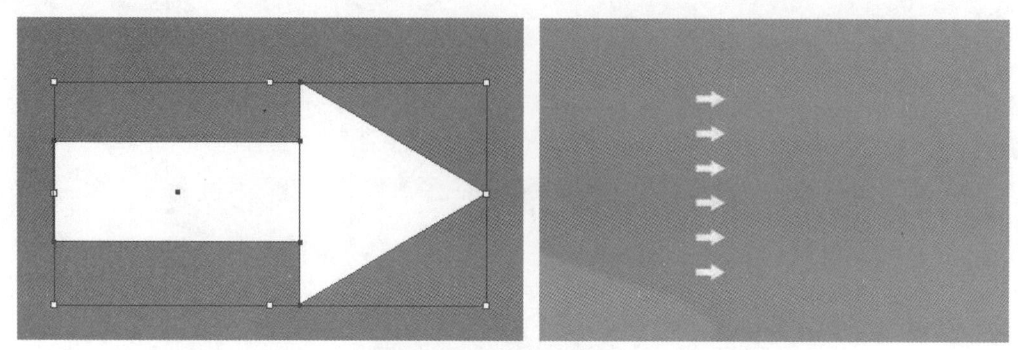

图 3–22　绘制箭头图形

图 3–23　输入健身中心项目文字信息

# 3.2　招贴设计

### 教学目标

1. 了解招贴的概念及分类，招贴设计的表现方法；
2. 掌握招贴设计的流程；
3. 掌握 Illustrator 文字和图形的混合运用。

### 故事导读

**建构新时代的视觉表达——2022 年北京冬奥会招贴设计**

国家文化软实力集中体现了一个国家基于文化而具有的凝聚力与生命力，以及由此产生的吸引力与影响力。通过冬奥会招贴展示中华民族的文化魅力，是国家形象塑造的重要环节。冬奥会招贴作为重要的视觉符号，在当代语境下不仅是信息传递的载体、国家文化与人文精神的表达，还可以通过深度挖掘传统元素并使之重组与再造，以当代的设计手法诠释新时代人文精神。在满足设计本身功能的前提下，应更加注重挖掘本民族文化特色，提炼概括最能代表本民族文化的色彩、图形等形式语言，呈现民族文化的特色和魅力。

【故事导读－建构新时代的视觉表达——2022年北京冬奥会招贴设计】

2022年北京冬奥会和冬残奥会宣传海报创作在中华民族优秀传统文化元素中汲取设计养分，使形态与神韵相得益彰。在冬奥会的招贴设计中，采用冬奥场馆“雪如意”“冰丝带”与松枝、雪花、祥云等让人一目了然的中国元素，结合北京冬奥会吉祥物富有亲和力的动感之态，画面明朗纯净、生机盎然，营造出“国之大者”的风范。其中对云纹的提炼、抽象及概括，将云的自然形象意象化，在云卷云舒之间传达出自由不拘的律动之韵；在层叠满溢之中渲染出源远流长的生命力与气韵美。这是对民族精神与审美情趣的延续与创新，形成了独有的形态气质与文化价值(图3-24)。

图3–24　2022年北京冬奥会招贴设计

（资料来源：作者根据网络资料整理。）

### 3.2.1　招贴设计概述

1. 招贴的概念及分类

招贴是一种在公共场所张贴的广告，其基本构成要素包括图形、文字、色彩等。文字在海报中呈现的形式主要有标题、说明性文本、宣传口号等。标题或宣传口号往往是海报的主题，常采用醒目、易识别的创意字体来吸引公众的注意力，是对文字进行的形象转化设计；说明性文本是对主题内容的提炼、对产品特征的说明，具有明确的语义与传达作用，为设计内容服务。

常见的招贴有以下几种。

（1）公益类招贴。

公益类招贴以人们共同关注的社会公共问题为题材，向公众传播某种社会文明或道德观念，弘扬良好的社会风尚，号召人们共同促进社会的美好发展。其内容包括人类生存、环境保护、交通安全、社会公德、精神文明、政治宣传等。企业通过这类招贴可以树立自身良好的社会形象，使自己的品牌地位得到巩固（图3-25）。

（2）文化类招贴。

文化类招贴是以推广文化、艺术、教育及体育活动等为目的而进行的设计。其内容涵盖电影、戏剧、舞蹈、音乐会、体育比赛及各类艺术活动等。文化类招贴的创作形式比较自由，设计师更注重主观意念、个人风格和情感的表达（图3-26）。

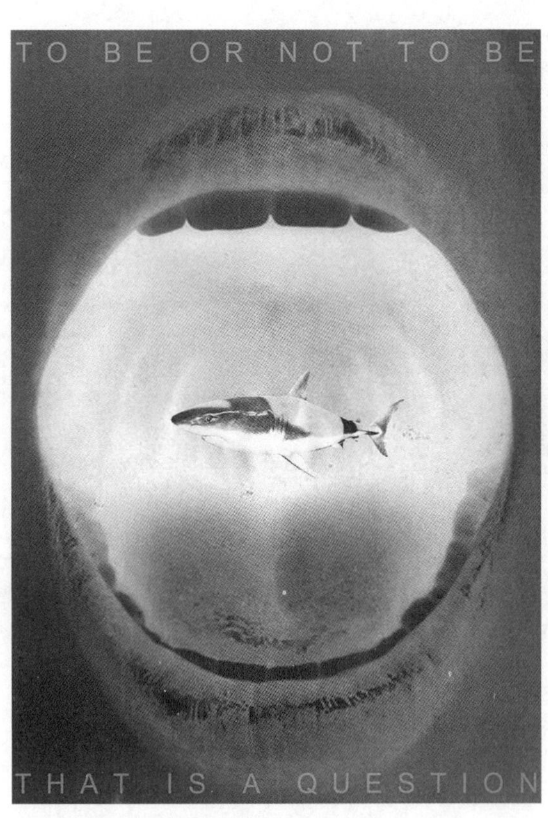


图3-25　公益类招贴

图3-26　文化类招贴

（3）商业类招贴。

商业类招贴是为了推广商品或举办营销活动而进行的广告设计。商业类招贴以具有艺术表现力的摄影、绘画和漫画形式呈现的较多，给消费者真实感人或富有幽默情趣的感受。这类招贴对于产品的宣传、企业形象的推广和品牌影响力的扩大起着重要的作用（图3-27）。

2. 招贴设计的构成要素

招贴设计的主要构成要素有图形、文字、色彩。在招贴设计中，常见的图形有具象图形和抽象图形，用写实的、绘画的、情感的表现手法将设计师的想法进行表达，常用摄影图片或插画的形式来表现。抽象的、艺术的、缥缈的图形可以表达热情、奔放、绚丽、冷静、理性的视觉效果，使招贴展现出独特的艺术风格（图 3-28）。

图 3–27 商业类招贴

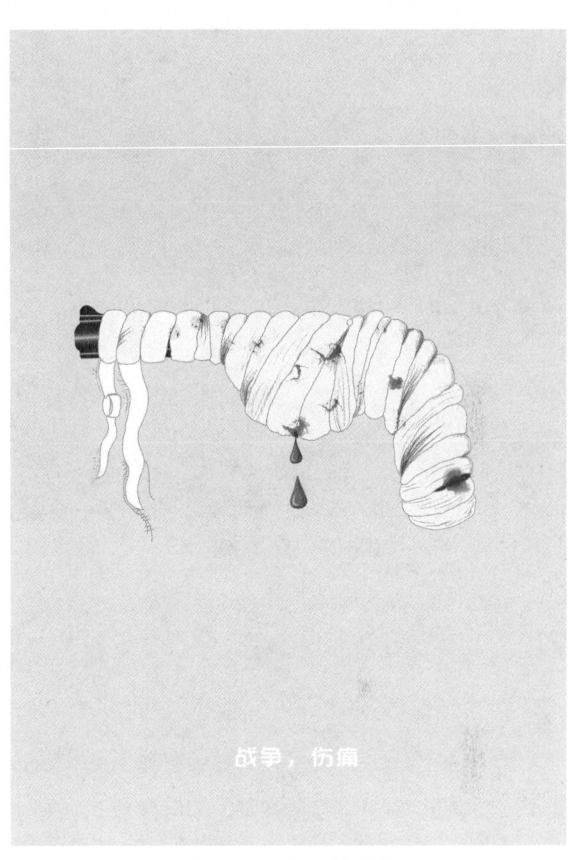


图 3–28 图形的运用

文字作为传达信息和思想交流的载体，是招贴不可缺少的构成要素，其配合图形要素来实现招贴主题的创意，具有引起注意、传播信息、说服对象的作用，在招贴设计中有着举足轻重的作用。招贴中的文字包括主标题、副标题、广告语、正文等，直接影响着信息传达的效果，所以，招贴的文案设计应简洁、醒目、易读、易记（图 3-29）。

色彩刺激人们的视觉并影响着人们的情绪。好的招贴设计必须具备良好的视觉性，才能吸引公众的注意力。设计者应该充分利用色彩的特性来塑造招贴的视觉传达力；同时，要具备丰富的色彩学知识，了解色彩的三要素及色彩的象征性、易读性、暗示性、识别性，还要注意各种色彩给人的视觉感受及色彩本身所具备的视觉冲击力等（图 3-30）。

图 3–29 文字的运用

图 3–30 色彩的运用

3. *招贴设计的表现方法*

（1）联想表现。

在审美的过程中，丰富的联想能突破时空的界限，扩大艺术形象的容量，增强画面的意境。人们通过联想，在审美对象中发现与自己有关的经验，从而使审美对象与审美观念融为一体，引发人们的美感共鸣，产生强烈的、丰富的情感体验（图 3-31）。

（2）象征表现。

象征是用一种事物来表现另一种事物的本质特征，并传达出某种精神内涵。所用的象征事物与所要传达的主题内容之间没有必然的内在联系，只有特征、气质的相似性。象征的视觉形象可以是具象的，也可以是抽象的，如用犀牛象征牙齿的坚固（图 3-32）。

（3）比喻表现。

比喻是用此事物来说明彼事物，比喻主要有明喻、隐喻、借喻。设计者运用比喻时要找到两个事物之间的内在联系，清晰、风趣幽默、艺术性地说明事物的本质及耐人寻味的道理，从而吸引受众，达到传达信息的目的（图 3-33）。

（4）幽默表现。

幽默表现是巧妙地再现喜剧特征而产生的幽默的表现方式。运用幽默表现手法设计的招贴广告，往往会把某种需要肯定的事物进行夸张，造成一种充满情趣、引人发笑又耐人寻味的幽默意境（图 3-34）。

图 3–31　联想表现

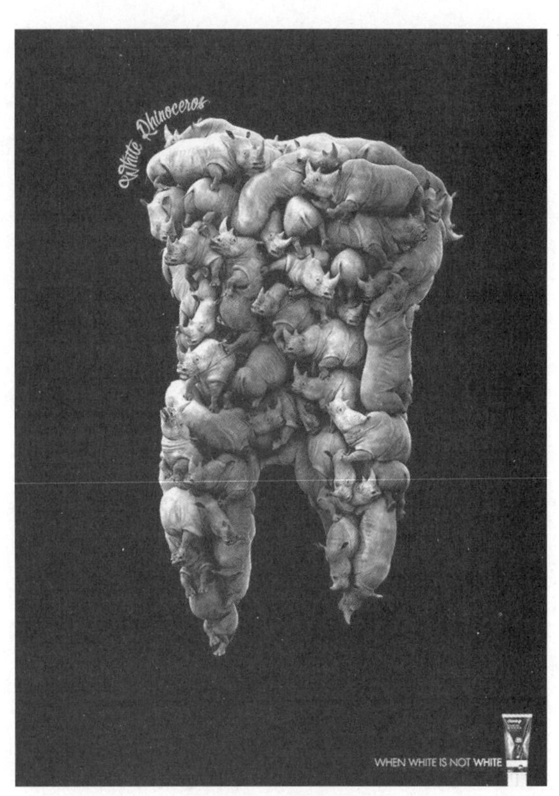


图 3–32　象征表现

图 3–33　比喻表现

图 3–34　幽默表现

（5）夸张表现。

夸张表现是以现实事物的性质、形态特征为依据，用丰富的想象力对所表现的事物的特征进行夸大和强调的一种表现形式。夸张的手法主要是夸大形象的外观特征，是对形象局部特征的强调。在招贴设计中运用夸张的表现手法，是为了强调事物的本质特征及形态特征，使形象具有奇特、新颖的视觉表现力，从而达到更深刻地揭示主题的目的。夸张的表现形式能使所表现的事物的特征更加鲜明、突出，给人的视觉感受更加强烈，能够有效地吸引公众，并给公众留下深刻的印象（图 3-35）。

（6）拟人表现。

拟人表现是将所表现的对象予以人格化处理，将动物、植物、器物等事物按照人的思维方式和行为方式来表现，赋予所创造的形象新的含义。运用拟人表现手法设计的招贴广告，往往会具有浓浓的人情味，使人倍感亲切，又具有幽默诙谐的情趣（图 3-36）。

图 3-35　夸张表现

图 3-36　拟人表现

（7）矛盾表现。

矛盾表现是把平面图形用一种新的视觉形式展现在人们面前，从看起来完全不可能实现的图形中传达出一种秩序感与连续性，表现出不一样的视觉美感。通过具有矛盾空间关系的平面图形，能够将设计者想要表达的主题表达得更加简洁明了，使作品充满吸引力，具有视觉美感（图 3-37）。

（8）悬念表现。

悬念表现是首先在表现手法上留有悬念，造成一种猜疑和紧张的心理状态，驱动公众的好奇心和思维联想，引发他们想探明广告内容的强烈欲望；然后通过广告标题或者正文把广告主题点出来，使悬念得以解除，给人留下难忘的心理感受。悬念手法具有相当高的艺术价值，它能加深矛盾冲突，吸引公众的兴趣和注意力，给人留下深刻的印象，从而产生引人入胜的艺术效果（图3-38）。

图3–37 矛盾表现

图3–38 悬念表现

### 3.2.2 招贴项目设计案例

**案例内容：**

本案例为文化类招贴设计，在突出艺术设计感的同时，还应准确传达活动的信息内容，色彩要醒目、统一，并要注意点、线、面的运用，通过设计使画面更加吸引人，实现招贴的实际用途，并符合招贴设计流程及客户的需求。

文化类招贴案例样式如图3-39所示。

图 3-39　文化类招贴案例样式

**操作步骤：**

步骤 01　执行“文件”→“新建”菜单命令，弹出“新建文档”对话框，在对话框中设置“宽度”为“500mm”，“高度”为“700mm”，“取向”为“纵向”，“出血”为“3mm”，单击“创建”按钮完成操作，如图 3-40 所示。

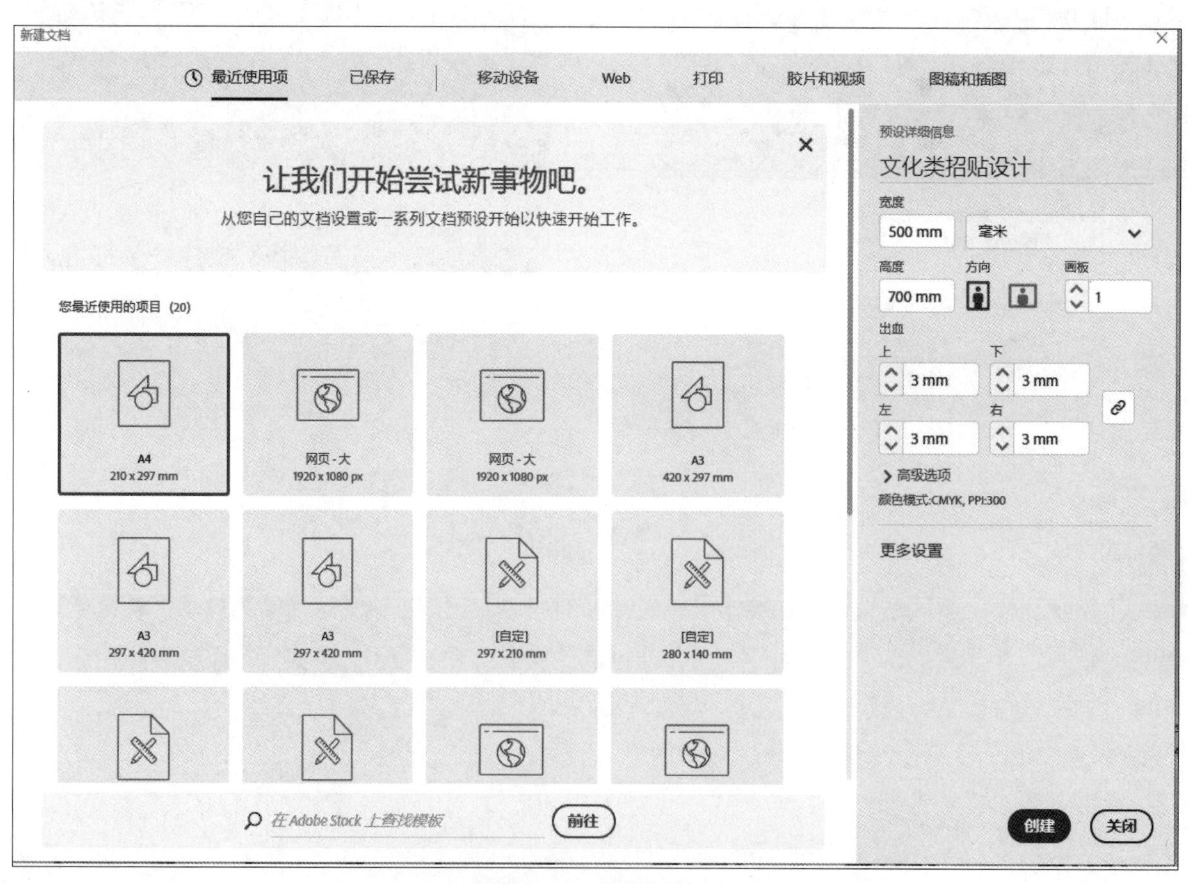


图 3-40　新建文档

步骤 02 选择工具箱中的矩形工具，沿着出血绘制一个与画板等大的矩形；打开“颜色”面板，填充颜色为 C：70，M：10，Y：30，K：0；使用矩形工具绘制 3 个宽度为 20mm、高度为 140mm 的矩形，在控制栏中设置“填充”为“白色”，“描边”为“无”，效果如图 3-41 所示。

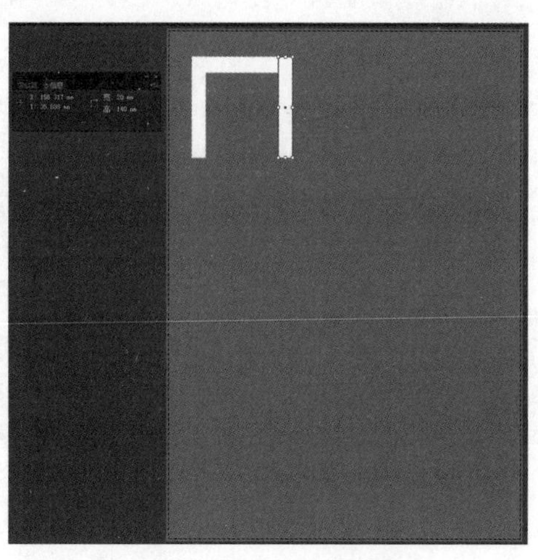

图 3-41 绘制矩形效果

步骤 03 选择工具箱中的多边形工具，绘制一个三角形在控制栏中设置“填充”为“白色”，“描边”为“无”，再使用同样方法绘制一个三角形并填充红色“描边”为“无”，使用直接选择工具调整红色三角形锚点位置，如图 3-42 所示。

步骤 04 使用工具箱中的矩形工具，绘制 一 个宽度为 12mm、高度为 58mm 的矩形，在控制栏中设置“填充”为“白色”，“描边”为“无”；再使用选择工具选择图形，按住 Alt 键向左侧拖拽，移动并复制图形，选中复制的图形，执行“对象”→“变换”→“旋转”菜单命令，将图形旋转 45° 并填充红色，如图 3-43 所示。

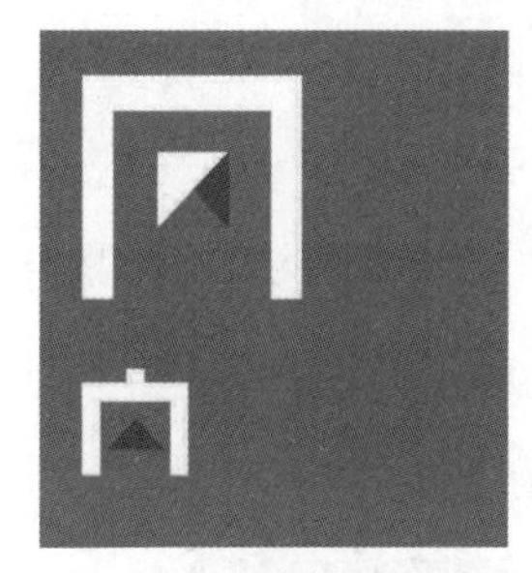

图 3-42 绘制三角形

图 3-43 将图形旋转 45° 并填充红色

步骤 05 选择工具箱中的矩形工具，绘制一个宽度为 22mm、高度为 22mm 的矩形，在控制栏中设置“填充”为“白色”，“描边”为“无”，执行“对象”→“变换”→“旋转”菜单命令，将图形旋转 −45°；使用工具箱中的钢笔加点工具，为图形添加锚点，并使用直接选择工具进行调节，如图 3-44 所示。

图 3-44 旋转图形 −45° 并调节锚点

步骤 06　添加文字。选择工具箱中的文本工具T，在控制栏中设置“填充”为“白色”，“描边”为“无”；选择合适的字体及字号，输入文字，如图 3-45（a）所示；用同样的方法添加文字，在控制栏中设置“填充”为“红色”，“描边”为“无”，选择合适的字体及字号，选择文字，执行“对象”→“变换”→“旋转”菜单命令，将文字旋转 45°，如图 3-45（b）所示。

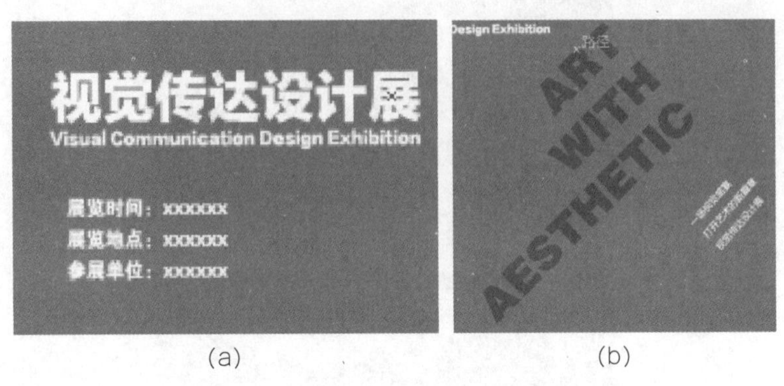


（a）　　（b）

图 3-45　添加文字

图 3-46　复制并放大三角形

步骤 07　使用选择工具选中红色三角形，按住 Alt 键向右侧拖拽，移动并复制三角形，按住 Alt+Shift 键等比例放大三角形，并沿着页面右侧对齐，如图 3-46 所示。

步骤 08　用与步骤 06 同样的方法输入文字“2020”，并将文字旋转 -45°，按比例调整文字大小，并调整顺序；将文字“2020”执行“创建轮廓”命令，按快捷键 Ctrl+Shift+O 将文字转化成图形，如图 3-47 所示。

步骤 09　使用选择工具选中红色三角形和创建轮廓后的“2020”图形，执行“窗口”→“路径查找器”菜单命令，单击“减去顶层”按钮，将剪切完的图形沿着页面右侧对齐，如图 3-48 所示。完成后的效果如图 3-39 所示。

图 3-47　输入文字并创建轮廓

图 3-48　剪切图形并右侧对齐

# 3.3 户外广告设计

**教学目标**

1. 了解户外广告及其设计原则；
2. 掌握户外广告的分类及设计流程；
3. 掌握 Illustrator 绘图功能和文字功能的使用。

【故事导读－北京2008年奥运会户外广告设计】

**故事导读**

**北京 2008 年奥运会户外广告设计**

北京 2008 年奥运会以向世界人民传播中华民族文化为主要目标，着重突出人文奥运的精神，体现北京奥运会的特色。官方户外广告的主题为“同一个世界，同一个梦想”，如图 3-49 所示。

图 3-49 北京 2008 年奥运会户外广告

该作品的设计原则是体现北京 2008 年奥运会“同一个世界，同一个梦想”主题口号的精神，以及北京奥运会“绿色奥运，科技奥运，人文奥运”三大文化理念；深刻理解和创造性地表现了中国文化元素，体现了中国独特的文化底蕴与人文精神，传达了中国人对奥林匹克的热爱与激情。

（资料来源：作者根据网络资料整理。）

## 3.3.1 户外广告设计概述

1. 户外广告的概念

户外广告是广告媒体发展历史中最早的一种广告形式，早在古罗马、古希腊及我国春秋战国时期就有墙面张贴等，这可以看作户外广告的原型。户外广告是在建筑物外表或街道、广场等室外公共场所设立的霓虹灯、广告牌、海报等。

2. 户外广告的分类

户外广告大致可以分为以下几类。

（1）户外大广告，包括城市单立柱广告、城市内楼顶大牌广告、高速公路单立柱广告，以及落地广告牌等。

（2）公交车广告，包括公交车身广告、公交车内看板广告、公交车内视频广告等。

（3）街道灯箱广告，包括候车亭广告、的士亭广告、阅报栏广告等。

（4）地铁广告，包括地铁灯箱广告、地铁视频广告等。

（5）社区广告，包括以分众传媒为代表的楼宇视频广告、电梯轿厢广告等。

3. 户外广告设计的原则

（1）可视性。

户外广告的对象是动态中的行人，行人通过可视的广告形象来接收商品信息，所以户外广告设计要充分考虑距离、视角、环境3个因素。在空旷的大广场和马路的人行道上，人们在10m以外的距离，观看高于头部5m的物体比较方便。

（2）提示性。

既然受众是行走着的行人，那么在设计中就要考虑到受众经过广告的位置和时间。复杂的画面，行人是不容易接受的，只有出奇制胜地以简洁的画面和揭示性的形式引起行人注意，才能吸引他们观看广告。所以，户外广告设计要注重提示性，图文并茂，以图像为主导，文字为辅助，文字要简单明快，切忌冗长。

（3）简洁性。

简洁性是户外广告设计的一个重要原则，整个画面乃至整个设施都应尽可能的简洁，设计时要独具匠心。画面越繁杂，给观众的感觉越混乱；画面越简洁，观众的关注度会越高。

### 3.3.2 户外广告设计项目案例

**案例内容：**

本案例为儿童教育类户外广告设计，要求符合户外广告制作要求，充分使用图形和文字传递主要信息，色彩明快、统一，能够使消费者在短时间内读懂广告内容，高效、准确地传达广告的核心内容。

儿童教育类户外广告设计案例样式如图3-50所示。

**操作步骤：**

步骤01 执行“文件”→“新建”菜单命令，弹出“新建文档”对话框，设置“宽度”为“280mm”，“高度”为“140mm”，“取向”为“横向”，“出血”为“3mm”，单击“创建”按钮完成操作，如图3-51所示。

步骤02 使用矩形工具绘制一个与画板等大的矩形，接着选中这个矩形，执行“窗

图 3–50 儿童教育类户外广告案例样式

图 3–51 新建文档

口”→“渐变”菜单命令，打开“渐变”面板，在面板中设置“类型”为“线性”，编辑一个淡蓝色的渐变，如图 3-52 所示。

步骤 03 制作标志。使用钢笔工具 绘制一个五边形，选中这个五边形，执行“窗口”→“渐变”菜单命令，打开“渐变”面板，在面板中设置“类型”为“线性”，“角度”为“90°”，编辑一个蓝色的渐变，如图 3-53 所示。

步骤 04 选中这个五边形，先使用快捷键 Ctrl+C 进行复制，再使用快捷键 Ctrl+V 将其贴在前面；按住快捷键 Alt+Shift 进行等比例缩放，选择较小的五边形，在控制栏中设置“填充”为“无”，“描边”为“白色”，“粗细”为“1pt”，如图 3-54 所示。

图 3-52　绘制矩形并添加渐变

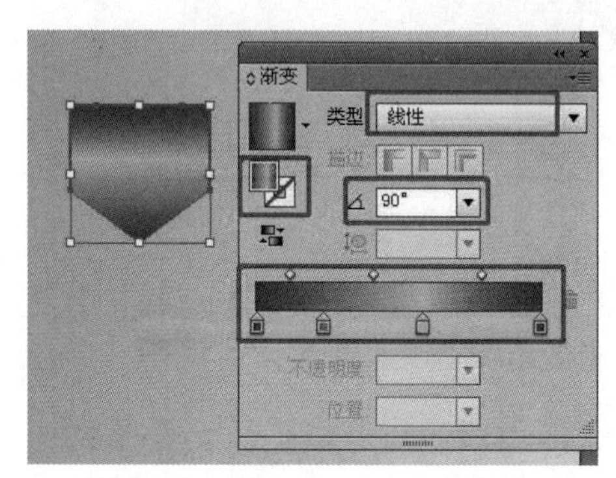


图 3-53　绘制五边形并添加渐变

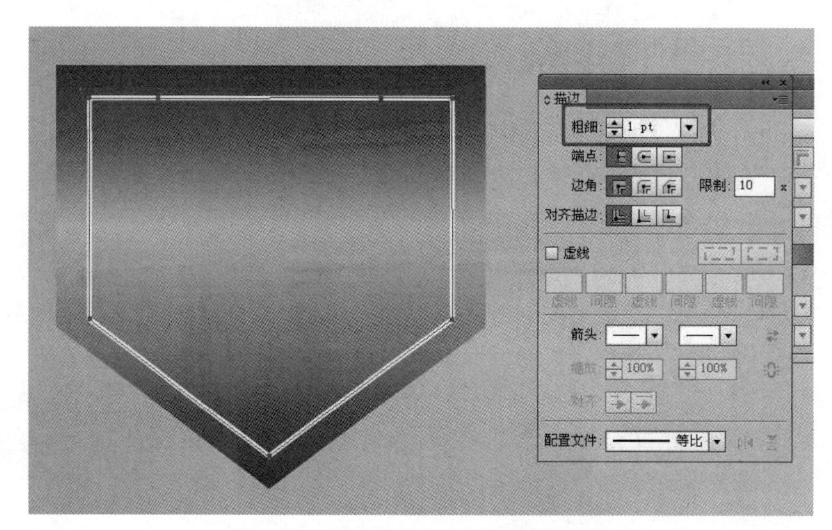


图 3-54　复制五边形并设置相关参数

步骤 05　选择工具箱中的星形工具 ，在控制栏中设置“填充”为“无”，“描边”为“白色”，“粗细”为“1pt”；在绘制星形的位置单击，在弹出的“星形”对话框中设置“半径 1”为“4mm”，“半径 2”为“1.5mm”，“角点数”为“5”，设置完成后单击“确定”按钮；再绘制一个稍小的白色星形，放置在相应位置，如图 3-55 所示。

步骤 06　选择工具箱中的文本工具 T，选择合适的字体及字号，在标志内输入文字；再次利用文本工具在标志外输入其他文字，并调整文字颜色；使用星形工具 在标志右侧绘制多个不同颜色的星形，如图 3-56 所示。

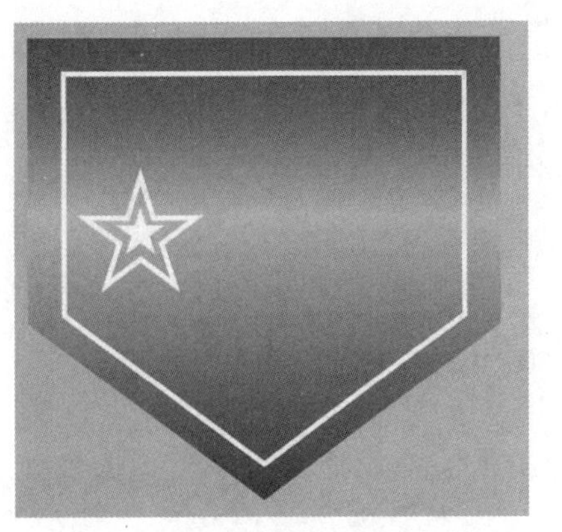

图 3–55　绘制星形并添加描边

LOVE
学习知识
要善于思考
Knowledge is long, knowledge is bottomless
知识无底，学海无涯

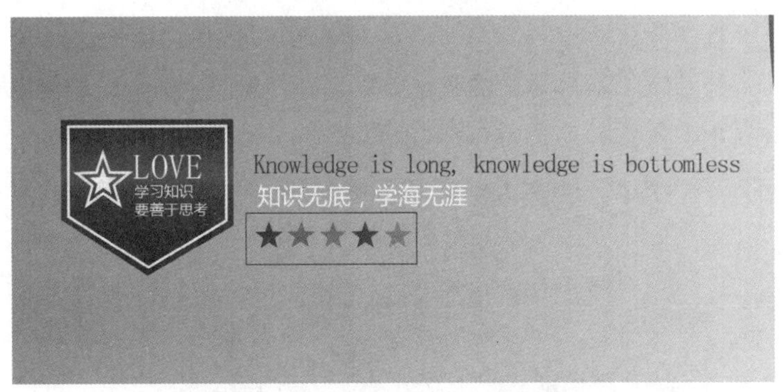

图 3–56　添加文字并绘制多个星形

步骤 07　选择工具箱中的椭圆形工具，在控制栏中设置“填充”为“黄色”，“描边”为“无”，在文字前方按住 Shift 键绘制一个正圆形；选择正圆形，先使用快捷键 Ctrl+C 进行复制，再使用快捷键 Ctrl+V 进行粘贴，将粘贴得到的正圆形移动到合适位置，填充颜色后进行调整，如图 3-57 所示。

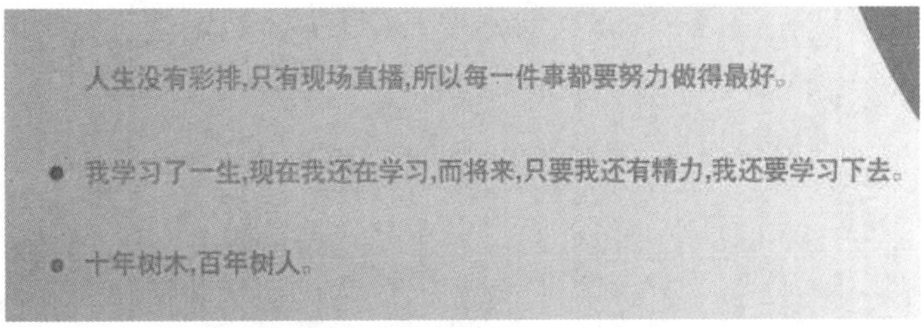
人生没有彩排,只有现场直播,所以每一件事都要努力做得最好。
我学习了一生,现在我还在学习,而将来,只要我还有精力,我还要学习下去。
十年树木,百年树人。

图 3–57　绘制正圆形并添加文字

步骤 08　选择工具箱中的圆角矩形工具，在控制栏中设置“填充”为“洋红色”，“描边”为“无”；在画面中单击，在弹出的“圆角矩形”对话框中设置“宽度”为“20mm”，“高度”为“5mm”，“圆角半径”为“2mm”，设置完成后单击“确定”按钮。使用选择工具，选择第一组模块，按住 Alt 键向右移动，复制 3 个相同的模块，并更改模块的颜色，如图 3-58 所示。

图 3–58　绘制圆角矩形并复制模块

步骤 09　执行“文件”→“置入”菜单命令，置入图片素材“1.jpg”，单击控制栏中的“嵌入”按钮，完成图片素材的置入操作；使用钢笔工具绘制一个形状，接着将照片和图形加选，执行“对象”→“剪切蒙版”→“建立”菜单命令剪切图片轮廓，如图 3-59 所示。

图 3–59　剪切图片轮廓

步骤 10　为图片周边添加效果。使用钢笔工具绘制图形，选中所绘制的图形，打开“渐变”面板，设置“类型”为“线性”，编辑一个蓝色系渐变，接下来通过渐变工具调整渐变效果；为图片添加文字及图形，如图 3-60 所示。完成后的效果如图 3-50 所示。

图 3–60　绘制图形并添加渐变

# 本章小结

本章详细讲解了平面广告的相关设计，包括名片设计、招贴设计、户外广告设计等理论知识；学习了 Illustrator 软件的图形绘制和文字编辑，包括文字工具的应用、图形工具的应用、效果的添加等；通过项目案例的讲解，帮助读者掌握常见平面广告的设计方法，提高软件的应用能力，以更好地适应今后的学习和工作。

# 思考与练习

1. 设计一张个人名片，符合名片设计原则，满足名片的设计感和功能性要求，制作效果可参考图 3-61。

图 3-61　个人名片

2. 设计一张毕业展览宣传招贴，要求具备基本信息，灵活运用招贴设计方法，制作效果可参考图 3-62。

3. 设计一幅教育类户外广告，要求颜色醒目，图形简单易识别，能够引起公众注意，制作效果可参考图 3-63。

图 3-62　毕业展览宣传招贴

图 3-63　教育类户外广告

# 关键词

名片设计　　招贴设计　　户外广告

# 知识延展

【广告行业的数字化与网络化】

新技术为广告行业带来前所未有的创作效率与传播速度，也造就了层出不穷的新视觉形式。随着国际互联网的发展，网络已经成为兼顾视觉和听觉，能够传播文字、声音、图片、视频的一种新的传播媒介。互联网广告具有互动性强、成本低、无区域限制、表现形式丰富等特点，成为近年来增长迅速的新型广告媒体。网络正在改变世界，改变整个广告行业，设计师可以合理利用网络传播方式，为自己的设计作品进行推广。

广告行业的数字化与网络化趋势促使设计师需要掌握相关的创作软件，毕竟设计是艺术与技术的综合体，缺乏技术的支持，如同工匠没有了工具，再完美的构思也无法实现，而一味偏重对技术的单纯学习，忽视艺术修养的提高，那只能成为设计软件的操作者。因此，我们在熟练掌握软件操作的同时，也要提升艺术修养和理论知识，将理论与实践完美结合起来。

# 第 4 章　书籍设计

## 学习目标

通过本章的学习能够使用基础绘图工具、文本工具、效果命令等；掌握杂志封面和内页的排版设计；掌握书籍装帧设计的结构及功能；了解书籍装帧结构及名称、功能等相关知识。

## 学习要求

| 知识要点 | 能力要求 |
| --- | --- |
| 1. 杂志封面设计 | 1. 能够熟练操作 Illustrator 钢笔工具 |
| 2. 杂志内页设计 | 2. 能够使用 Illustrator 绘制图形和编排文字 |
| 3. 书籍封面设计 | 3. 能够独立完成书籍封面设计 |

## 思维导图

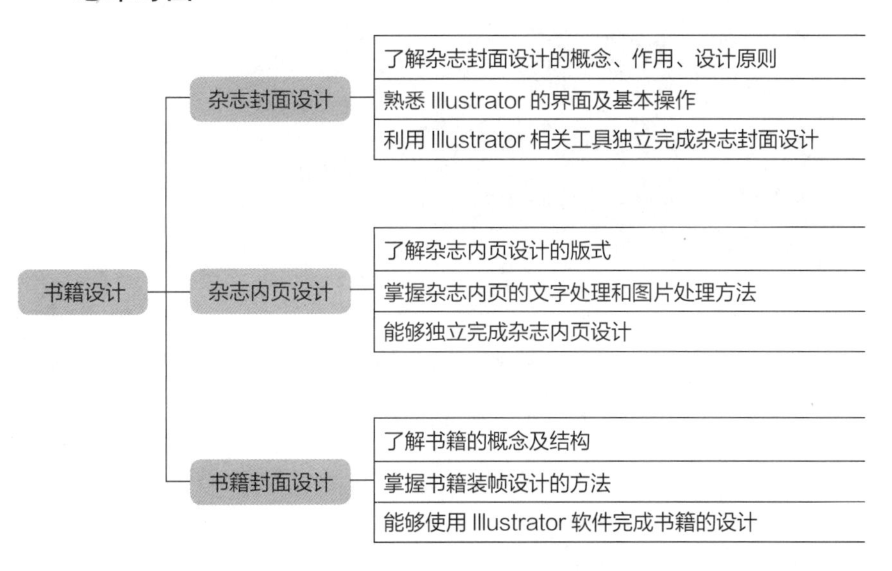

【故事导读－中国古代书籍是如何演变的】

**故事导读**

**中国古代书籍是如何演变的**

甲骨(图 4–1)

早在3000多年前的商代后期，就出现了有关占卜吉凶的书。当时纸尚未发明，人们就地取材，以龟甲和兽骨为记录材料，把占卜的内容刻在龟甲或兽骨上，这就是最早的图书——甲骨书。

图 4–1　甲骨

石头

在古代，石头也曾作为书写材料，甚至将整篇作品或整部著作刻在石头上。

由于石刻的兴起，出现了拓印技术。拓本成为一种图书类型，后期的主要作用已不再是传播知识，而是书法艺术借以流传的一种特殊类型的图书。

简牍(图 4–2)

在纸发明以前，简牍是我国书籍的主要形式，对后世书籍的发展产生了深远的影响。简牍是对我国古代遗存下来的写有文字的竹简与木牍的统称。用简牍写的书称为简书。简书包括简策和版牍。用竹片写的书称为“简策”，用木版(也作“板”)写的书称为“版牍”。

图 4–2　简牍

缣帛

缣帛是丝织物，柔软平滑，面幅宽阔，易于着墨，幅的长短宽窄可以根据文字的多寡来剪裁，而且可随意折叠或卷起，收藏容易，携带方便，可以弥补简牍的不足。因此，帛书与简书并存，共同构成我国古代独具特色的简帛文化。

(资料来源：作者根据网络资料整理。)

# 4.1　杂志封面设计

**教学目标**

1. 了解杂志封面设计的概念、作用、设计原则；
2. 熟悉 Illustrator 的界面及基本操作；
3. 利用 Illustrator 相关工具独立完成杂志封面设计。

**故事导读**

## 《中国国家地理》杂志

《中国国家地理》杂志的内容以中国地理为主，兼具世界各地不同区域的自然、人文景观和事件，并揭示其背景和奥秘，另外也涉及天文、生物、历史和考古等领域(图4-3)。它用精准、精彩、精炼的图文语言讲述社会热点、难点、疑点话题背后的地理科学故事，已经超越了一般地理知识类或旅游类杂志的范围，还将世界各地的地质奇观、名山大川的美景风光、独特的地形地貌、古老的历史文化遗存、珍稀生物保护、民俗风情等都囊括其中。

图4-3 《中国国家地理》杂志封面

【故事导读-《中国国家地理》杂志】

(资料来源：作者根据网络资料整理。)

### 4.1.1 杂志封面设计概述

1. 杂志的概念

杂志又称期刊，是指有固定刊名，以期、卷、号或年、月为序，定期或不定期连续出版的印刷读物。

2. 杂志封面的作用

杂志作为一种重要的平面媒体，有很强的宣传力度。一本杂志的好坏，内页的排版配色尤为重要，但封面设计也起到很大的作用(图4-4)。对一个设计师来说，设计杂志封面最能体现个人的设计能力。

封面设计对于一本杂志来说非常重要，成功的封面设计意味着这一期杂志的销售量可能会上升，成功的封面设计能够大大吸引读者的注意力，成功的封面设计必须处理好色彩、文字、构图、这3个层次结构。

3. 杂志封面设计的原则

（1）色彩。

杂志封面色彩的设计与处理非常重要。色彩的运用要考虑内容的需要，用不同色彩来表达不同的内容和思想。

幼儿类杂志封面的色彩，要针对幼儿单纯、可爱的特点，大多以红色、蓝色等鲜艳夺目的色彩为主，使整体画面明亮、鲜艳；女性类杂志封面的色调选择温柔、典雅的色彩系列；体育类杂志封面的色彩则强调刺激、对比，追求色彩的视觉冲击力；艺术类杂志封面的色彩要求具有丰富的内涵，要有深度；科普类杂志封面的色彩可以强调神秘感；时装类杂志封面的色彩要新潮、富有个性；专业性学术类杂志封面的色彩要端庄、严肃。

（2）文字。

在杂志封面设计中，文字的设计也很重要，文字既具有语言意义，又是抽象的图形符号，文字与图形应相对集中布局，在杂志封面中形成节奏和层次，使文字紧凑，图形灵活。选择合适的文字，不仅可以提高杂志的档次，同时也能打造杂志的品牌价值。

（3）构图。

少儿读物的封面设计要详细、精确，构图要生动活泼，配合夸张性、幻想性、游戏性、诙谐性等的图片来进行创作。中老年人读物的封面设计，标题要醒目，风格要高雅，构图要简洁、稳重。

杂志封面的主要功能就是大致显示本期杂志的内容，所以一些主要标题可能会在封面中展现。不同的字体会给人不同的视觉感受，最简单的方法是使用斜体字或粗体字（图 4-4、图 4-5）。

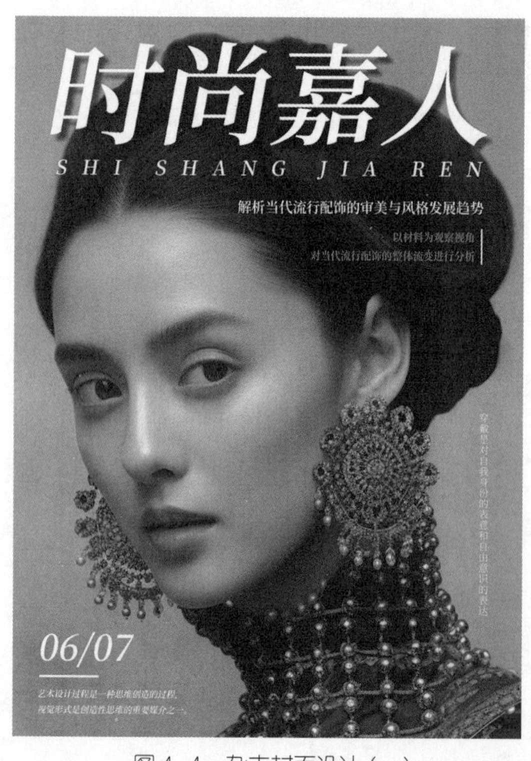


图4–4　杂志封面设计（一）

图4–5　杂志封面设计（二）

### 4.1.2 杂志封面设计案例

**案例内容：**

本案例为杂志封面项目设计，要突出杂志特点，文字排列整齐醒目，风格统一。设计要符合杂志封面的设计原则，能准确表达设计意图，使杂志风格特点鲜明，具有较强的视觉冲击力。

杂志封面设计案例样式如图 4-6 所示。

图 4–6　杂志封面设计案例样式

**操作步骤：**

步骤 01　执行“文件”→“新建”菜单命令，在弹出的“新建文档”对话框中设置“宽度”为“210mm”，“高度”为“285mm”，“取向”为“纵向”，“出血”为“3mm”，单击“创建”按钮完成操作，如图 4-7 所示。

步骤 02　执行“文件”→“置入”菜单命令，置入图片素材“素材 1.jpg”，调整图片大小，单击控制栏中的“嵌入”按钮，完成图片素材的置入操作；通

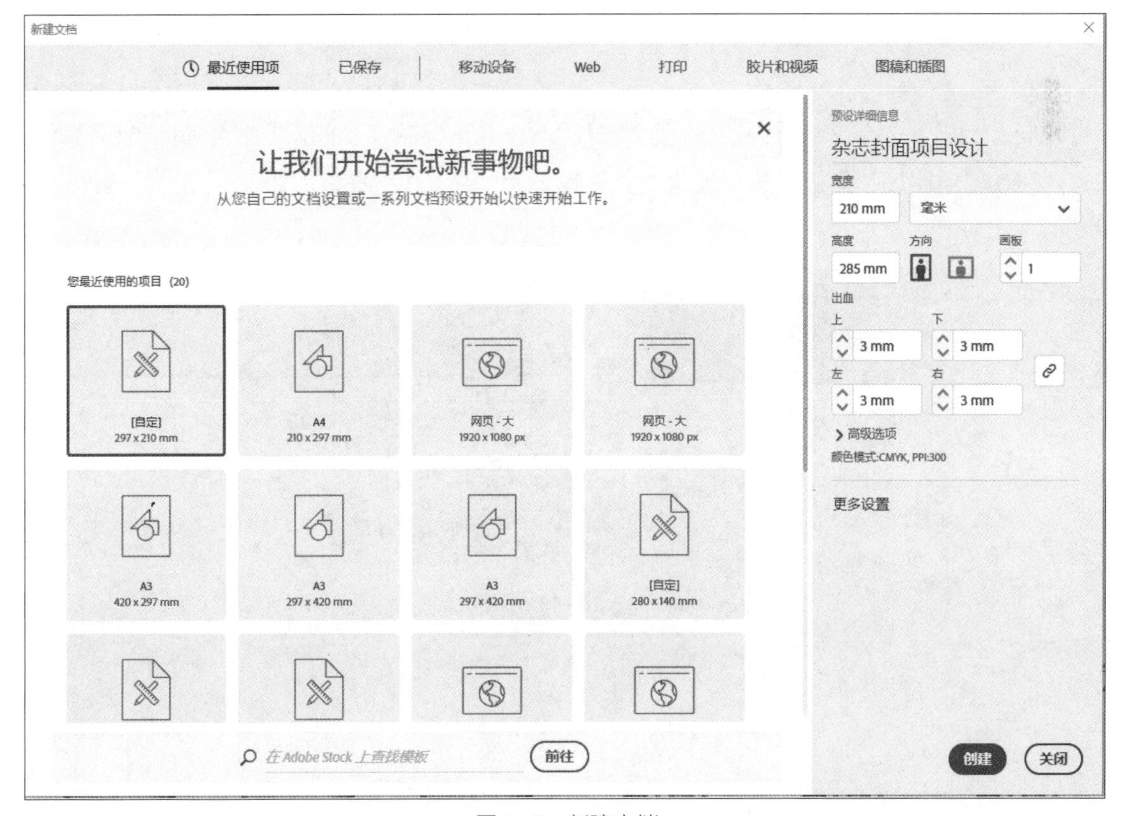

图 4–7　新建文档

过“剪切蒙版”将超出画面以外的图片进行隐藏；使用矩形工具绘制一个与“画板 1”等大的矩形，将矩形与图片加选，执行“对象”→“剪切蒙版”→“建立”菜单命令，超出矩形范围的图片部分就会被隐藏，如图 4-8 所示。

步骤 03　选择文字工具T，输入标题文字，使用文字工具选中文字，并在控制栏中将“填充”设置为“白色”，“描边”设置为“无”，执行“效果”→“风格化”→“投影”菜单命令，为文字添加投影效果，如图 4-9 所示。

图 4-8　置入图片素材并调整大小

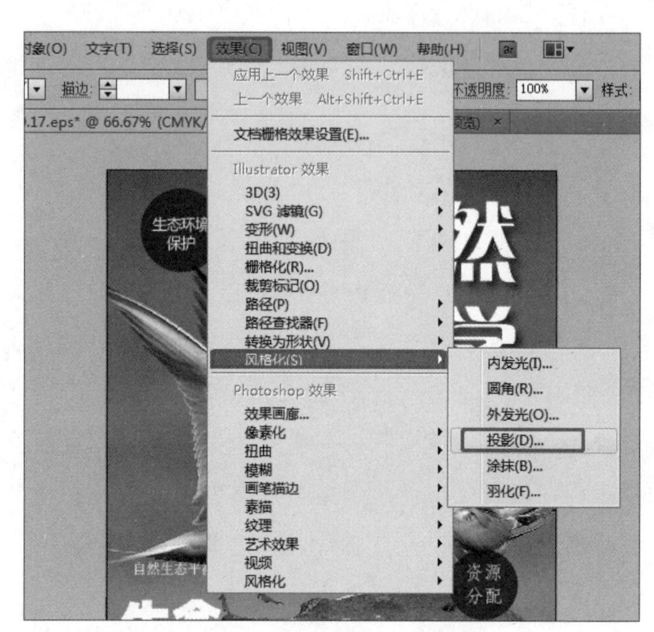

图 4-9　输入文字并编辑

步骤 04　选择工具箱中的椭圆工具，按住 Shift 键在标题文字的左下角绘制一个正圆形，选中正圆形，在“透明度”面板上将“混合模式”设置为“强光”，如图 4-10 所示。

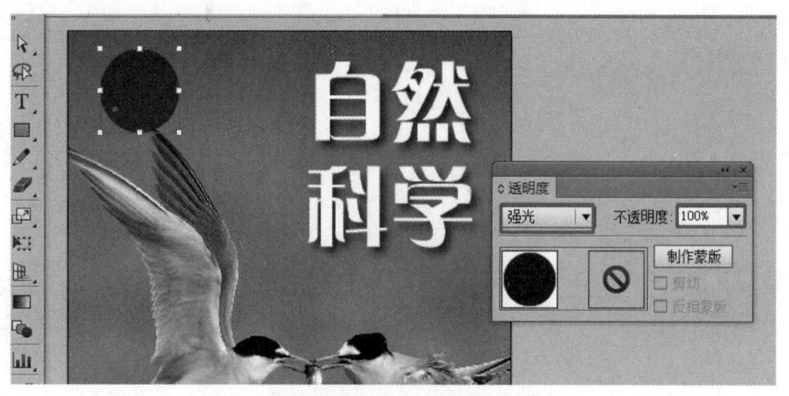

图 4-10　绘制正圆形并调整混合模式

步骤 05　再绘制一个正圆形，在控制栏中设置“填充”为“黄色”，“描边”为“无”；执行“对象”→“排列”→“后移一层”菜单命令，将黄色正圆形向后移一层，使用文字工具输入封面中的其他文字，如图 4-11 所示。

步骤 06　制作文字下方的底色图形。选择工具箱中的矩形工具，参照文字大小绘制一个矩形，选中这个黑色的矩形，在控制栏中设置“填充”为“黑色”，“描边”为“无”；多次执行“对象”→“排列”→“后移一层”菜单命令，将黑色矩形移动到文字后方；继续绘制一个灰调的深紫色矩形，将其移动到文字的后方。选中这个矩形，设置“混合模式”为“强光”，如图 4-12 所示。

图 4-11　绘制正圆形并输入文字

图 4-12　绘制矩形并调整混合模式

步骤 07　为大小不一的文字添加底色，选择工具箱中的矩形工具，按住鼠标左键拖拽绘制 3 个矩形，接着选中这几个矩形，设置“填充”为“紫色”，“描边”为“无”；执行“窗口”→“路径查找器”菜单命令，打开“路径查找器”面板，单击“联集”按钮，如图 4-13 所示。

步骤 08　选中这个多边形，将其移动到文字的后方，选择工具箱中的吸管工具，在上方蓝色的文字底图处单击，随即该多边形变为半透明的蓝色。使用同样的方法制作其他文字底图，如图 4-14 所示。完成后的作品效果如图 4-6 所示。

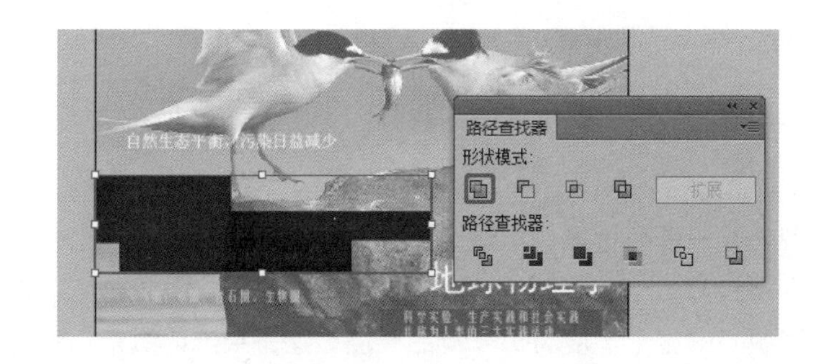


图 4-13　绘制矩形并编辑

图 4-14　制作文字底图

# 4.2 杂志内页设计

**教学目标**

1. 了解杂志内页设计的版式；
2. 掌握杂志内页的文字处理和图片处理方法；
3. 能够独立完成杂志内页设计。

**故事导读**

**什么是电子杂志**

【故事导读－什么是电子杂志】

电子杂志又称网络杂志、互动杂志。电子杂志兼具了平面设计与互联网两者的特点，且融入了图像、文字、声音、视频、游戏等动态的内容呈现给读者。此外，还有超链接、即时互动等网络元素。电子杂志的延展性较强，未来可移植到PDA、智能手机、MP4、PSP、TV（数字电视、机顶盒）和平板电脑等多种个人终端进行阅读。由于Flash技术将全部文字和图片打包在SWF格式文件内，所以搜索引擎目前不能收录电子杂志的内容。未来的电子杂志将不再使用Flash，而直接通过浏览器跨平台阅读，使各种移动设备能无障碍地看到原版矢量的电子杂志，不再需要下载和存档，大大提升了电子杂志的阅读体验。

（资料来源：作者根据网络资料整理。）

## 4.2.1 杂志内页设计

1. 杂志内页的版式设计

杂志内页虽然在设计上有其独特的要求，但也没有脱离版式设计的普遍规则。杂志内页设计是指对版面内的文字字体、图像图形、线条、表格、色块等要素，按照一定的要求进行排版设计，并以艺术的视觉方式表达出来，使读者直观地感受到设计者所要传递的思想。装帧设计指的不仅仅是杂志的封面，也包括杂志的内页排版设计，只有内外兼具，才能称得上是一本好的杂志。

2. 杂志内页排版设计分类

（1）横排和直排。横排的字序是从左向右，行序是自上而下；直排的字序是自上而下，行序是从右向左。

（2）密排和疏排。密排是字与字之间没有空隙的排法，一般书刊正文多采用密排；疏排是字与字之间留有一些空隙的排法，排版时应加宽行距。

（3）通栏排和分栏排。通栏排就是以版心的整个宽度为每一行的长度，这是杂志内页常用的排版方法。有些期刊和开本较大的书籍，版心较宽，正文往往会分栏排，有的分为两栏（双栏），有的分为3栏甚至多栏。



（4）普通装、单面装、双面装。普通装是相对于单面装、双面装而言的。横排书要在字行的下面加排着重点的，称为单面装；直排书、标点及专名线等都排在字行右边的，称为单面装；在字行左、右或上、下都排字的，称为双面装。

3. 杂志内页设计的原则

杂志内页设计需要注意以下 5 个原则（图 4-15）。

（1）正文字体的类别、大小、字距和行距的关系要适宜。

（2）字体、字号符合不同年龄段读者的要求。

（3）在文字版面的四周适当留有空白，使读者阅读时感到美观舒适。

（4）正文的印刷色彩和纸张的颜色要符合阅读功能的需要。

（5）插图的位置与正文及整本版面的关系要符合内容的需要，并且能引起读者的阅读兴趣。

图 4–15　杂志内页设计的原则

## 4.2.2　杂志内页设计案例

**案例内容：**

本案例为汽车杂志内页设计，设计时应突出杂志的艺术特点，文字排列整齐醒目，风格统一，文字简单易读。设计应符合杂志内页设计原则，能准确表达设计意图，使杂志风格鲜明，具有较强的视觉冲击力。

汽车杂志内页设计案例样式如图 4-16 所示。

**操作步骤：**

步骤 01　执行“文件”→“新建”菜单命令，在弹出的“新建文档”对话框中设置“宽度”为“297mm”，“高度”为“210mm”，“取向”为“横向”，“出血”为“3mm”，单击“创建”按钮完成操作，如图 4-17 所示。

图 4-16　汽车杂志内页设计案例样式

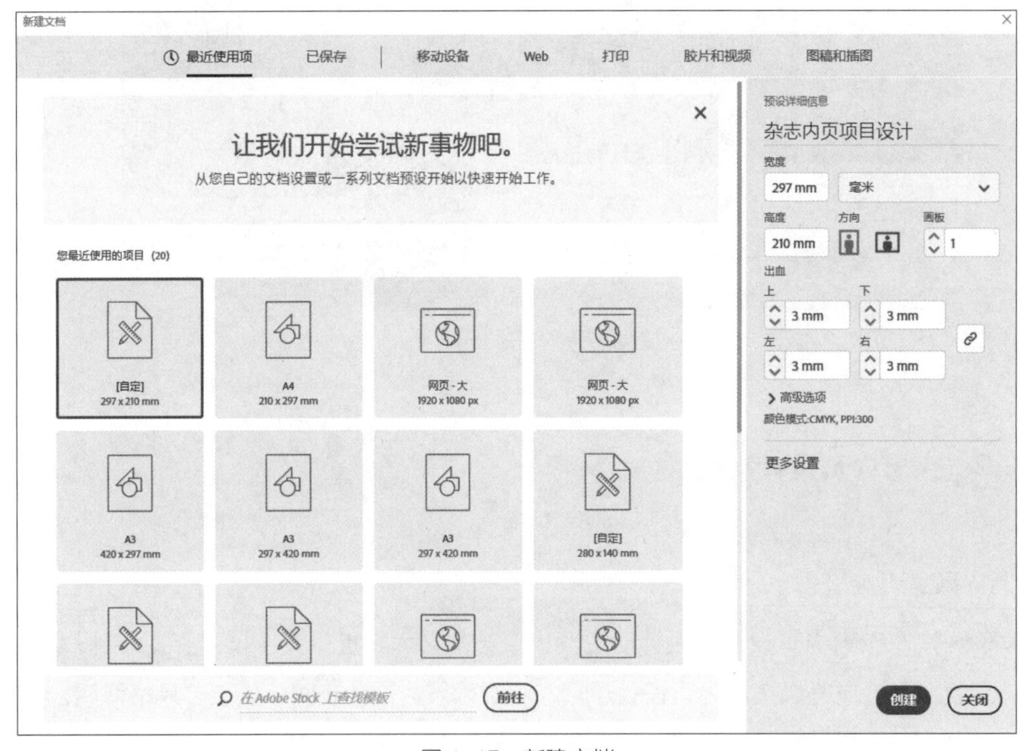


图 4-17　新建文档

步骤 02　使用钢笔工具在页面的中间绘制不规则图形，并设置“填充”为“灰色”，选中这个图形，执行“窗口”→“渐变”菜单命令，打开“渐变”面板，在面板中设置“类型”为“线性”，“角度”为“0°”，编辑一个灰色的渐变颜色。再次使用钢笔工具绘制两条曲线路径，打开“描边”面板，设置“粗细”为“2 pt”，勾选“虚线”复选框，将虚线“粗细”设置为“2 pt”，将“填充”设置为“白色”，如图 4-18 所示。

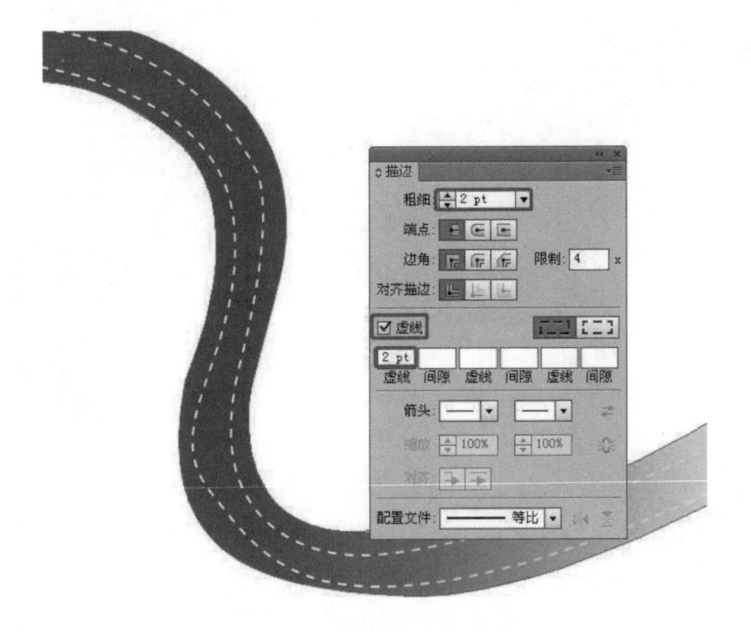


图 4-18　绘制图形并调整参数

步骤 03　执行“文件”→“置入”菜单命令，置入图片素材“22.ai”。单击控制栏中的“嵌入”按钮完成图片素材的置入操作，选中图片素材并调整其位置，执行“效果”→“风格化”→“投影”菜单命令，在弹出的“投影”对话框中设置“模式”为“正片叠底”，“不透明度”为“75%”，“X 位移”为“1mm”，“Y 位移”为“1mm”，“模糊”为“1.8mm”，“颜色”为“黑色”，单击“确定”按钮，如图 4-19 所示。

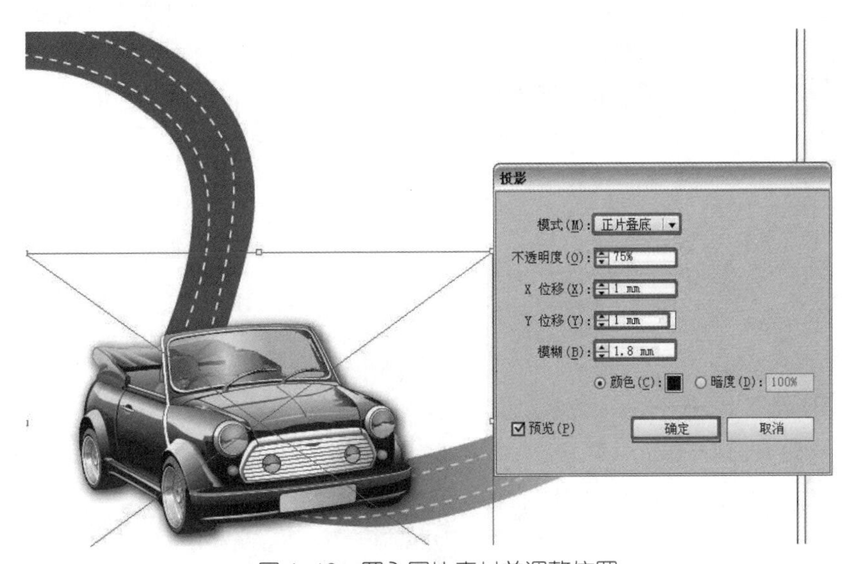


图 4-19　置入图片素材并调整位置

步骤 04　执行“文件”→“置入”菜单命令，置入图片素材“23.ai”～“28.ai”，单击控制栏中的“嵌入”按钮完成图片素材的置入操作，选中图片素材并调整其位置（图 4-20）；执行“效果”→“风格化”→“投影”菜单命令，在弹出的“投影”对话框中设置“模式”为“正片叠底”，“不透明度”为“75%”，“X 位移”为“2mm”，“Y 位移”为“2mm”，“模糊”为“1.8mm”，“颜色”为“蓝色”，单击“确定”按钮，如图 4-21 所示。

图 4-20　置入素材并调整位置

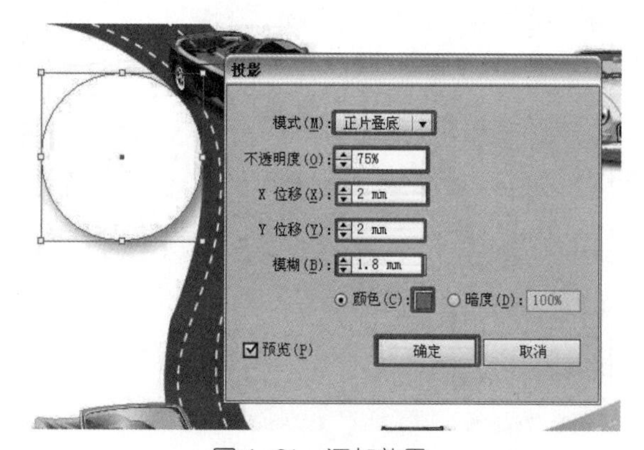


图 4-21　添加效果

步骤 05　选择工具箱中的椭圆工具，按住 Shift 键，用鼠标拖拽绘制一个正圆形，接着选中这个正圆形，设置“填充”为“无”，“描边”为“无”。

步骤 06　拖拽并复制多个正圆形，按照比例调整大小，使用文字工具在正圆形中输入文字内容，在控制栏中设置文字的颜色为黑色，如图 4-22 所示。

步骤 07　使用文字工具在其余的正圆形中输入文字内容，在控制栏中设置文字的颜色为黑色。使用矩形工具绘制一个矩形，接着选中这个矩形，设置“填充”为“土黄色”，“描边”为“无”。在这个矩形中添加文字，调整文字位置。接下来绘制多个矩形，设置“填充”为“红色”，“描边”为“无”。调整画面，完成设计，效果如图 4-16 所示。

图 4-22　在正圆形中输入文字并设置颜色

# 4.3 书籍封面设计

**教学目标**

1. 了解书籍的概念及结构；
2. 掌握书籍装帧设计的方法；
3. 能够使用 Illustrator 软件完成书籍的设计。

**故事导读**

**龙鳞装**

龙鳞装，是一种中国古代书籍装帧形式。因其卷起时与卷轴并无差异，但展开后书页错落相积，状似龙鳞，从而得名龙鳞装。

【故事导读－龙鳞装】

龙鳞装的诞生受到唐朝佛教和诗词音韵文化的影响，是特定历史时期的产物。在唐朝，佛教文化蓬勃发展，为了方便携带和传阅，僧侣将卷轴装中注疏的佛经浮签鳞次粘在底纸上，与龙鳞装的书页粘接在底纸上如出一辙。如此一来，龙鳞装便有了雏形。

同时，唐朝也是诗词歌赋创造发展的鼎盛时期，人们对音韵的严格度较高。为了达到方便按音韵翻阅检查的目的，装裱工匠以长纸作底，首页全裱穿于卷首，自次页起，鳞次向左裱贴于底卷上，龙鳞装应运而生。

龙鳞装页面鳞次相积，遇风则灵动翻飞。如此精美的装帧形式背后必然对造纸和接缝的技术都有相当高的要求，纸与纸之间相黏合的部分一般不超过 0.3cm，书页与底纸的黏合一般也不超过 0.3cm。正因龙鳞装对装裱要求很高，所以其流通的范围非常有限。而且龙鳞装书籍无论是纸质还是书法都是精品，主要为皇室用书或收藏，属于稀有之物，民间很难效仿。因此，当龙鳞装传入民间时，就演变为更加简易的旋风装——用木棍或竹棍粘连页面，打眼穿线装订。展阅时书页虽参差不齐，但排列有序。待到北宋旋风装已成熟演变为册装书流行于世时，龙鳞装“装潢之技绝矣”。

古籍形态的发展是在自我否定中循序渐进、不断完善的。龙鳞装的应用时间虽然只是昙花一现，但其作为承启古代书籍装帧从卷轴演变为册装的历史价值不容小觑，其独具东方神韵的审美特征也在当时留下了浓墨重彩的一笔。时至今日，现存的龙鳞装古籍只剩下一本《刊谬补缺切韵》(图 4-23)。但好在有当代设计师善于发现并传承中华民族文化的瑰宝。书籍设计师张晓栋的作品《三十二篆体金刚经》(图 4-24)，利用龙鳞装“鳞次相积”的特点，将古籍、绘画与文字融于一体却又分开呈现，气韵连贯，别具匠心。

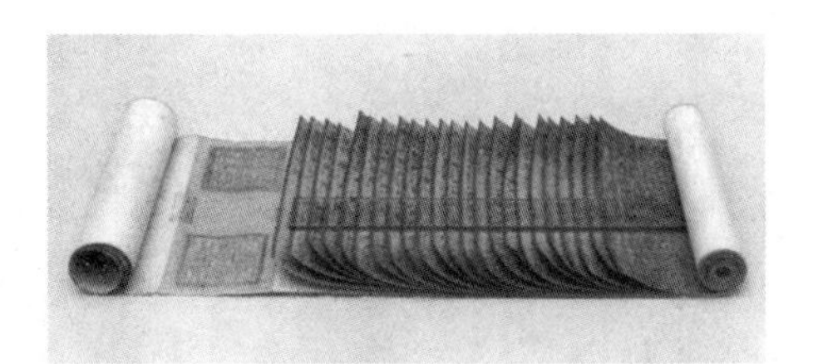

图 4-23 龙鳞装《刊谬补缺切韵》

龙鳞装的历史价值、形式美感及制作工艺，为现代图书的装帧设计提供了更多选择。龙鳞装对功能的追求、对形式的执着以及对工艺的精益求精或许正是未来书籍该有的样子。

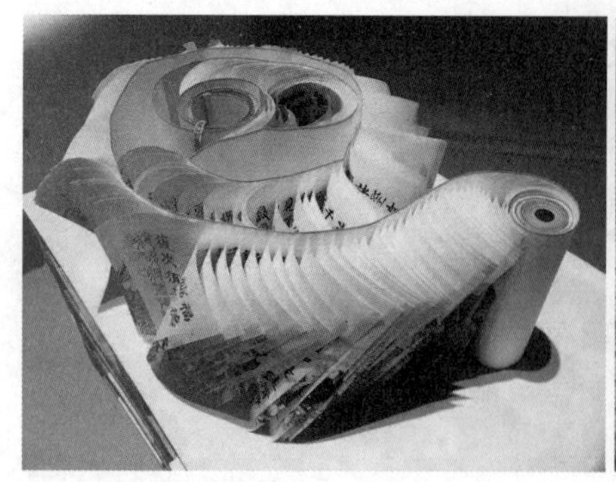

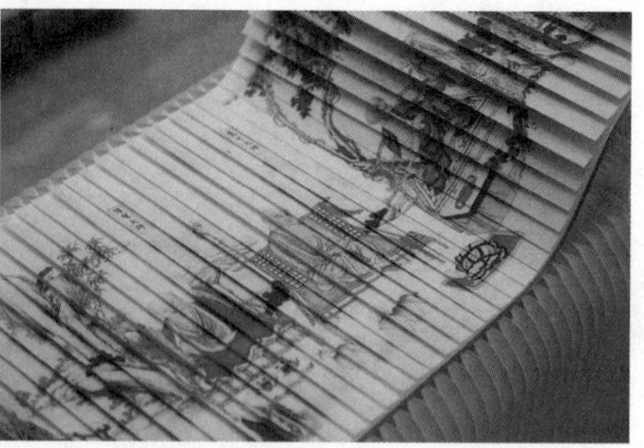

图 4-24　龙鳞装《三十二篆体金刚经》

（资料来源：作者根据网络资料整理。）

### 4.3.1　书籍装帧设计概述

1. 书籍

早在 2000 多年前，中国就发明了造纸术。纸的发明与改进，促进了书籍的发展。大约在 1500 年前，中国发明了雕版印刷术。900 多年前，中国又发明了活字印刷术。这一系列重大发明，成为现代图书成型的必要条件。这是中华民族为人类文明与进步做出的伟大贡献。

书籍是人类表达思想、传播知识、积累文化的物质载体。书籍装帧设计包括开本、字体、版式、插图、封面、护封，以及用纸、印刷、装订等的整体设计。早期的书籍如图 4-25 所示。

图 4-25　早期的书籍

2. 书籍装帧设计

书籍装帧设计是以一本书为对象，对其进行有美感的视觉创造。与传统的“装帧”观念相比，书籍装帧设计不再只起装饰作用，而是实用功能和美观的完美统一。常有人误解书籍装帧设计就是封面设计，当然优秀的封面设计的确能揭示书籍深刻的内涵，并给人带来美好的心理感受，但封面设计毕竟只是书籍装帧设计的一部分。书籍装帧设计是由多种要素构成的（图 4-26）。

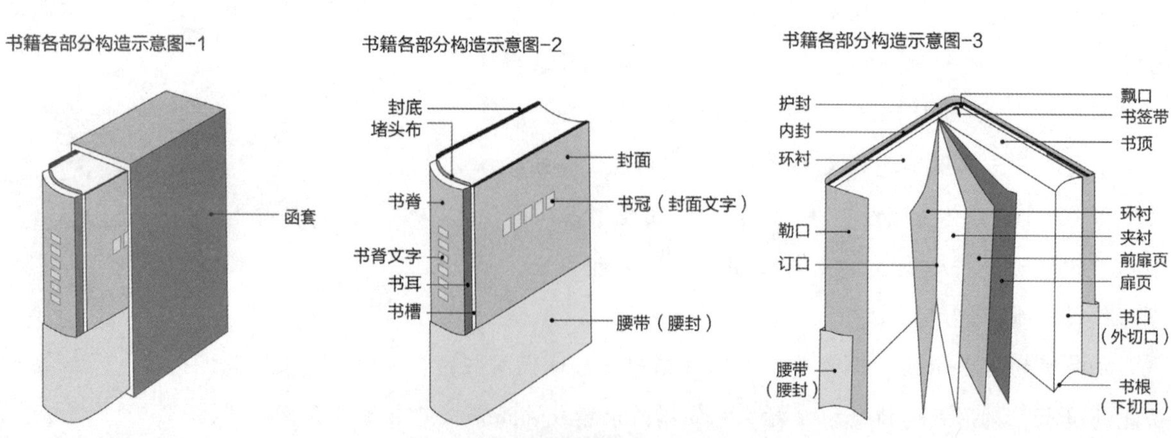


图 4-26　书籍装帧设计的构成要素

3. 书籍装帧设计的结构

（1）开本。所谓开本是指一本书的幅面大小。现代书籍的开本形式多种多样，以适应不同读者的需要，开本的比例可以决定一本书在读者心中的形象。根据书籍内容适当选择开本比例，会让人感受到其特有的韵味，这是书籍内涵的外在表现。独特新颖的开本设计，给读者带来强烈的视觉冲击力。

（2）函套。我们的祖先为了保护和方便查阅多卷集的书籍，就用木箱把书籍进行分类存放、收藏，后来又用厚质纸板作为材料，用各种织物裱糊做成函套。有些函套的设计与书籍的风格十分协调，对塑造书籍的整体形象，反映书籍特有的“气质”与品位起到相当重要的作用。特别是现代新工艺和新材料的应用，使得函套的设计更加富有独创性。书籍设计者可以运用各种手段及材料营造书籍函套的独特风格，增加书籍的欣赏价值和收藏价值。

（3）护封。在平装书中，护封也称为封面，其高度与书籍的长度相等，长度能包住前封和后封。护封的组成部分从其折痕上来看从右至左分别是前勒口、封面、书脊、封底、后勒口。

（4）内封。内封是指被护封包裹住的部分，起着支撑和保护书芯的作用。内封有软式内封和硬式内封两种形式。精装书的硬式内封本身是硬纸板，外面用特种纸、织物或皮革裱糊，根据材料可分为皮面精装、织物精装、纸面布脊精装；软式内封则由具有韧性的白板纸、卡纸等制作。由于内封的材料本身具有独特的色彩和肌理，又是被护封包裹在里面，所以内封的设计往往比较单纯。

（5）扉页。书籍正文前单独的一页就是扉页，也称书名页，所承载的文字内容与封面的要求类似，但更详细。它的存在不仅是对书籍的装饰，也是对封面主要文字的补充说明，它是书籍装帧结构的基本元素之一，对吸引读者进一步详读作品起到非常重要的作用。扉页上基本的构成要素包括书名、作者、著作方式、出版社及简单的装饰图案等。

### 4.3.2 书籍封面项目设计案例

**案例内容：**

本案例为书籍封面设计，要突出书籍的艺术特点，文字排列整齐醒目，风格统一。设计上要能准确表达设计的意图，风格特点鲜明，视觉冲击力强。

书籍封面设计案例样式如图 4-27 所示。

图 4-27 书籍封面设计案例样式

**操作步骤：**

步骤 01 执行“文件”→“新建”菜单命令，在弹出的“新建文档”对话框中设置“宽度”为“130mm”，“高度”为“184mm”，“取向”为“纵向”，“出血”为“3mm”，单击“创建”按钮完成操作，如图 4-28 所示。

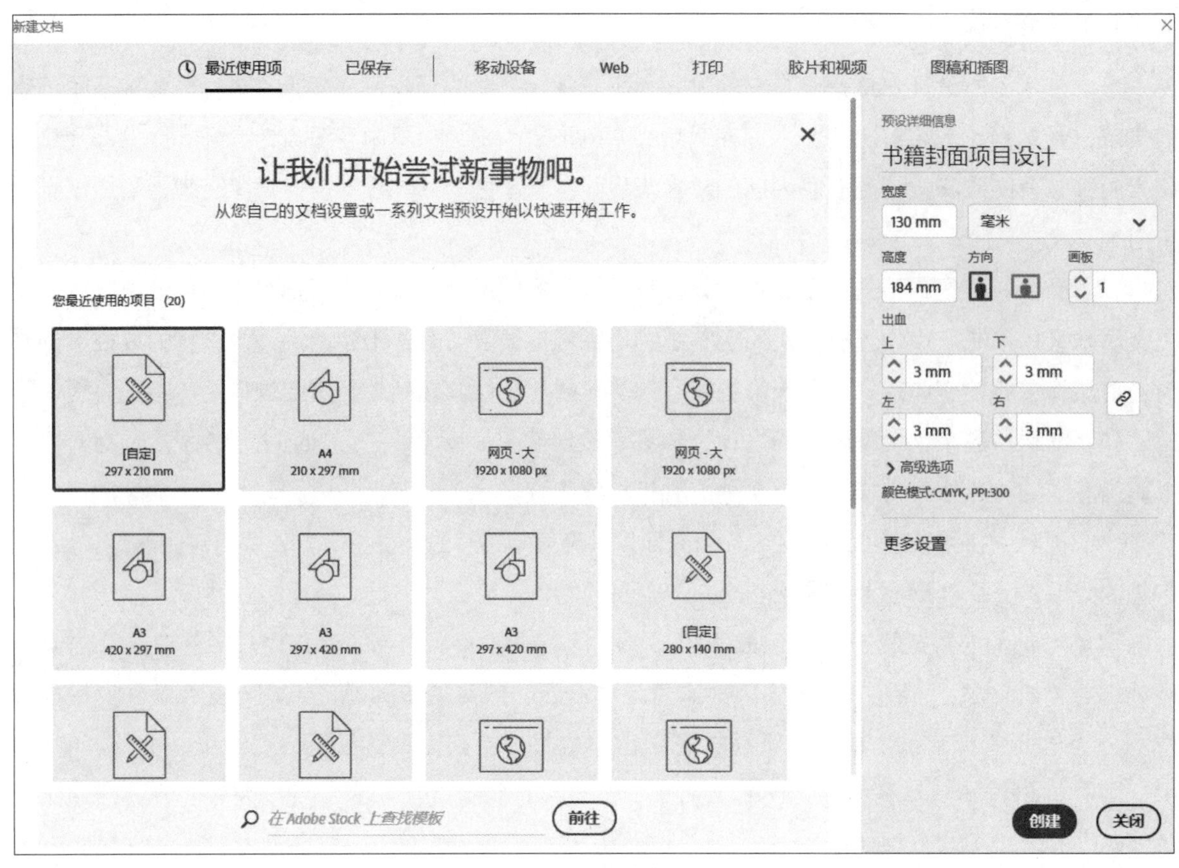


图 4-28　新建文档

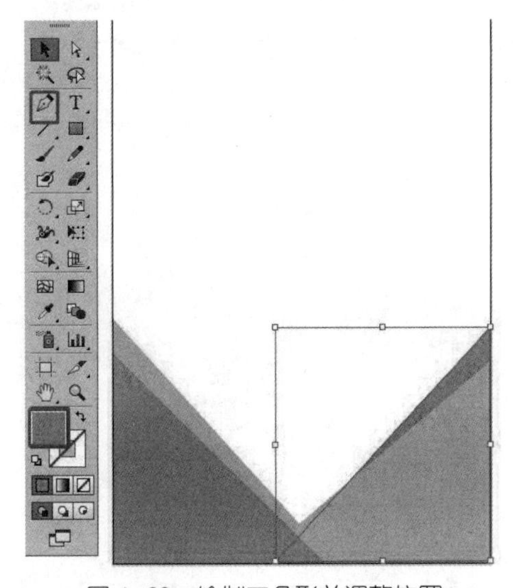

图 4-29　绘制三角形并调整位置

步骤 02　选择工具箱中的矩形工具，在控制栏中设置“填充”为“白色”，“描边”为“无”，设置完成后，在页面中绘制一个与页面等大的矩形，绘制完成后选中矩形，并使用快捷键 Ctrl+2 将其锁定。选择工具箱中的钢笔工具，在控制栏中设置“填充”为“青色”，“描边”为“无”，绘制一个三角形，使用同样的方法绘制出其他颜色的三角形，并放置在画面下方，如图 4-29 所示。

步骤 03　绘制一个青灰色的正方形。选择工具箱中的矩形工具，在控制栏中设置“填充”为“青灰色”，“描边”为“无”，接着在画面中单击，在弹出的“矩形”对话框中设置“宽度”和“高度”均为 80mm，单击“确定”按钮，完成正方形的绘制；将正方形旋转 45° 调整到相应的位置，如图 4-30 所示。

步骤 04　使用同样的方法绘制一个白色的正方形，并旋转放置在青灰色正方形的中间，为正方形添加立体效果。选择工具箱中的钢笔工具，在控制栏中设置“填充”为“淡青色”，“描边”为“无”，接下来绘制一个正方形并填充颜色，用同样的方法继续绘制 3 个正方形，如图 4-31 所示。

步骤 05　为白色正方形添加内发光效果。选中白色正方形，执行“图层”→“风格化”→“内发光”菜单命令，在弹出的“内发光”对话框中设置“模式”为正常，“颜色”为“灰色”，“不透明度”为“75%”，“模糊”为“1.8mm”，选中“边缘”选项，设置完成后单击“确定”按钮，如图 4-32 所示。

图 4-30 绘制正方形并旋转

图 4-31 添加效果并绘制正方形

图 4-32 添加内发光效果

步骤 06 制作标题文字。选择工具箱中的文字工具 T，输入文字在控制栏中选择合适的字体及字号，设置“填充”为“蓝色”，“描边”为“白色”，“粗细”为“2pt”，然后输入文字，选中“海子”两个字，增大字号，使其变得更加突出，如图 4-33 所示。

步骤 07 为文字添加投影效果。选择工具箱中的文字工具，输入文字，在控制栏中选择合适的字体及字号，设置“填充”为“黑色”，“描边”为“白色”；执行“效果”→“风格化”→“投影”菜单命令，在弹出的“投影”对话框中设置“模式”为“正片叠底”，“不透明度”为“75%”，“X 位移”为“0.2mm”，“Y 位移”为“0.2mm”，“模糊”为“0.2mm”，“颜色”为“黑色”，设置完成后单击“确定”按钮；使用同样的方法制作副标题文字，继续使用文字工具 T 输入下方的文字，如图 4-34 所示。

步骤 08 选择工具箱中的星形工具 ☆，在控制栏中设置“填充”为“灰色”；在画面中单击，在弹出的“星形”对话框中设置“半径 1”为“10mm”，“半径 2”为“9mm”，“角点数”为“30”，单击“确定”按钮将星形移动到画面的右下角，如图 4-35 所示。

图 4-33 输入文字并调整字体及字号

图 4-34 添加投影效果并输入文字

图 4-35 绘制星形并调整位置

步骤 09　选择工具箱中的椭圆工具，在星形的中间绘制一个正圆形；在控制栏中设置“填充”为“蓝色”，“描边”为“白色”，“粗细”为“2pt”，使用文字工具T在正圆形中输入文字，如图 4-36 所示。

步骤 10　制作书籍右上角的图案与文字。选择工具箱中的圆角矩形工具，在画面中单击，在弹出的“圆角矩形”对话框中，设置“宽度”为“5mm”，“高度”为“7mm”，“圆角半径”为“1.5mm”，设置完成后单击“确定”按钮，即可绘制出一个圆角矩形；选中圆角矩形，执行“窗口”→“渐变”菜单命令，在打开的“渐变”面板中编辑一个橘黄色系的渐变，设置“类型”为“线性”，并设置“描边”为“无”，如图 4-37 所示。

图 4-36　绘制正圆形并输入文字

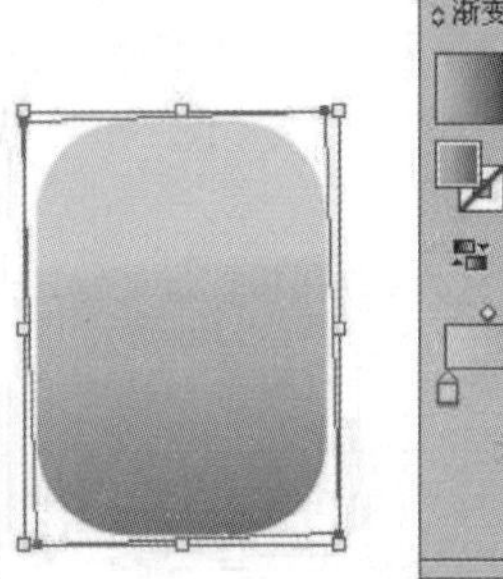

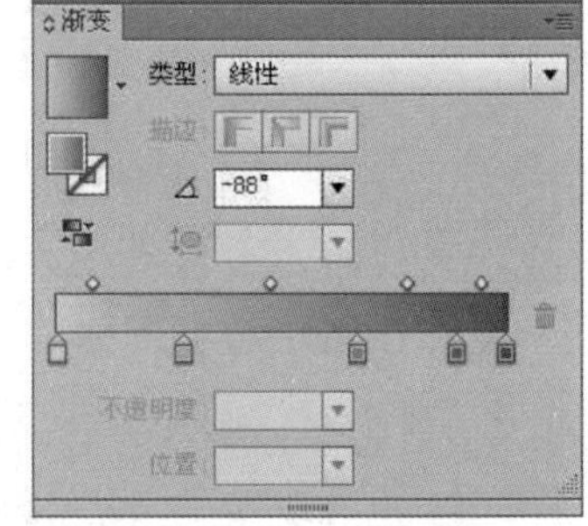


图 4-37　绘制圆角矩形并添加渐变

步骤 11　将圆角矩形再复制 3 份，将这 4 个圆角矩形全选，单击控制栏中的“垂直居中对齐”按钮和“水平居中分布”按钮，使其能够对齐和均匀分布；继续使用文字工具T在相应位置输入文字，如图 4-38 所示。整体效果如图 4-39 所示。

图 4-38　对齐圆角矩形并输入文字

图 4-39　整体效果

# 本章小结

本章详细讲解了书籍装帧的相关设计，包括杂志封面设计、杂志内页设计、书籍封面设计 3 部分。通过对案例的详细讲解，使读者能够扎实掌握使用 Illustrator 软件绘制与编辑图形的方法、图形效果的应用、文字和图形的创意设计。

# 思考与练习

1. 设计一个杂志封面，要符合杂志封面设计原则，满足杂志的设计感和功能性，制作效果可参考图 4-40。

2. 设计一个教材封面，颜色要醒目，图形要简单易识别，能够引起读者的关注，制作效果可参考图 4-41。

图 4-40　杂志封面参考

图 4-41　教材封面参考

3. 设计一张杂志内页，要具备基本的信息，灵活运用杂志内页的设计方法，制作效果可参考图 4-42。

图 4–42　杂志内页参考

# 关键词

杂志封面设计　　杂志内页设计　　书籍封面设计

# 知识延展

【“五感”美的综合体现】

书籍要成型，就要通过一定的材料和工艺流程来完成。考究的书籍材料和精湛的印刷工艺，是塑造书籍形态的物质基础，是展现书籍美感的基本条件。将材料与工艺进行有序、合理的搭配与组合，以此产生视觉、触觉、嗅觉、听觉、味觉“五感”之美。书籍阅读与单靠视觉感受欣赏画作不同，一本书被读者拿在手中，不仅需要眼睛看还需要用心阅读，用手触摸去感受，翻开书时扑面而来的则是嗅觉上的纸墨气息，以及随着书翻动时听觉上的“沙沙”声，由此调动起人的“五感”来品鉴一本书的韵味。优秀的书籍装帧设计，会通过工艺与材料的表现融入视、触、嗅、听、味的“五感”设计意识，因此，书籍的整体之美不仅仅是单一的视觉感受，倡导多感官的“五感”设计理念，才能实现书籍的整体之美。

# 第 5 章　包装设计

**学习目标**

通过本章的学习，让学生了解什么是包装设计，应该如何使用 Illustrator 进行制作，让学生更加灵活地运用软件中的工具与命令来表达自己的设计意图。

**学习要求**

| 知识要点 | 能力要求 |
|---|---|
| 1. 包装展开图设计 | 1. 掌握包装结构的原理与设计 |
| 2. 瓶类包装的设计制作 | 2. 能够使用 Illustrator 对包装进行立体展示 |
| 3. 系列产品包装设计 | 3. 掌握系列产品包装设计的特征和最终电子稿成果展示 |

**思维导图**

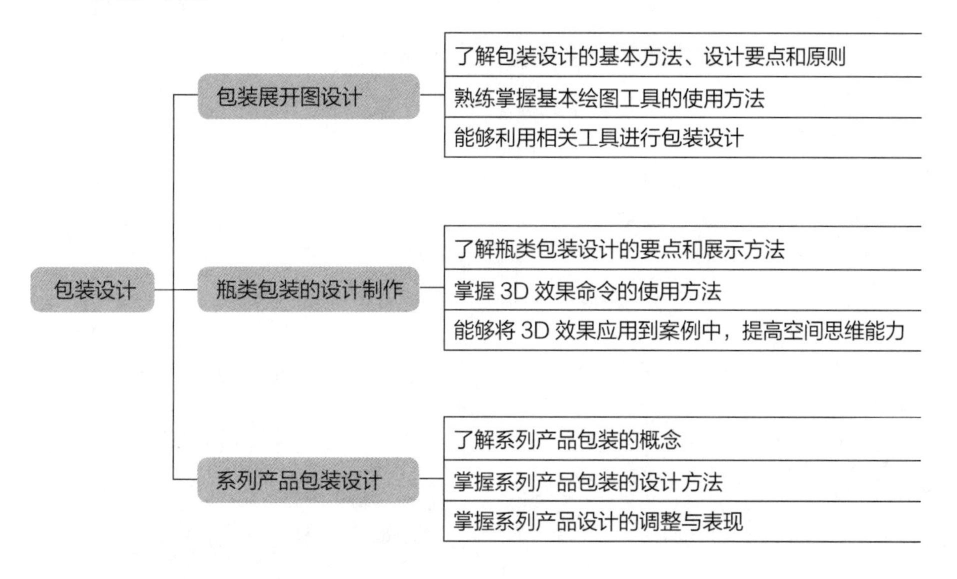

## 故事导读

### 农夫山泉，打造品牌从包装设计开始

之前说起农夫山泉，大多数消费者可能最先想到的是“有点甜”和经典的红白相间的包装，如图 5-1 所示。

【故事导读 - 农夫山泉，打造品牌从包装设计开始】

图 5-1　农夫山泉经典的红白相间的包装

但近几年，再说起农夫山泉，大家可能会想到“我们只是大自然的搬运工”、玻璃瓶高端水、走心的“乐瓶”和故宫瓶等。不难发现，这些直观的印象都是通过产品的包装设计展现的。

农夫山泉高端水系列的包装设计历时两年半，设计团队总共提交了 58 份草稿、300 多个设计方案。农夫山泉新品包装的瓶身极简优雅、晶莹剔透，使用东北虎、梅花鹿、鹤、松树等水源地特有的动植物图案进行包装设计，以及生肖典藏矿泉水，如图 5-2 所示。

图 5-2　农夫山泉新品包装

包装不仅让农夫山泉获得了更高的知名度，而且通过不同产品、不同IP和不同场景，让品牌更加有情怀。可以看到，近年来，农夫山泉在重塑品牌形象、实现与消费者互动方面不断探索，进行了各种成功的营销尝试。通过这一系列的营销动作，“农夫山泉”4个字不再只是一款饮用水，更是一个有故事、有生命的品牌。

任何品牌在做产品包装设计的时候，都要尽可能地将品牌故事、品牌理念融入其中，不断强化消费者对品牌的印象，帮助消费者形成品牌认同感。中小企业也可以与第三方的品牌策划公司合作来进行包装设计，更有利于形成品牌定位、品牌故事，以及品牌系列包装设计的统一。

（资料来源：作者根据网络资料整理。）

# 5.1 包装展开图设计

**教学目标**

1. 了解包装设计的基本方法、设计要点和原则；
2. 熟练掌握基本绘图工具的使用方法；
3. 能够利用相关工具进行包装设计。

**故事导读**

【故事导读－百雀羚——国民品牌的情怀逆袭】

**百雀羚——国民品牌的情怀逆袭**

弘扬东方之美，提高民族自信。百雀羚的品牌广告将东方经典文化以一种更现代的方式呈现出来。经典的蓝色小圆铁盒上印着几只鸟雀的图案，那是百雀羚保湿润肤霜的标志（图5-3）。百雀羚创立于1931年，是中国第一代护肤品品牌。“百雀”蕴含百鸟朝凤之意，“羚”则是上海话“灵”（很好）的谐音。当时，百雀羚成为上流社会的宠儿，红极一时。

图5-3　百雀羚保湿润肤霜

2000年，百雀羚由合资企业转制成民营公司，产品与技术不断迭代升级，先后推出止痒润肤露、凡士林霜、甘油一号、护发素等明星产品，畅销全国，获得“中国驰名商标”和“上海名牌产品”等荣誉称号。

百雀羚通过精美的新年礼盒和系列产品，层层加深人们对“东方之美”品牌形象的印象，进而引起消费者对百雀羚这个经典国货品牌的再次关注，将曾经美好的记忆和如今的新形象结合到一起，让大众对品牌的好感度瞬间提升，在更具消费倾向的群体里传达了品牌在销售之外的人文主义情怀（图5-4、图5-5）。

百雀羚的华丽转身传递出了一种新的美学概念——东方美学源远流长，它传承的不是过去，而是未来。未来不仅有青春、有梦想，更重要的是有让人过目不忘的品牌态度。时代在变，精神不变，就像它的广告语那样：“经典之美，犹如人间万象，常读常新。”

图 5-4　百雀羚年年有味礼盒

图 5-5　百雀羚三生花五大系列

（资料来源：作者根据网络资料整理。）

### 5.1.1　包装设计概述

1. 包装的概念

包装是品牌理念、产品特性、消费心理的综合体现。包装的呈现效果会直接影响消费者的购买欲，是建立商品与消费者关系的有力手段。在经济全球化的今天，包装与商品已融为一体，在生产、流通、销售和消费领域中发挥着极其重要的作用。包装的功能是保护商品、传达商品信息、方便使用、方便运输、促进销售、提高产品附加值。包装设计作为一门综合性学科，具有商品和艺术相结合的双重性，要站在品牌的高度思考包装，用品牌创新策略、消费者体验洞察提供创造性包装解决方案；要侧重全产品系列包装的识别架构规划，使包装实现体系化，提升产品的终端表现。

在考虑包装设计的外形要素时，还必须从形式美法则的角度去认识它。按照包装设计的形式美法则，再结合产品自身功能的特点，将各种因素有机地结合起来，以求得完美统一的设计形象（图 5-6 ～图 5-9）。

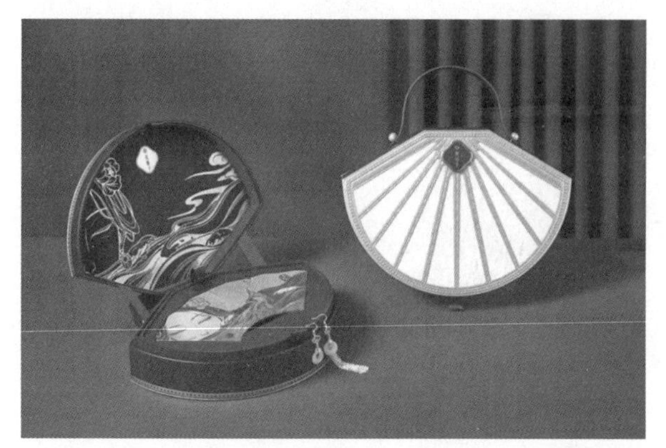

图 5-6　花西子“东方彩妆，以花养妆”包装设计

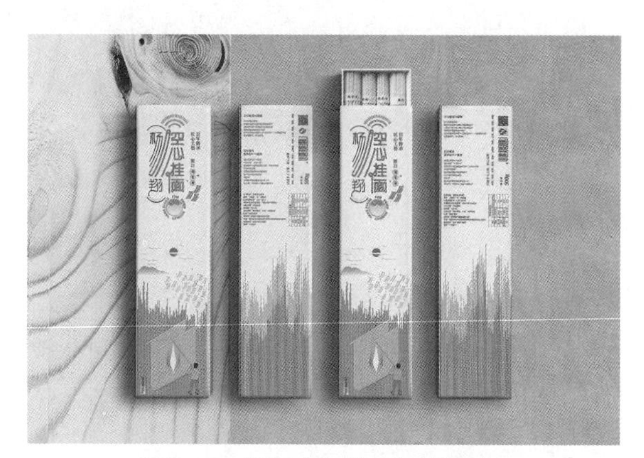


图 5-7　杨翔空心挂面包装设计

图 5-8　高端红酒包装设计

图 5-9　惠州特产包装设计

2. 包装设计的定义

什么是设计？设计是指“把一种设想通过合理的规划、周密的计划等各种方式表达出来的过程”。因此，包装设计是指对商品包装物的策划和制作。现代包装设计的性质主要体现在它的各种功能上，是多功能的满足。它不是单纯地在包装上绘制一幅图画，而是一个介绍产品、树立企业形象的完整的策划活动的组成部分。

3. 包装设计的原则

俗话说，没有规矩不成方圆，包装设计也一样。设计师在进行包装设计时应遵循以下几项原则。

（1）实用性原则。包装的基本功能是保护商品、方便运输和促进销售等。设计师在进行包装设计时，如果不考虑包装对产品的保护作用，只注重美观和材质等，即使再有吸引力的包装，也不是合格的包装。此外，设计师在设计包装时，还应保证其运输方便、使用方式简单、造型实用。

（2）商业性原则。包装要具备商业价值。包装的商业价值主要体现在企业收益和卖出产品的数量上，即企业通过包装设计吸引用户对产品的注意力，激发用户的购买欲望。

为了增强包装设计的商业性，设计师必须首先做好市场调查，全面了解产品的市场情况，以及目标用户的需求及喜好，然后在设计时通过独特的造型、突出的色彩、震撼的广告语来吸引用户。

（3）原创性原则。包装设计的原创性主要体现在设计理念与造型两方面。优秀的原创包装能够表达出产品的设计理念，给用户留下深刻的印象；而独特的造型，可以吸引用户的注意。要进行原创设计，可以使用有创意的图案或造型，也可以将传统元素与现代生活相结合，体现独特的理念。

（4）便利性原则。包装设计的便利性主要体现在产品包装的外形上，如在搬运、拿、握或携带产品时有一定的舒适感、轻便感。在进行包装设计时，包装各部分的比例、尺寸应考虑人手的生理功能和抓、握程度。

（5）艺术性原则。包装的艺术性主要指包装在外观形态、主观造型、结构组合、材料质地、色彩搭配等方面表现出来的特征可以给用户美的感受。

在进行包装设计时，设计师可先通过独特的造型吸引用户的注意，再利用精致的包装设计，提升包装整体的艺术感染力，激发用户的购买欲望。

### 5.1.2 包装展开图设计案例

**案例内容：**

本案例为包装展开图设计，根据产品特征，使用真实产品图片和风景图片作为设计素材进行设计。包装设计虽然也是平面设计，但要考虑最终立体形态，因此在对每个面进行设计的时候，都要考虑最终的立体形态。

食品包装展开效果图如图 5-10 所示。

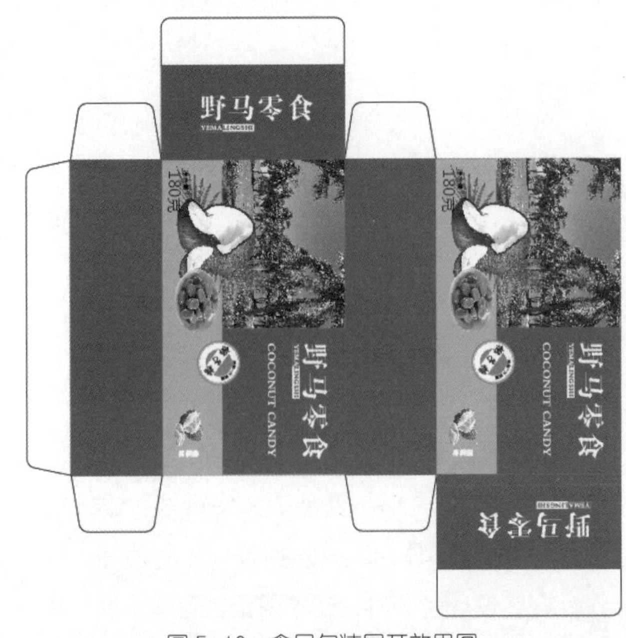


图 5-10　食品包装展开效果图

**操作步骤：**

步骤 01　执行“文件”→“新建”菜单命令，在弹出的“新建文档”对话框中设置“单位”为“毫米”，“宽度”为“210mm”，“高度”为“297mm”，并将文件命名为“包装展开图设计制作”，单击“创建”按钮完成操作，如图 5-11 所示。

图 5-11　新建文档

步骤 02　选择工具箱中的矩形工具■，在画板中单击，弹出“矩形”对话框，用此方法创建两个矩形，尺寸分别为 60mm × 100mm 和 30mm × 100mm，分别如图 5-12、图 5-13 所示。

步骤 03　将创建好的两个矩形同时选中，单击属性栏中的“垂直顶对齐”按钮，将其对齐排列如图 5-14 所示。

图 5-12　创建 60mm × 100mm 的矩形

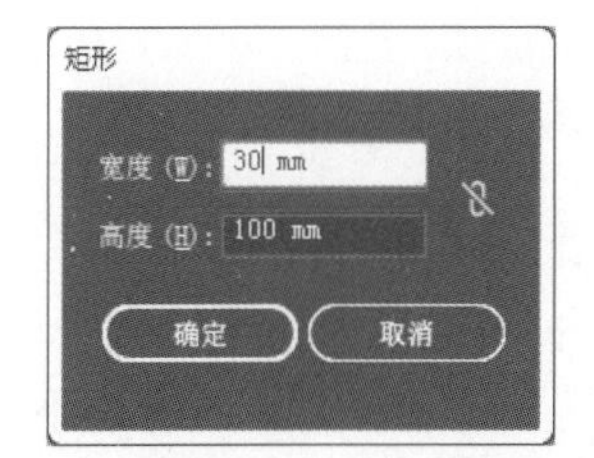


图 5-13　创建 30mm × 100mm 的矩形

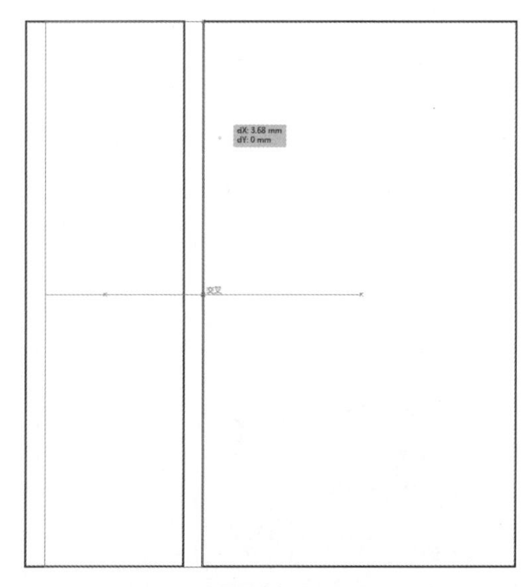

图 5-14　将两个矩形垂直顶对齐

步骤 04 同时选中两个矩形，单击鼠标右键，执行“变换”→“移动”菜单命令（图 5-15），在弹出的“移动”对话框中设置“水平”为“90mm”，“垂直”为“0mm”，单击“复制”按钮，在原有矩形向右移动 90mm 的位置处复制得到一组同样的矩形，如图 5-16、图 5-17 所示。

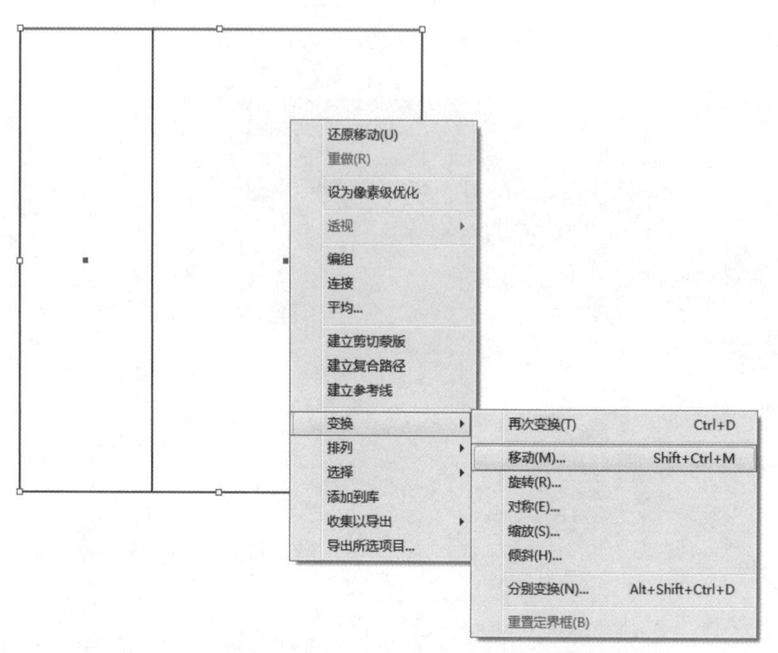


图 5–15 选中两个矩形并执行“变换”→“移动”菜单命令

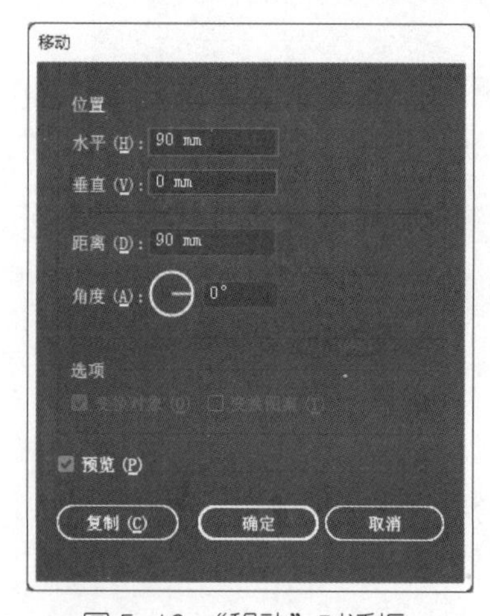


图 5–16 “移动”对话框

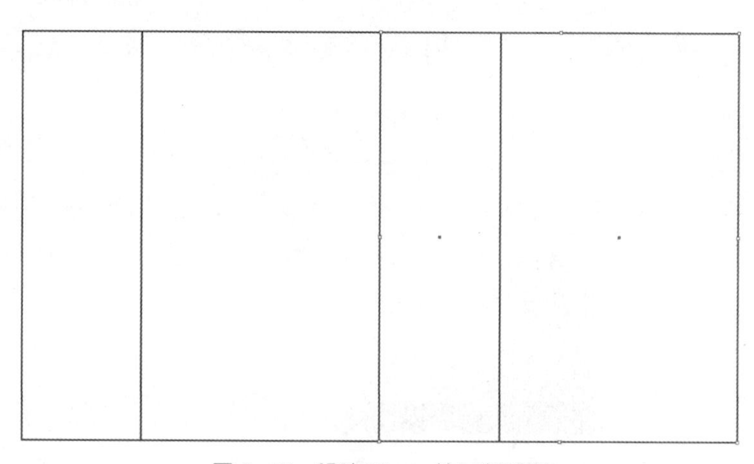

图 5–17 移动 90mm 并复制矩形

步骤 05 选择工具箱中的矩形工具，在画板中单击，弹出“矩形”对话框，创建“宽度”为“15mm”，“高度”为“100mm”的矩形，并将其拼接到最左侧的矩形上，如图 5-18、图 5-19 所示。

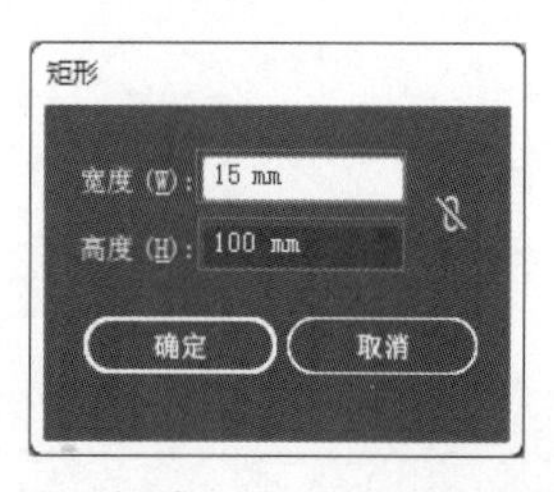


图 5–18 创建 15mm × 100mm 的矩形

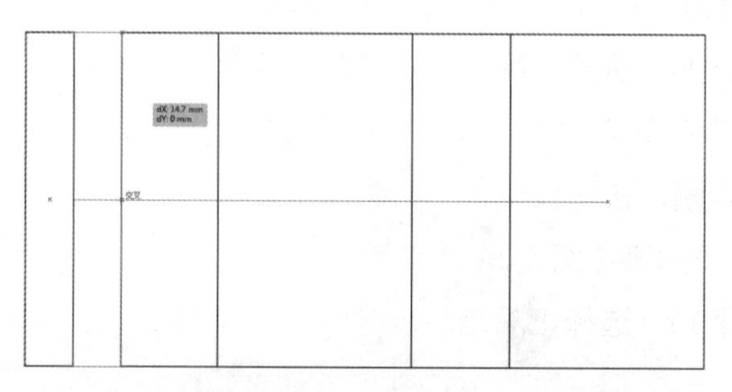

图 5–19 将创建的新矩形拼接到最左侧的矩形上

步骤 06　选择工具箱中的矩形工具，在画板中单击，弹出“矩形”对话框，创建“宽度”为“60mm”，“高度”为“30mm”的矩形，并将其置于 60mm × 100mm 矩形的上沿，如图 5-20、图 5-21 所示。

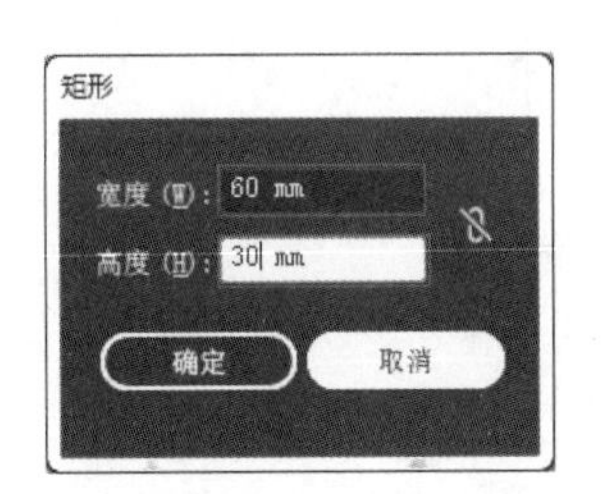


图 5-20　创建 60mm × 30mm 的矩形

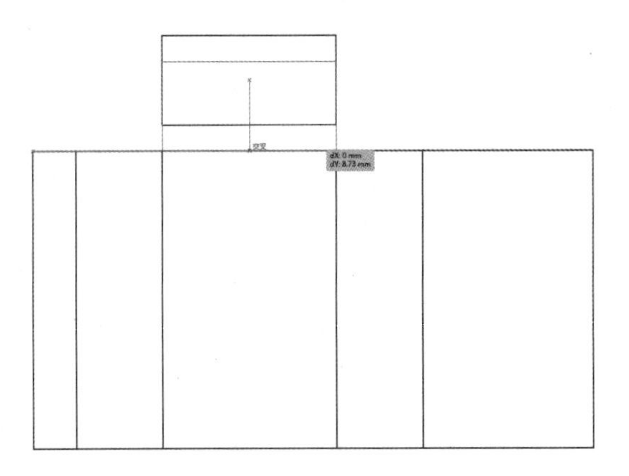

图 5-21　将矩形置于 60mm × 100mm 矩形的上沿

步骤 07　选择工具箱中的矩形工具，在画板中单击，弹出“矩形”对话框，创建“宽度”为“60mm”，高度为“15mm”的矩形（图 5-22），并将其置于 60mm × 30mm 矩形的上沿，如图 5-23 所示。

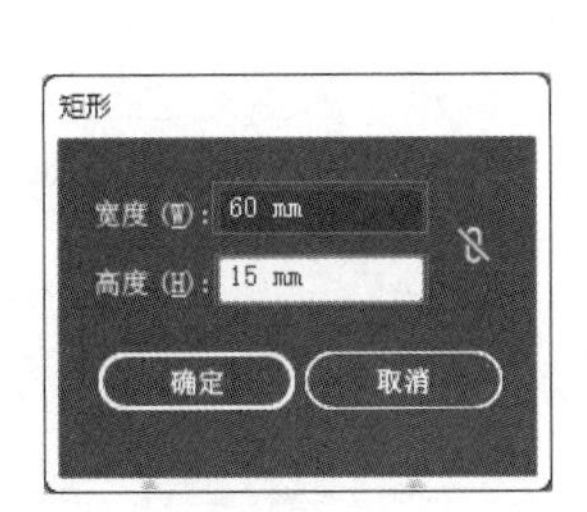


图 5-22　创建 60mm × 15mm 的矩形

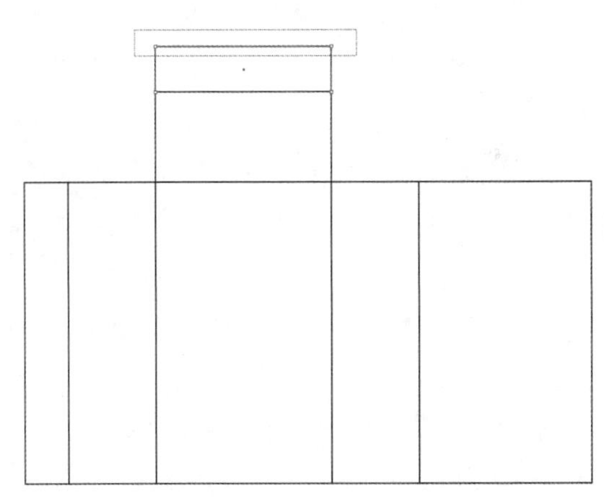

图 5-23　将矩形置于 60mm × 30mm 矩形的上沿

步骤 08　选择工具箱中的直接选择工具，将最新创建的矩形顶端的两个角进行倒角，将“半径”设置为“3mm”，如图 5-24 所示。

步骤 09　执行“编辑”→“首选项”→“常规”菜单命令（或按快捷键 Ctrl+K），在弹出的“首选项”对话框中，修改“键盘增量”的参数为“3mm”，如图 5-25 所示。再次选择工具箱中的矩形工具，在画板中单击，弹出“矩形”对话框，创建一个“宽度”为“30mm”，“高度”为“18mm”的矩形（图 5-26），并将其置于 30mm × 100mm 的矩形上沿。

步骤 10　选择工具箱中直接选择工具，将刚创建的矩形顶端的两个锚点分别进行左右移动，选择一个锚点后可以按键盘上的左、右箭头进行一次移动（每按一次，移动 3mm，即“首

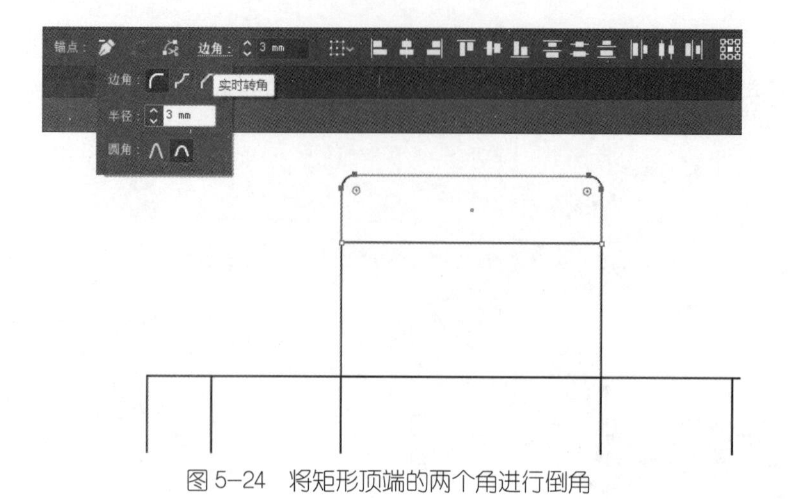


图 5–24　将矩形顶端的两个角进行倒角

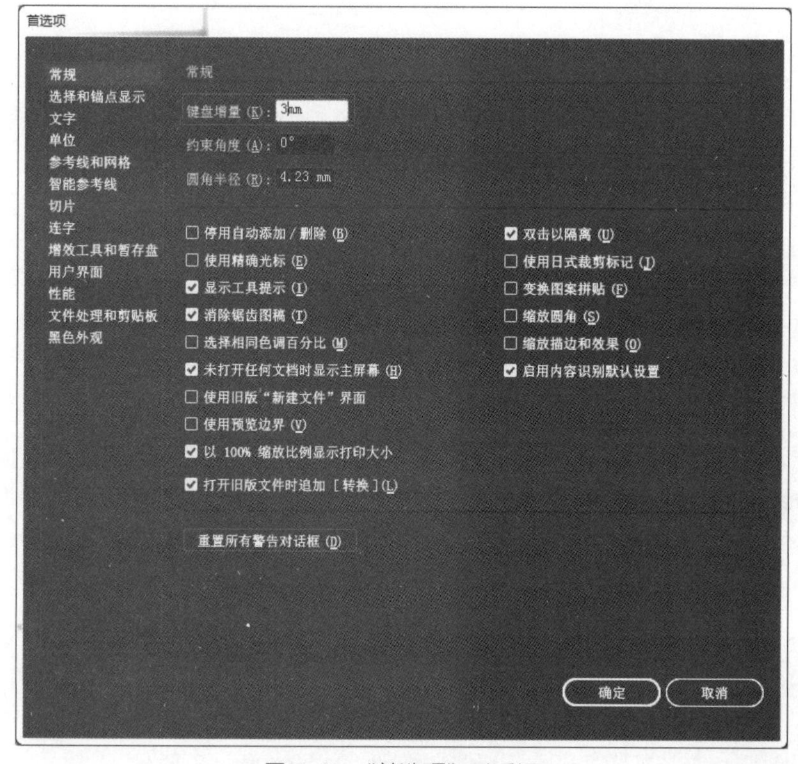

图 5–25　“首选项”对话框

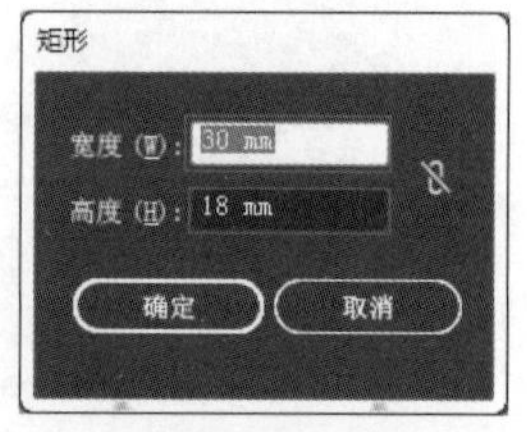


图 5–26　创建 30mm × 18mm 的矩形

选项”对话框中“键盘增量”的数值)，再对边角进行倒角处理，最后将该图形复制到另一个 30mm × 100mm 矩形的上沿，如图 5-27、图 5-28 所示。

步骤 11　选择顶端的 4 个图形，单击鼠标右键，执行“变换”→“对称”菜单命令(图 5-29)，在弹出的“镜像”对话框中(图 5-30)，选择“水平”单选按钮，单击“复制”按钮，得到另一组镜像过的图形组。调整图形组的位置，具体如图 5-31 所示。

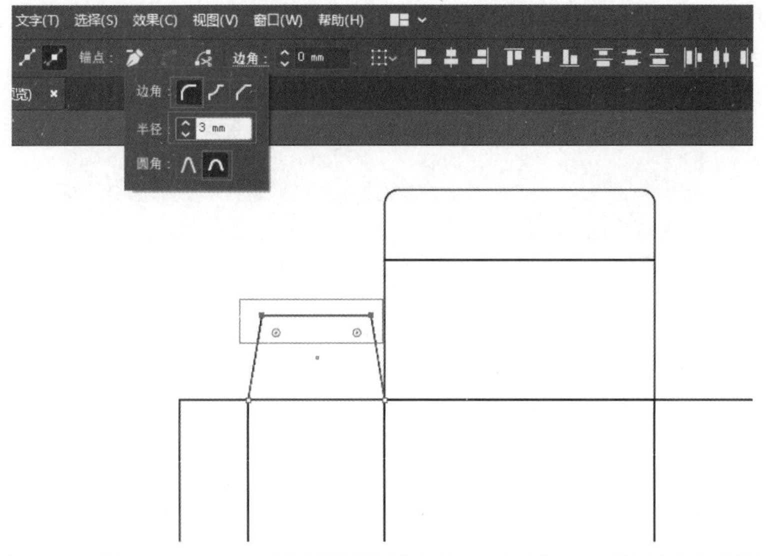


图 5–27 将 30mm × 18mm 矩形顶端的两个角向内移动 3mm 并进行倒角处理

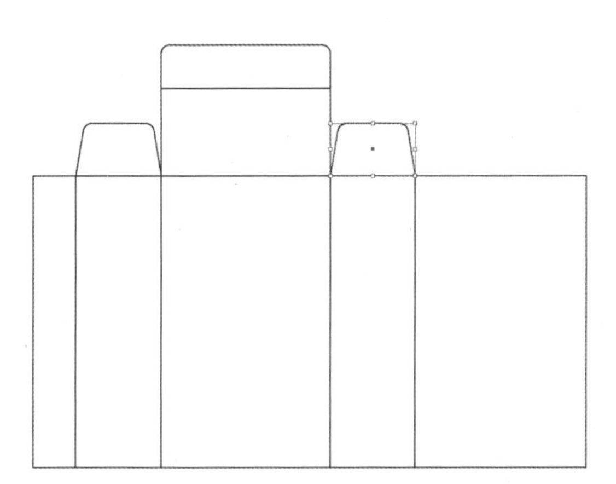

图 5–28 将 30mm × 18mm 矩形复制到另一个 30mm × 100mm 矩形的上沿

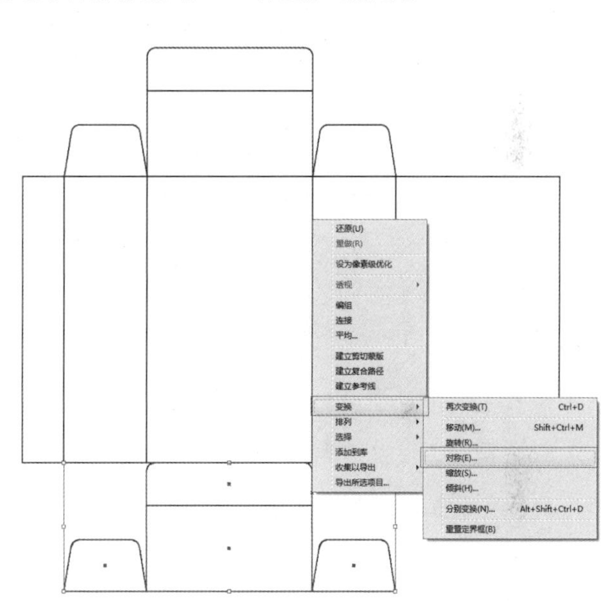

图 5–29 执行"变换"→"对称"菜单命令

图 5–30 "镜像"对话框

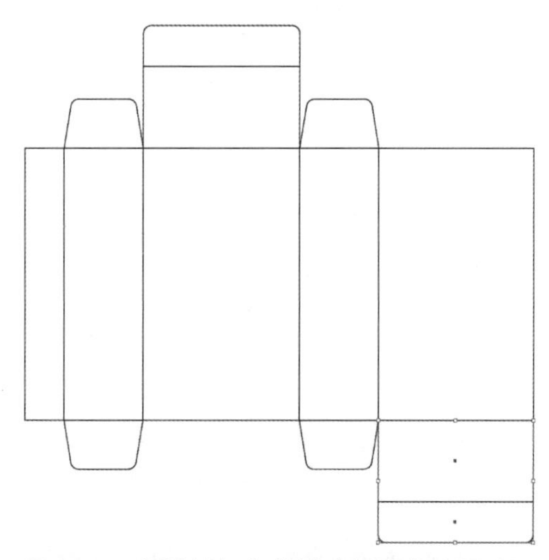

图 5–31 将镜像复制的横向矩形部分移动到右侧 60mm × 100mm 矩形的底边

步骤 12　将最左侧矩形的两个左边角进行倒角，如图 5-32 所示。

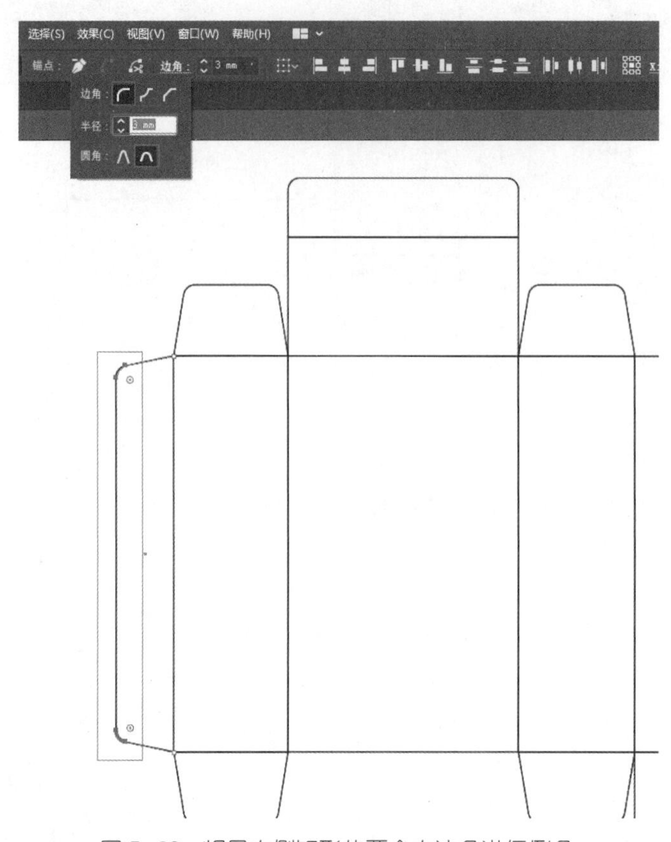

图 5-32　将最左侧矩形的两个左边角进行倒角

步骤 13　将所有图形选中，单击鼠标右键，执行“变换”→“旋转”菜单命令，在弹出的“旋转”对话框中，设置“角度”为“90°”（图 5-33）。创建一个新图层，先将图层 1 中包装盒的 6 个展示面复制并粘贴到图层 2 中，再将图层 1 中的内容进行隐藏，如图 5-34 所示。

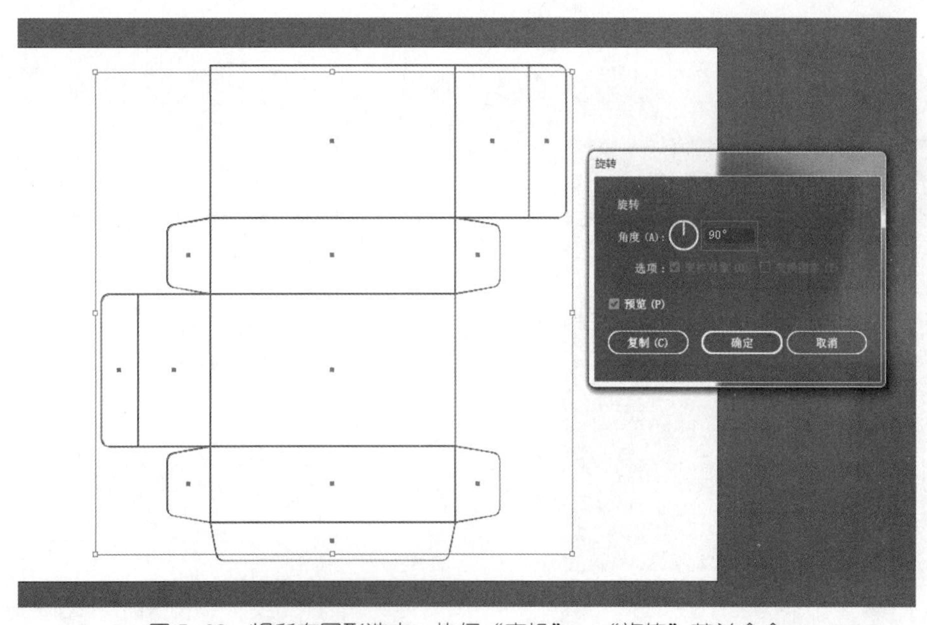


图 5-33　将所有图形选中，执行“变换”→“旋转”菜单命令

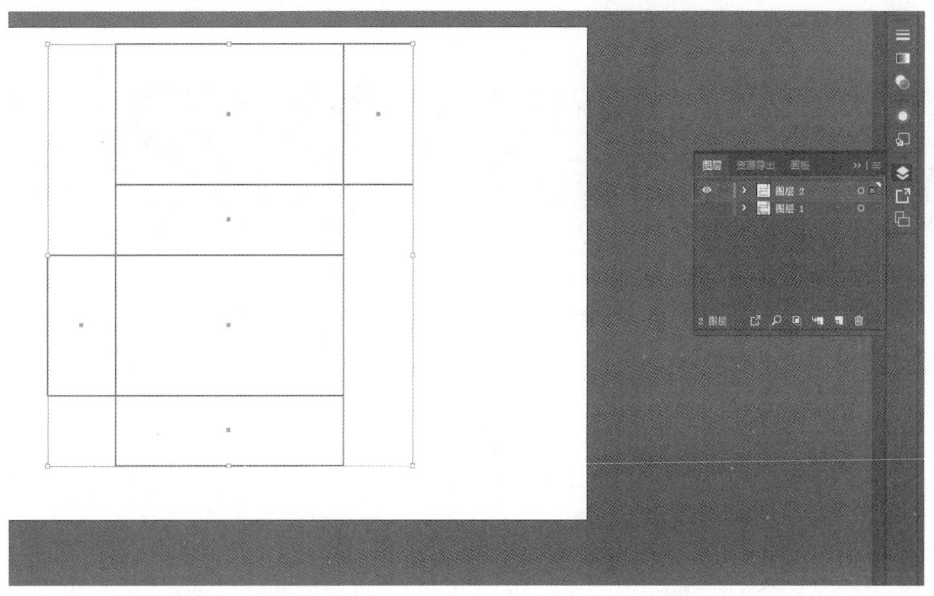


图 5-34 将包装盒的 6 个展示面复制并粘贴到新图层中

步骤 14 绘制一个矩形，填充为草绿色（C=50，M=0，Y=100，K=0），如图 5-35 所示。执行“文件”→“置入”菜单命令，选择图片素材“椰树 .jpg”“椰子 .psd”“椰糖 .jpg”，调整图片素材的大小后进行排版（图 5-36）。使用矩形工具绘制一个矩形，其高度与置入的背景图相同，填充为深绿色，如图 5-37 所示。

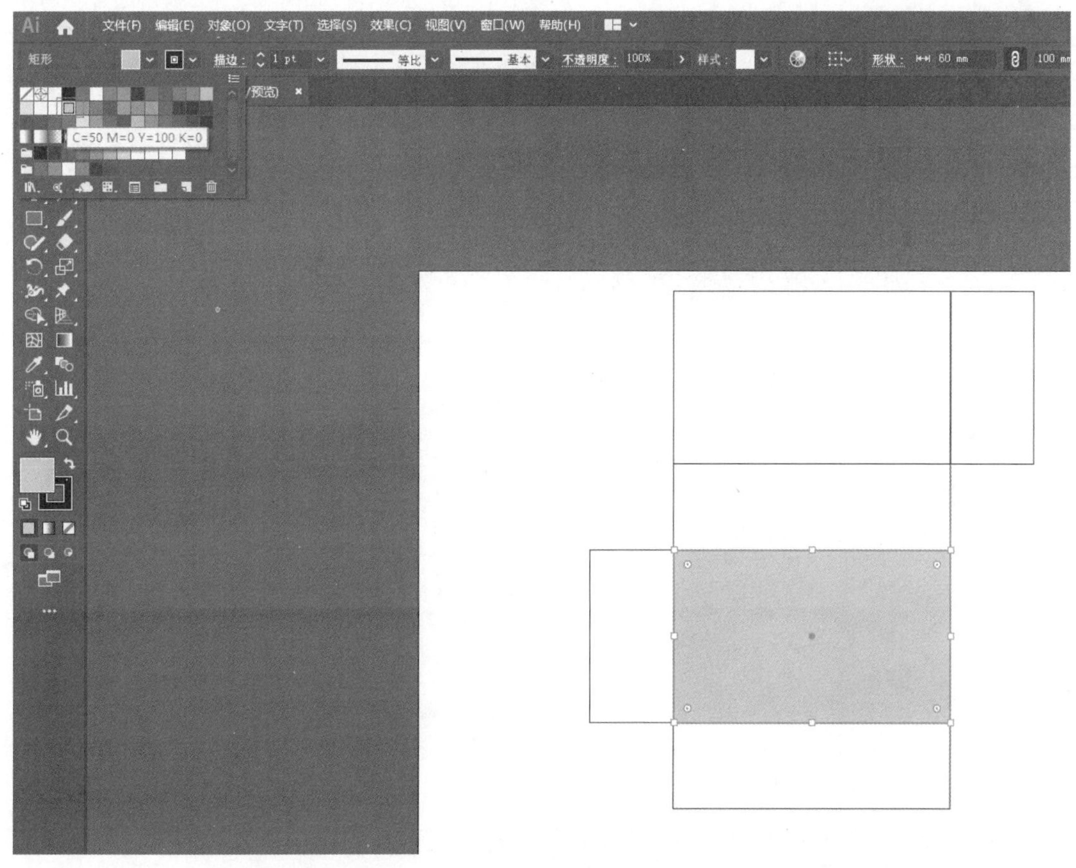


图 5-35 绘制一个矩形并填充为草绿色

图 5–36　置入相关的图片素材并进行排版

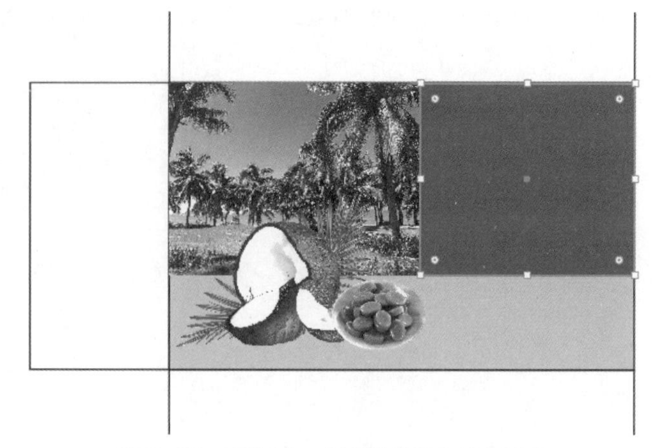

图 5–37　再绘制一个矩形并填充为深绿色

步骤 15　执行“文件”→“打开”菜单命令，选择“商标素材 .ai”文件（图 5-38），将其复制并粘贴到包装展开图文件中。

步骤 16　选择工具箱中的文字工具T，输入文字，置入“榴莲 .psd”图片素材，将文字、图片素材、商标进行排版，如图 5-39 所示。

图 5–38 打开商标素材

图 5–39 输入相应的文字并进行排版

步骤 17　复制一个制作好的画面，粘贴到展开图的另一面，将另外 4 个展示面填充为深绿色，将包装展开图两侧的摇盖展示面中的“野马零食”商品名称分别进行 90°、−90° 旋转后进行排版。食品包装展开整体效果如图 5-40 所示。

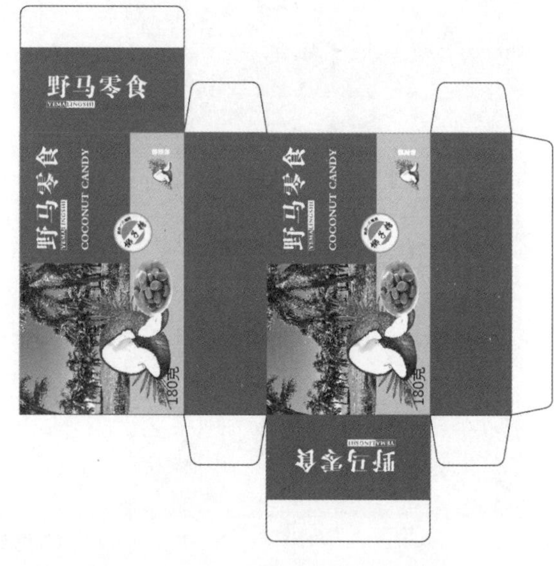


图 5–40　食品包装展开整体效果

# 5.2 瓶类包装的设计制作

**教学目标**

1. 了解瓶类包装设计的要点和展示方法；
2. 掌握 3D 效果命令的使用方法；
3. 能够将 3D 效果应用到案例中，提高空间思维能力。

【故事导读－从里到外弘扬“国潮”的魅力】

**故事导读**

**从里到外弘扬“国潮”的魅力**

日常生活中有很多物美价廉的商品，这类商品占据了市场的一部分，但在现有的市场中却很难再打开一个新的突破口，原因之一就是其包装的问题。很多老牌国货还沿用 20 世纪的包装，完全不符合现代人的审美。虽然这些老牌国货在质量上有着很好的口碑，但是做好内在的同时，是否也应该兼顾一下外观，毕竟现在的商品种类繁多，人们的审美需求也提高了，所以，内外兼修的商品应该会更受消费者的青睐！

下面介绍两款不但好用，而且外观都是艺术品级别的高颜值国货。

一款是花西子，东方佳人，绝世独立。花西子致力于打造凸显中华女性之美的彩妆品牌。花西子的彩妆都是中国风，所选择的形象代言人是典型的东方美女杜鹃。设计师将彩妆盘中粉体做成了浮雕的形态，而且是那种东方工艺独具的风格，让人一看到这种雕刻工艺，就知道来自中国。拿到手之后，你一定会感叹，一件化妆品怎么能做得如此精致！精致到凤凰的羽毛、叶子的纹路都清清楚楚。

图 5-41 所示的彩妆盘外形像一个屏风，每一块颜色都有不同的图案。当你仔细看时，会发现中间的红色上有一只凤凰，两边的颜色上有仙鹤、鹰、雀这些鸟类，与“百鸟朝凤”的设计主题完美契合。传说中，凤凰本是普通的鸟，只因百鸟衔羽报恩，所以才有了华丽的羽毛。

另一款中国风的彩妆艺术品是毛戈平故宫 IP 碧日良辰眼影盘，如图 5-42 所示。以美景入画，以神韵入眸，小小的眼影盘，承载了天辽地阔、地大物博的锦绣河山。

图 5-41　花西子百鸟朝凤浮雕彩妆盘

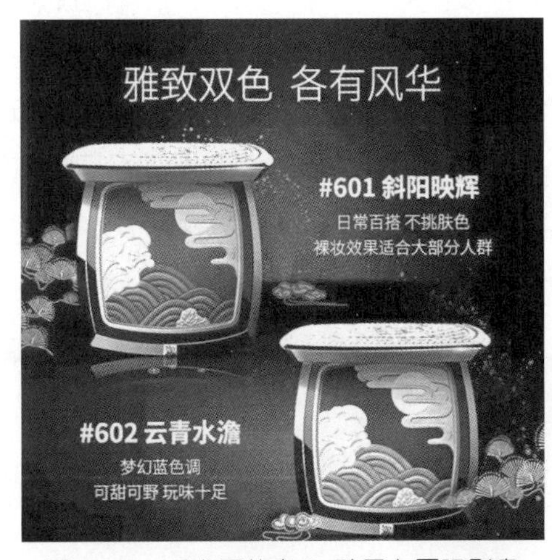


图 5-42　毛戈平故宫 IP 碧日良辰眼影盘

（资料来源：作者根据网络资料整理。）

## 5.2.1 瓶类包装设计概述

在 Illustrator 中，3D 效果是一个非常强大的功能，它可以将平面的 2D 图形制作成立体的 3D 效果的图形，在应用 3D 效果时，还可以调整对象的角度和透视，添加光源和贴图。

1. 3D 凸出和斜角

“凸出和斜角”命令通过挤压的方法为路径增加厚度来创建立体效果。图 5-43 所示为一个文字图形，将其选中后执行“效果”→“3D”→“凸出和斜角”菜单命令，在弹出的“3D 凸出和斜角选项”对话框中设置参数（图 5-44），单击“确定”按钮，即可拉伸出 3D 效果，如图 5-45 所示。

Illustrator

图 5-43　文字图形

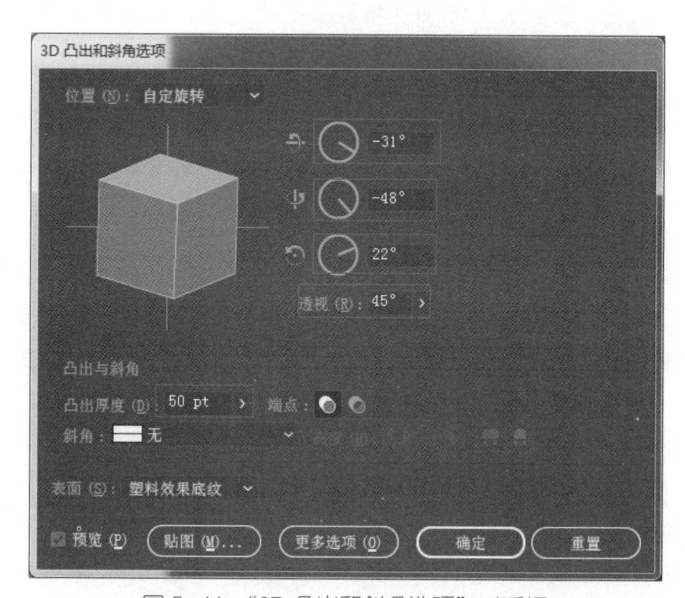


图 5-44　“3D 凸出和斜角选项”对话框

图 5-45　3D 效果展示

“3D 凸出和斜角选项”对话框中的主要参数说明如下。

▲位置：可以选择一个系统预设的旋转角度，如果想要自由调整角度，可以拖动画框左上角视图窗口内的立方体；如果想要使用准确的角度旋转，可在“指定绕 X 轴旋转”“指定绕 Y 轴旋转”和“指定绕 Z 轴旋转”图标右侧的文本框中输入角度值。

▲透视：可以直接在文本框中输入数值，也可以单击右侧的箭头按钮，会出现一个滑块，拖动滑块即可调整透视，应用透视可以使立体效果更加真实。

▲凸出厚度：用来设置挤压厚度，厚度值越大，3D 对象的厚度越大。

▲端点：单击“开启端点”按钮，可创建实心的 3D 对象；单击“关闭端点”按钮，可创建空心的 3D 对象。

▲斜角：在“斜角”下拉列表框中，可以选择一种斜角样式，创建带有斜角的 3D 对象。

2. 3D 绕转

“绕转”命令可以将图形沿自身的 $Y$ 轴绕转成为立体图像。图 5-46 所示是瓶子一半的剖面路径图，将其选中，执行“效果”→“3D”→“绕转”菜单命令，在弹出的“3D 绕转选项”对话框中设置参数(图 5-47)，单击“确定”按钮，可将它绕转成为一个瓶子，效果如图 5-48 所示。

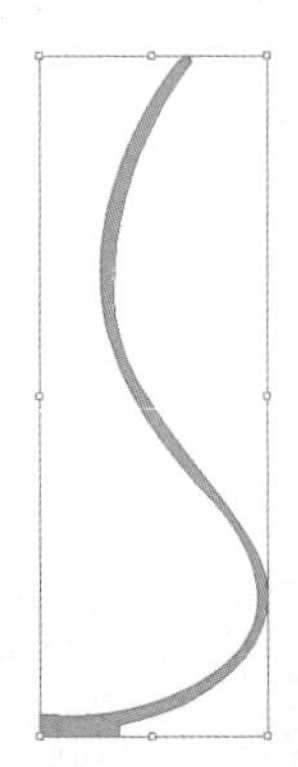

图 5-46 瓶子一半的剖面路径图

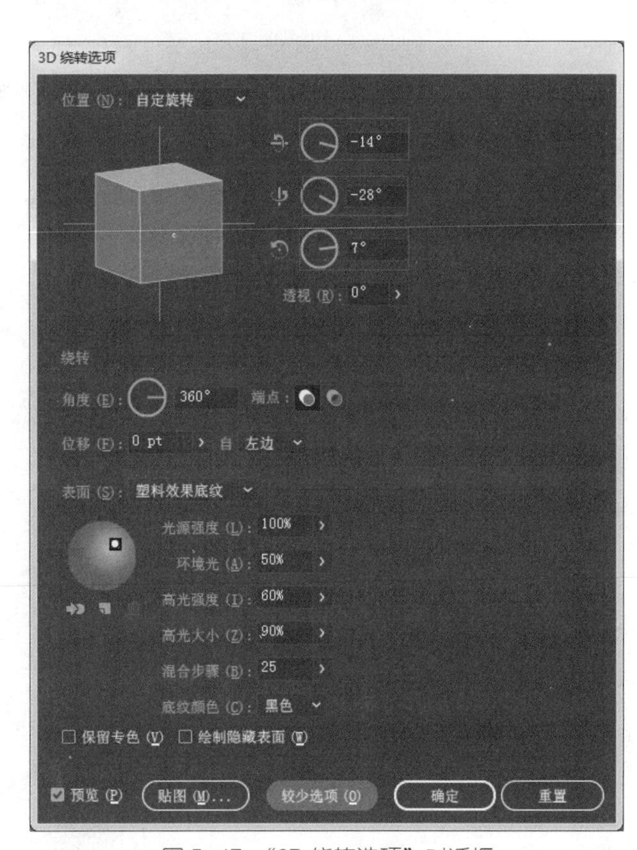


图 5-47 “3D 绕转选项”对话框

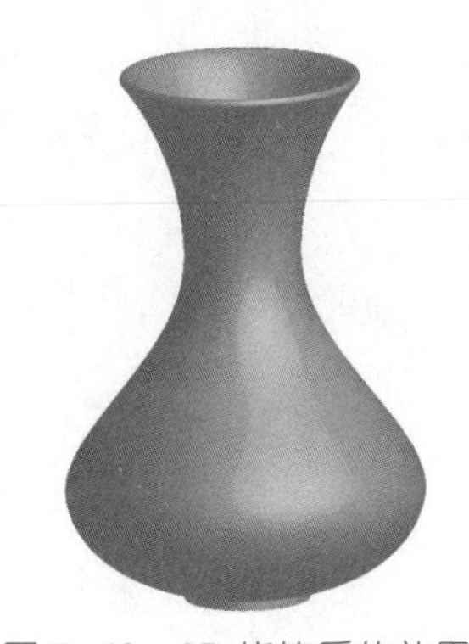

图 5-48 3D 绕转后的效果

“3D 绕转选项”对话框中的主要参数说明如下。

▲角度：用来设置对象的绕转角度，默认为 360°，此时绕转出的对象为一个完整的立体对象，如果角度小于 360°，对象上会出现断面。

▲位移：用来设置绕转对象与自身轴心的距离，该数值越大，对象偏离轴心越远。

▲自：用来设置绕转的方向，如果用于绕转的图形是最终对象的右半部分，则应选择左边。如果选择从右边绕转，则会产生错误的结果。

3. 3D 旋转

“旋转”命令可以在一个虚拟的三维空间中旋转对象。被旋转的对象可以是一个图形或图像(图 5-49)，也可以是一个通过执行“凸出和斜角”或“绕转”菜单命令产生的 3D 对象。3D 旋转图像后的效果如图 5-50 所示。

图 5-49　Illustrator 启动页图像

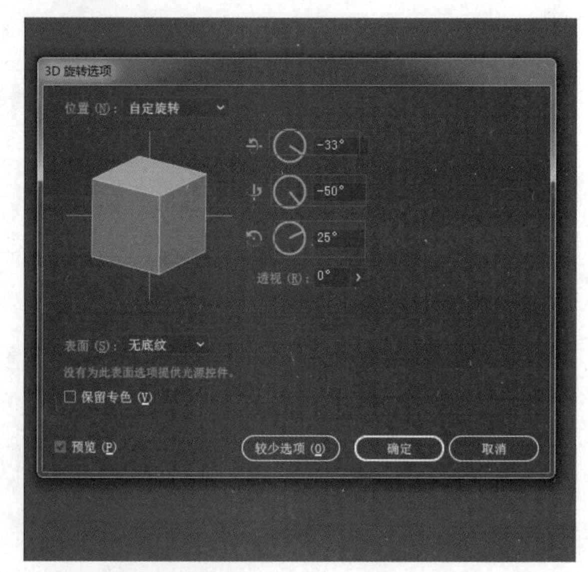


图 5-50　3D 旋转启动页图像后的效果

### 5.2.2　非常可乐瓶设计制作案例

图 5-51　非常可乐瓶设计 3D 效果展示

**案例内容**

本案例为非常可乐瓶设计，根据瓶子的特点，在包装设计上要充分考虑到首尾衔接处的设计效果。

非常可乐瓶设计 3D 效果如图 5-51 所示。

**操作步骤：**

步骤 01　执行“文件”→“新建”菜单命令，在弹出的“新建文档”对话框中设置“单位”为“毫米”，“宽度”为“210mm”，“高度”为“297mm”，单击“创建”按钮完成操作（图 5-52）。选择工具箱中的矩形工具■，在画板中单击，弹出“矩形”对话框，创建“宽度”为“195mm”，“高度”为“31mm”的矩形，并填充为红色（图 5-53、图 5-54）。

图 5–52　新建一个 A4 画板

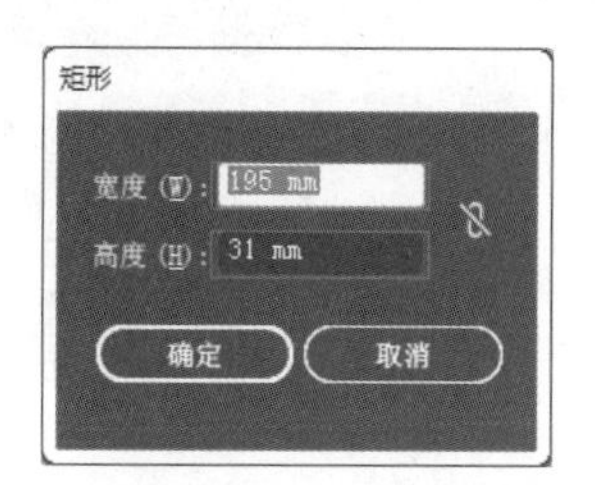

图 5–53　创建 195mm × 31mm 的矩形

图 5–54　将矩形填充为红色

步骤 02　再次使用矩形工具■，创建一个“宽度”为“57.5mm”，“高度”为“8.9mm”的矩形（图 5-55），在矩形的右侧绘制一个“宽度”为“8.7mm”，“高度”为“1.5mm”的矩形，并复制出 4 个，将其中一个矩形旋转 30°，摆放成手的形状并进行编组，如图 5-56 所示。

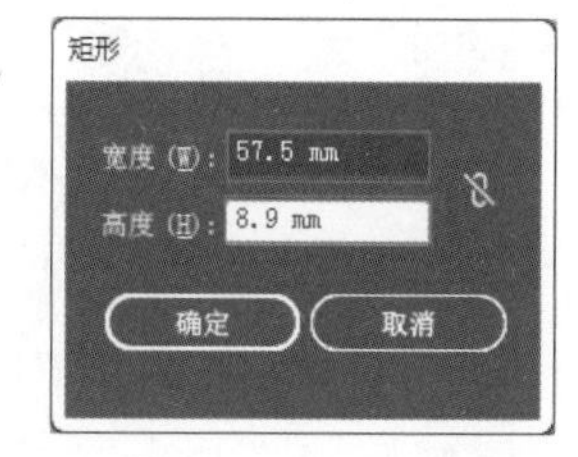

图 5–55　创建 57.5mm × 8.9mm 的矩形

图 5-56　绘制 5 个小矩形摆放成一只手的形状

步骤 03　将绘制的手图形选中，使用选择工具，按住 Alt 键，用鼠标拖拽多次复制手图形并改变颜色，进行排版，如图 5-57、图 5-58 所示。

步骤 04　在红色的背景上置入图片“非常可乐 logo.psd”，选择工具箱中的文字工具，输入相应的文字并进行排版，如图 5-59 所示。

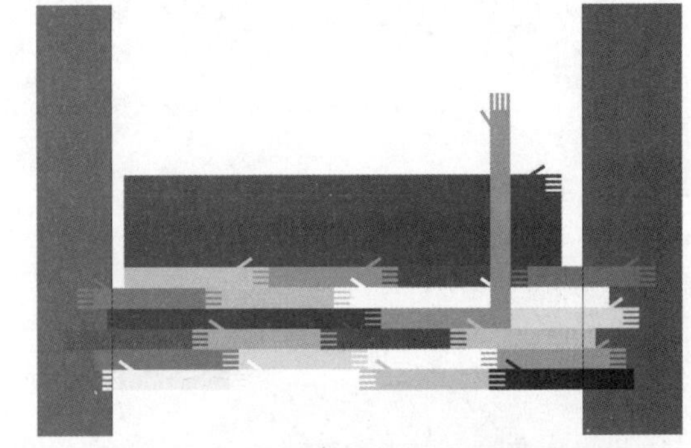

图 5-57　复制手图形并改变颜色

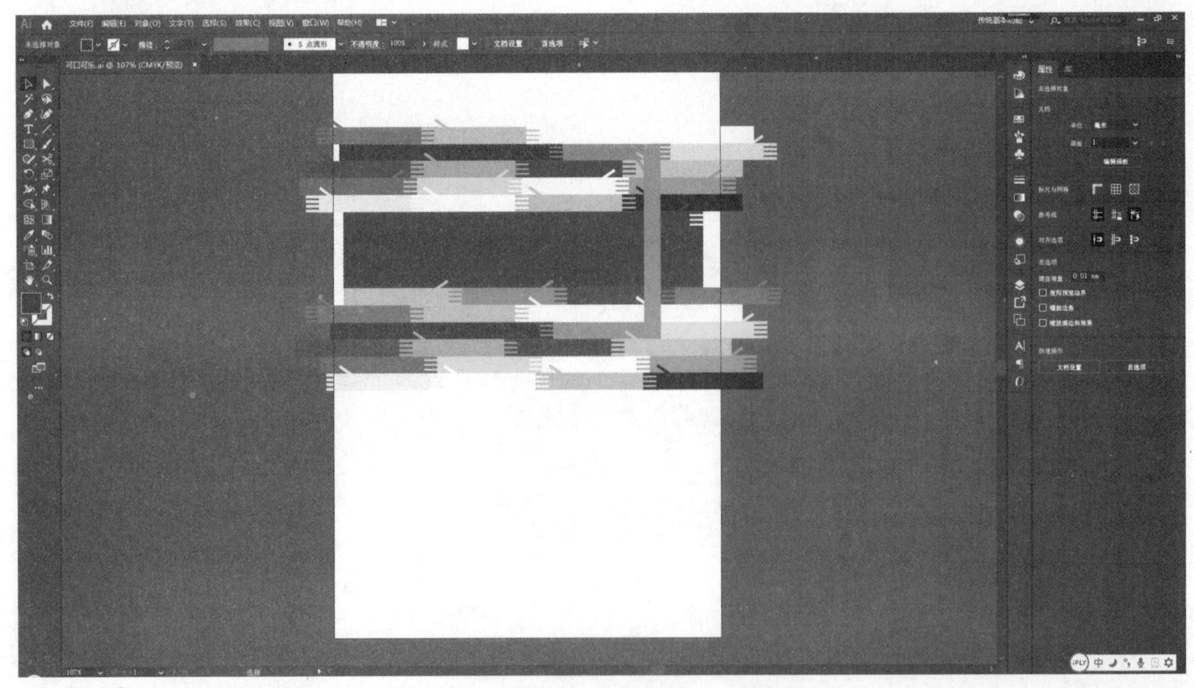

图 5-58　进行排版

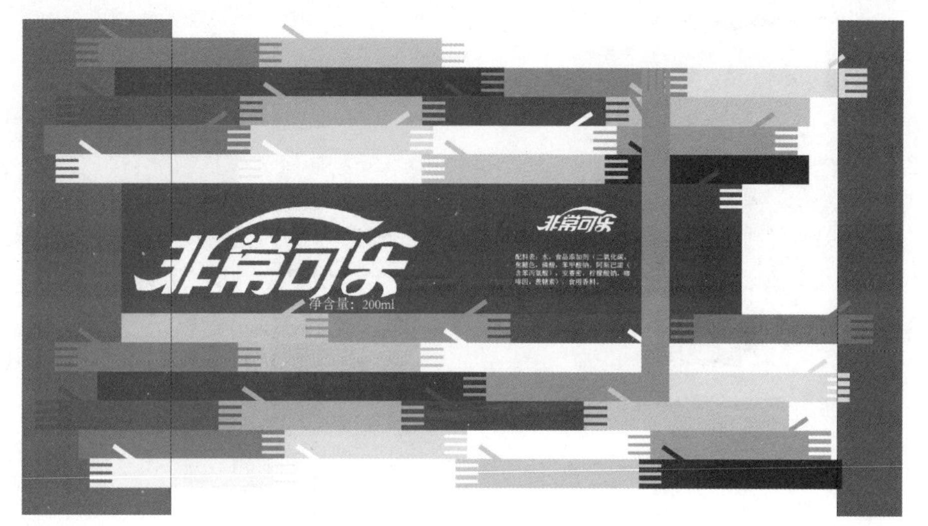


图 5-59　置入图片素材，输入相应文字并进行排版

步骤 05　执行“窗口”→“符号”菜单命令，弹出“符号”面板，将画面中的图形拖拽到“符号”面板中(图 5-60)，在弹出的“符号选项”对话框中输入“名称”为“可乐瓶包装”，单击“确定”按钮(图 5-61)。如果画面中的图片不是嵌入状态，则无法创建符号，创建成功后的“符号”面板如图 5-62 所示。

图 5-60　将画面中的图形拖拽到“符号”面板中

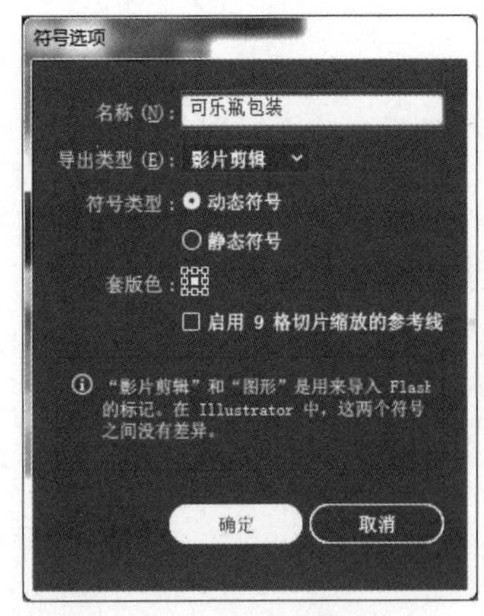


图 5-61 “符号选项”对话框

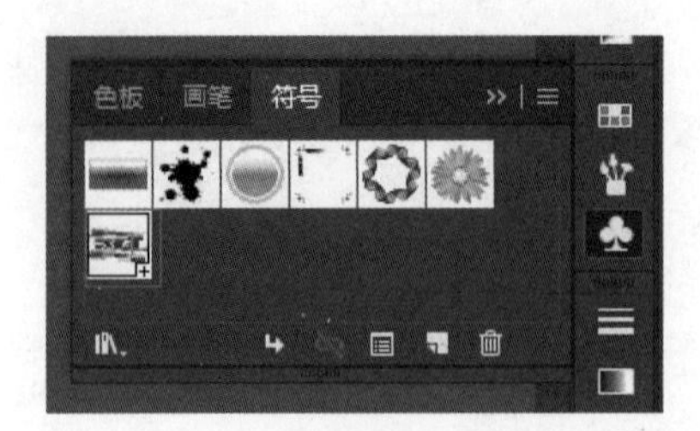


图 5-62 创建成功后的“符号”面板

步骤 06 执行“文件”→“置入”菜单命令，将图片素材“可乐瓶 .jpg”置入画面（图 5-63）。使用工具箱中的钢笔工具，绘制出瓶子一半的剖面图路径（图 5-64）。在绘制时，为了便于抠图，可以将“填充色”设置为“无”，“描边颜色”设置为“黑色”。

图 5-63 置入图片素材

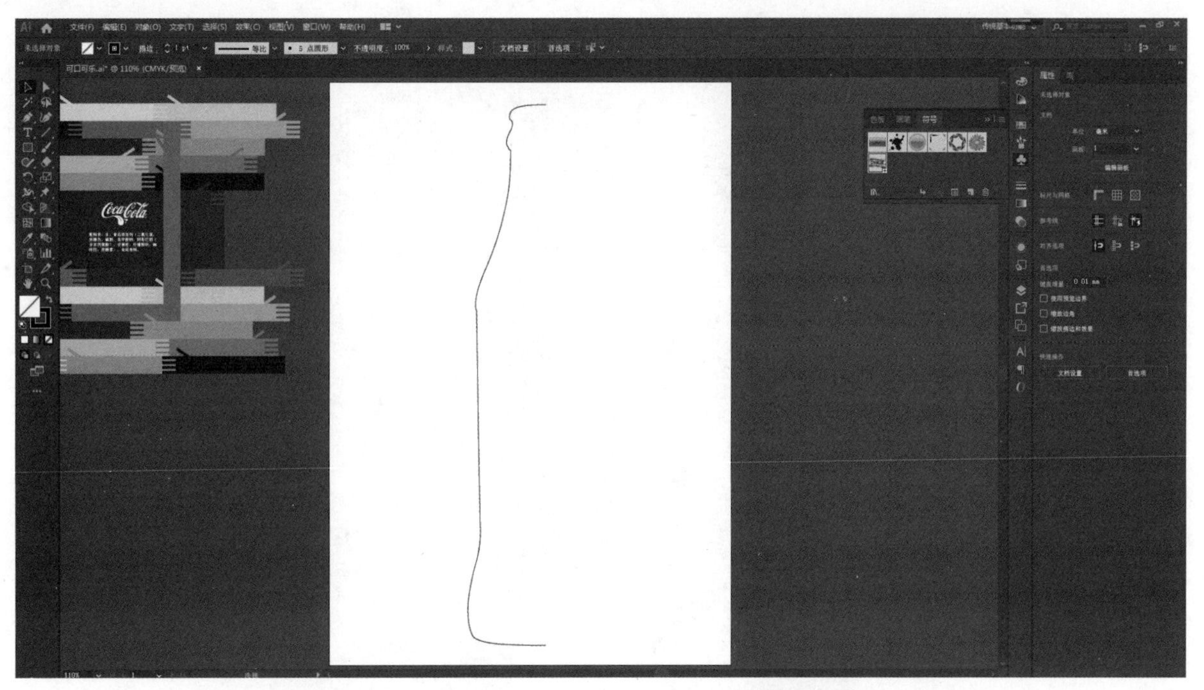

图 5-64　利用钢笔工具绘制出瓶子一半的剖面图路径

步骤 07　选中所绘制的路径，执行“效果”→“3D”→“绕转”菜单命令（图 5-65），在弹出的“3D 绕转选项”对话框中设置参数（图 5-66），使用绕转命令后瓶身显示为黑色，将图形的描边颜色设置为“无”，填充色设置为“白色”。

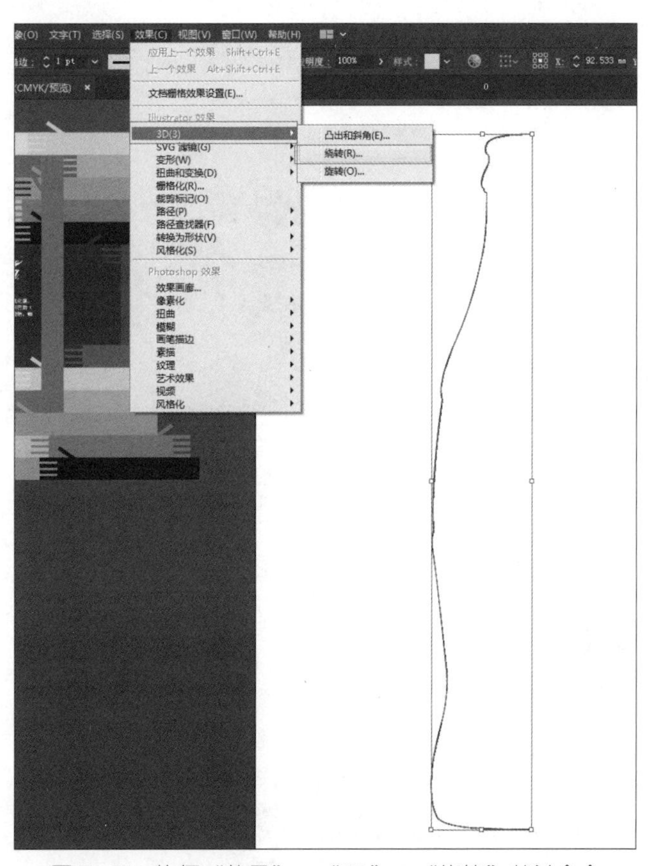

图 5-65　执行“效果”→“3D”→“绕转”菜单命令

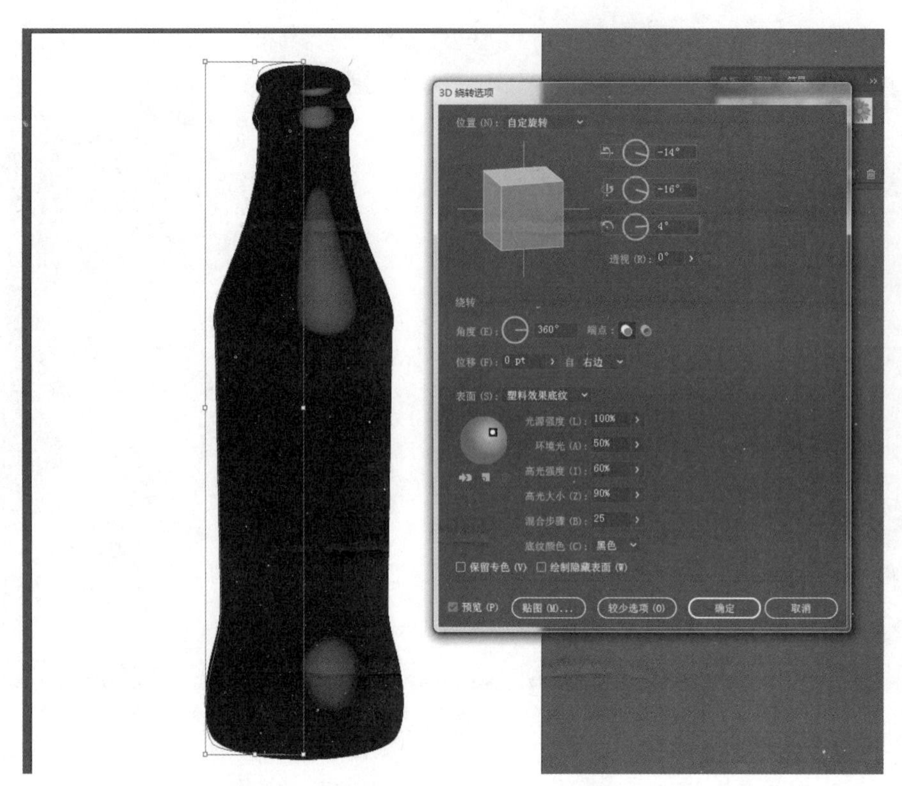


图 5-66 “3D 绕转选项”对话框

步骤 08 执行“窗口”→“外观”菜单命令，打开“外观”面板，在“外观”面板中单击“3D 绕转”按钮，弹出“3D 绕转选项”对话框，单击“贴图”按钮，弹出“贴图”对话框，单击“符号”后面的下拉按钮，选择自定义好的符号，并在瓶身表面依次选择，直到选中瓶身贴图片的部分，勾选“贴图具有明暗调”复选框，如图 5-67 所示。

图 5-67 打开“贴图”对话框

步骤09　将瓶子复制并粘贴一个，在“外观”面板中激活3D绕转命令，改变一下视图角度后再次贴图，如图5-68所示。

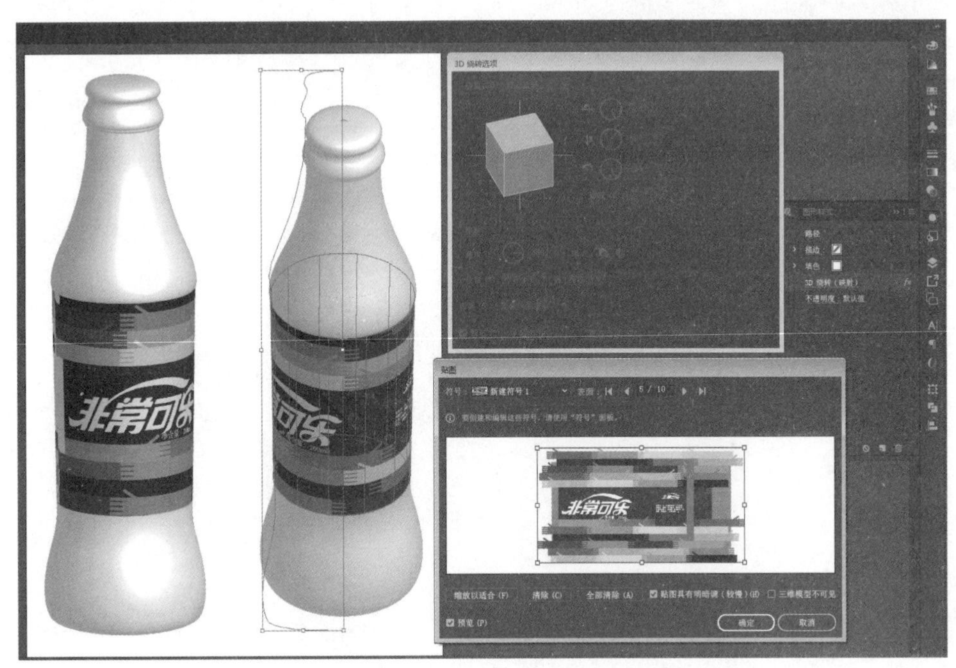

图5-68　复制并激活3D绕转命令改变视图角度

## 5.3　系列产品包装设计

【故事导读－品牌年轻化的正确方式】

### 教学目标

1. 了解系列产品包装的概念；
2. 掌握系列包装的设计方法；
3. 掌握系列产品设计的调整与表现。

### 故事导读

**品牌年轻化的正确方式**

说起大白兔奶糖，相信会勾起很多人的回忆，它就是怀旧的代名词（图5-69）！如今的大白兔奶糖不仅在产品上创新，而且紧跟时代潮流，它甚至玩起了跨界，还很成功，并获得了无数年轻消费者的认可和青睐，所合作的跨界新品也一度成为“网红”，可谓势不可当。大白兔奶糖诞生于1959年，由上海冠生园出品，现在它已成功走上了品牌年轻化之路。

1. 产品创新“新”口味

品牌年轻化并不只是品牌形象和营销的重塑，最核心的是产品。那么，“大白兔”在产品上是如何创新的呢？

在当时物资匮乏的中国，“7粒大白兔奶糖能泡成一杯牛奶”的说法让大白兔奶糖一跃成为国民的奢侈品。1972年，大白兔奶糖更是作为中美建交的礼物，登上了外交舞台。但是随着物质生活日益丰富，消费者要求也越来越高，“猎奇”和“尝新”的心理诉求逐步扩大，大白兔奶糖的软香经典原味已经远远不能满足市场需求。为此，大白兔奶糖在产品上持续创新，从最初的原味，到现在的多口味系列包装有巧克力味、酸奶味、红豆味、玉米味和清凉味，甚至在60周年之际推出了抹茶和冰淇淋新口味，颇受好评（图5-70和图5-71）。

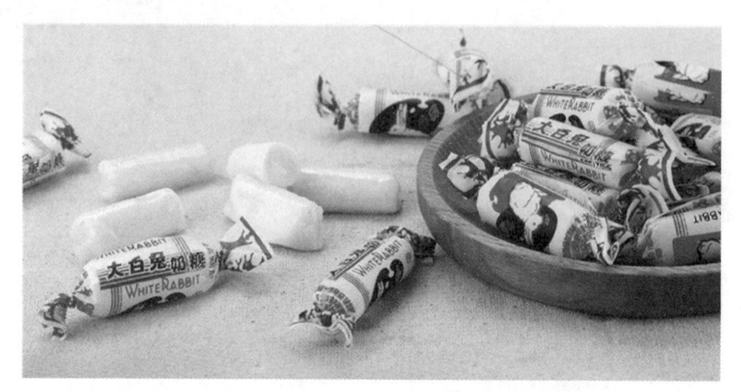


图5–69　大白兔奶糖经典包装

图5–70　大白兔奶糖多口味系列包装

图5–71　60周年之际推出抹茶和冰淇淋新口味

2. 包装设计“新”形象（图5-72）

时下的年轻群体对于产品的外观包装也有了比以往更高的要求。根据“杜邦定律”，63%的消费者会根据商品的包装作出购买决策，因此产品差异化包装对于品牌年轻化，也是一大助力。2016年，大白兔奶糖与法国时尚品牌agnès b.合作，由agnès b.资深设计师设计，中西文化碰撞、经典与时尚结合，共同推出限量版糖果礼盒（图5-73），它包括蓝色和粉色两个版本，这打破了中华老字号品牌原有的传统形象，大白兔奶糖自此也开启了跨界营销的大门。

图 5-72 包装设计“新”形象

图 5-73 限量版糖果礼盒

（资料来源：作者根据网络资料整理。）

### 5.3.1 系列产品包装设计概述

系列产品包装设计的好处在于，它既有多样的变化美，又有统一的整体美；在货架上陈列展示时系列产品包装效果更加强烈，让人容易识别和记忆，并能缩短设计周期，方便制版印刷，便于新产品的发布；增强广告宣传的效果，加深消费者的印象，扩大品牌影响力（图 5-74）。

图 5-74 哈乐多犬粮系列包装设计

1. 系列产品包装设计的作用

随着社会生产的不断扩大，市面上的产品也越来越丰富，产品包装在广告宣传方面占有越来越重要的地位。产品的系列化包装可以更好地提升人们对商品的关注度。系列化包装不仅可以扩大影响，形成品牌效应，还可以大大缩短其设计的周期，节约很多的设计时间，从而使设计师有更多的时间设计新产品。在印刷阶段，由于系列包装部分印版的共享，大大节约了生产成本，也节省了制版时间。在激烈的市场竞争中，包装的促销作用也日益明显，系列包装设计的应用也越来越受到人们的重视。

2. 系列产品包装设计的内容

（1）风格统一。系列化设计包含形态、大小、构图、形象、色彩、商标、品名、技法 8 项元素。一般情况下，商标、品名、技法这 3 项元素是不能改变的，其余 5 项元素至少有一项不变，就可以产生系列化效果，这样就使得系列化包装设计的整体风格十分统一，增强了产品之间的关联性。

（2）一个系列的产品数目相对较多。很明显，如果一个产品采用的是系列化包装设计，那么同一系列的产品最少是两种，一般都会多于两种，这样有助于提高该产品的销售量。

（3）符合美学的“多样统一”原则。系列产品包装设计的每个单体都有各自的特色和变化。同时，每个单体包装相互之间又形成有机的组合，产生整体美效果，这使得种类繁多的系列产品既有多样的变化美，又有统一的整体美，如图 5-75 所示。

图 5–75　中华老字号老四川系列包装设计

3. 系列产品包装设计的原则

系列产品包装与单独产品包装的设计原则是一样的。

（1）实用原则。包装的基本功能是保护、放置和展现产品。设计师在进行包装设计时，如果不考虑包装对产品的保护作用，只注重外观，那么再有吸引力的包装，都不是合格的包装。此外，设计师在设计包装时，还需要考虑运输和使用等问题，应力求设计出运输方便、使用方式简单、造型实用的包装。

（2）商业性原则。包装要具备商业价值。其商业价值主要体现在企业收益和产品的销售数量上。企业通过包装设计吸引用户对产品的注意力，引导用户购买产品。

为了增强包装设计的商业性，设计师必须先做好市场调查，全面了解预备设计的产品的市场情况以及广大用户的需求及喜好，然后在设计时通过独特的造型、震撼的广告语、突出的色彩来吸引用户，提升用户购买欲。

（3）原创性原则。包装设计的原创性主要体现在理念与造型两方面。优秀的原创包装能够表达出该产品的设计理念，给用户留下深刻的印象，而独特的造型，可以吸引用户的注意。设计师要进行原创设计，可以使用有创意的图案或造型，也可以结合传统元素与日常生活，体现独特的理念。

（4）便利性原则。包装设计的便利性主要体现在产品包装的外形上，如在搬运、拿、握或携带产品时有一定的舒适感、轻便感。设计师在进行包装设计时，包装各部分的比例、尺寸应考虑人手部的生理功能和抓、握舒适度。

（5）艺术性原则。包装的艺术性主要指包装在外观形态、主观造型、结构组合、材料质地、色彩搭配、工艺形态等方面表现出来的特征，给用户美的感受。

（6）统一性原则。统一性原则主要是指产品之间的关联性，即符合美学的“多样统一”原则。

### 5.3.2 果味香皂系列包装设计案例

**案例内容：**

本案例属于系列包装设计。当今市场的多元化发展，使同一品牌的产品多种多样，并成为系列产品。系列产品包装的设计要求突出高度统一的品牌形象和产品不同的特性。

果味香皂系列包装设计案例样式如图 5-76 所示。

图 5–76　果味香皂系列包装设计案例样式

**操作步骤：**

步骤 01　执行“文件”→“新建”菜单命令，在弹出的“新建文档”对话框中设置“单位”为“毫米”，“宽度”为“210mm”，“高度”为“297mm”，单击“创建”按钮完成操作，如图 5-77 所示。

图 5–77　新建文档

步骤 02　选择工具箱中的矩形工具，用鼠标左键单击画板，弹出“矩形”对话框，创建 3 个矩形，尺寸分别为：95mm × 60mm、95mm × 35mm、35mm × 60mm，如图 5-78 ～图 5-80 所示。

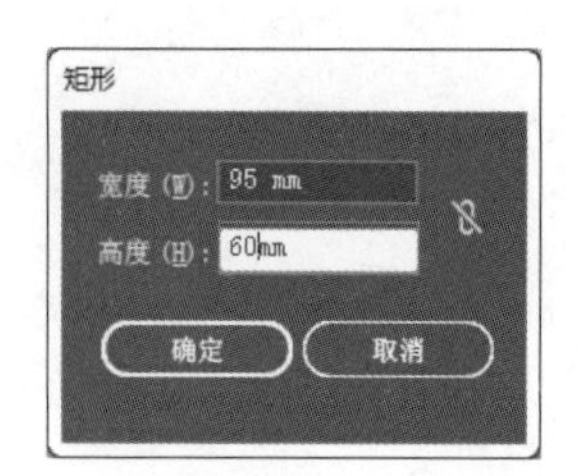

图 5–78　创建 95mm × 60mm 的矩形

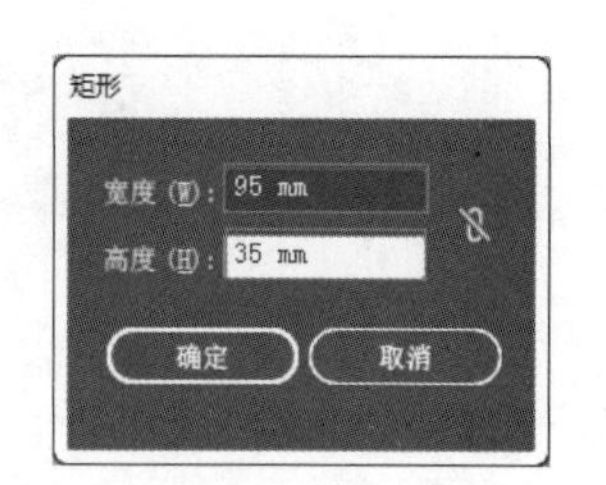

图 5–79　创建 95mm × 35mm 的矩形

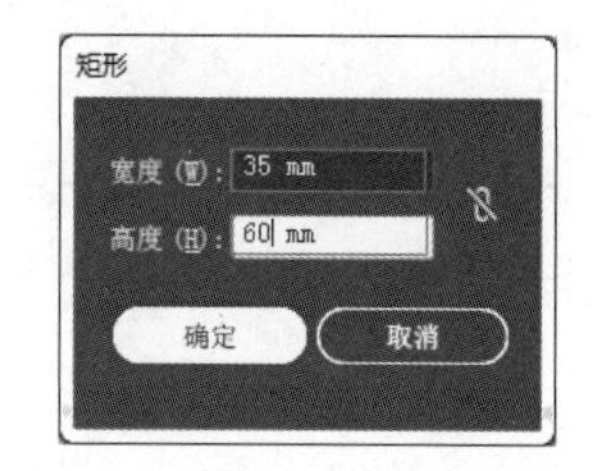

图 5–80　创建 35mm × 60mm 的矩形

步骤 03　调整 3 个矩形的位置（图 5-81），全选 3 个排列好的矩形，单击鼠标右键，执行“变换”→“对称”菜单命令（图 5-82），选择垂直对称选项并按复制按钮；将新创建的 3 个矩形的位置进行调整，拼成包装展开图（图 5-83）。

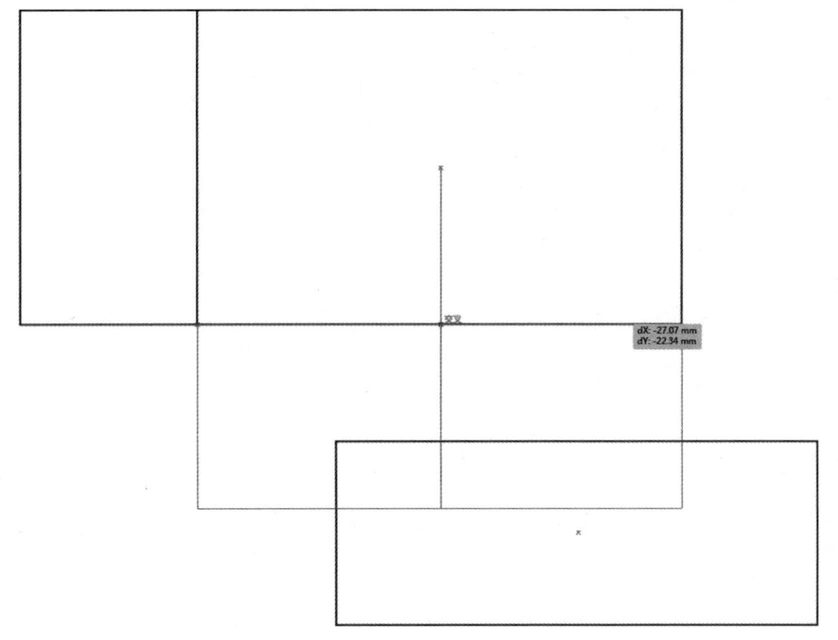


图 5–81　调整 3 个矩形的位置

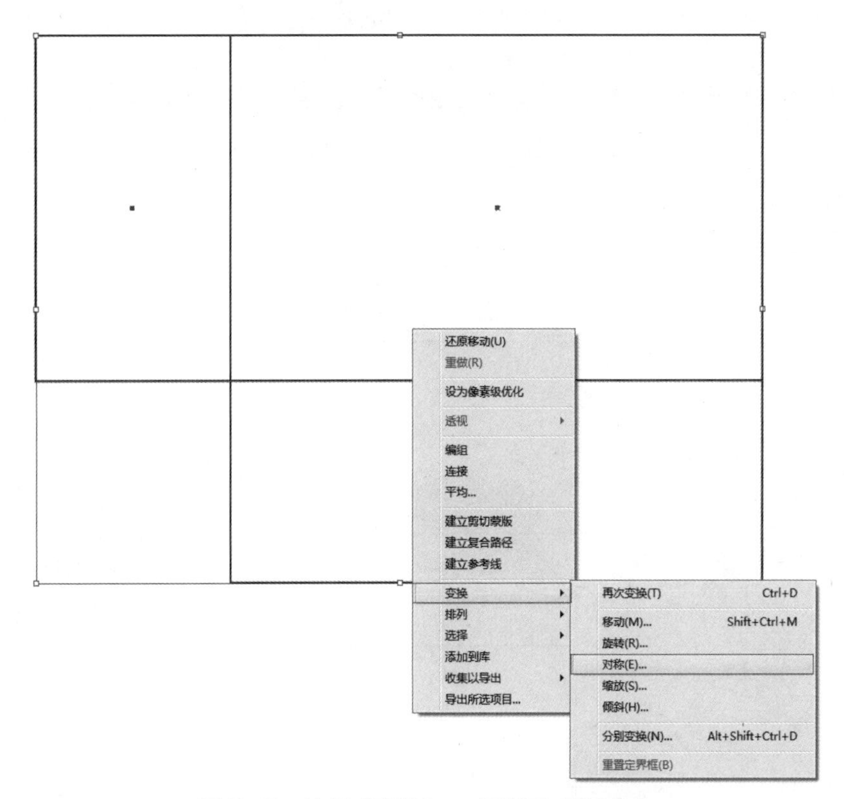


图 5–82　执行“变换”→“对称”菜单命令

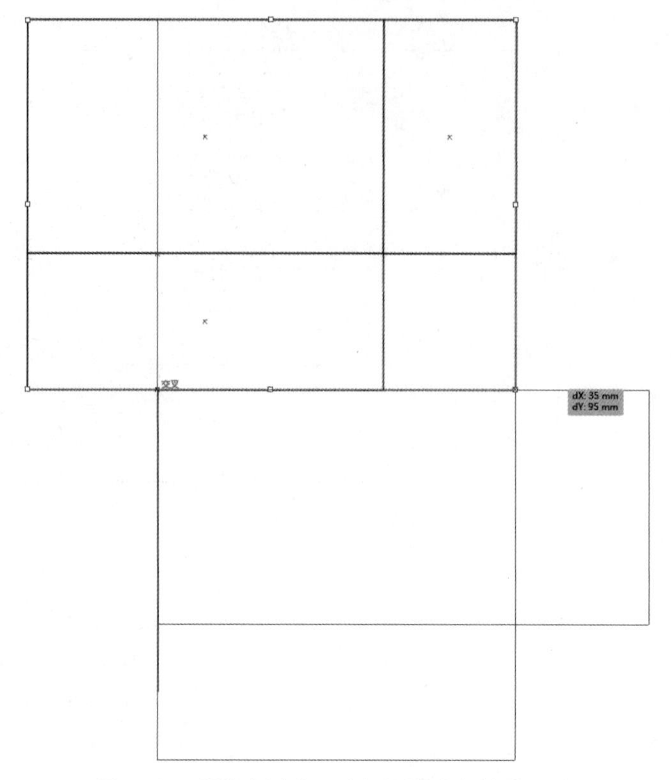


图 5–83　将新创建的 3 个矩形拼成包装展开图

步骤 04　在 6 个矩形面的基础上创建新的矩形来做摇盖和防尘翼，使用工具箱中的直接选择工具添加摇盖和防尘翼并进行倒角（图 5-84）。新建图层 2，并将上述包装的 6 个展示面复制到新图层中，如图 5-85 所示。

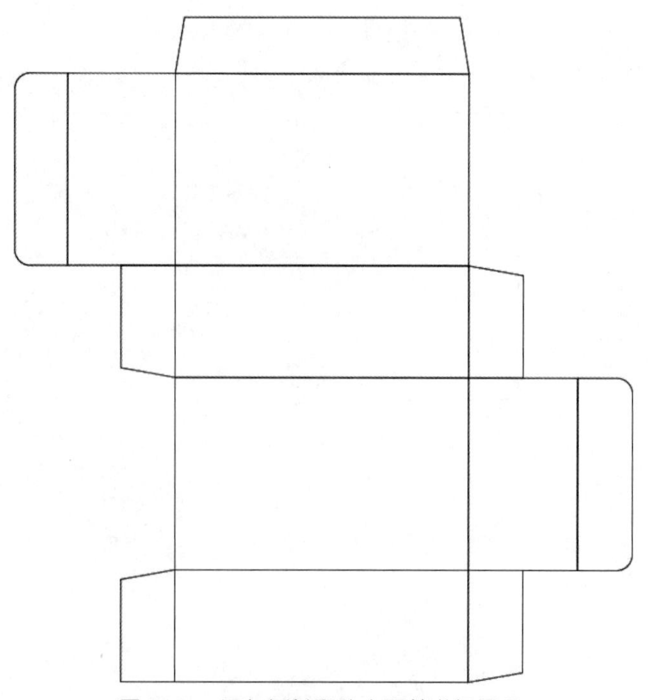

图 5–84　添加摇盖和防尘翼并进行倒角

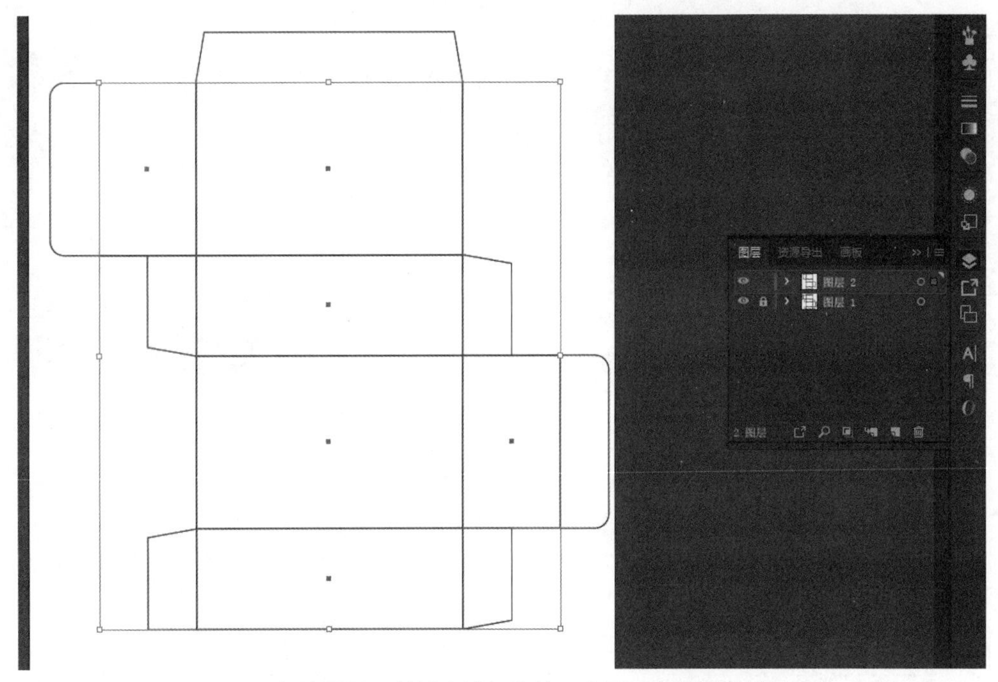


图 5–85 新建图层 2 并将上述包装的 6 个展示面复制到新图层中

步骤 05 执行“文件”→“打开”菜单命令，打开“矢量图形素材 .ai”文件，将文件内橙子味包装的所有图形素材都复制到画板中，如图 5-86 所示。

图 5–86 将所有图形素材复制到画板中

步骤 06　将复制到画板中的图形素材进行排版，如图 5-87 所示。

步骤 07　分别使用圆角矩形工具、椭圆工具、文字工具绘制侧面的广告语展示部分（图 5-88）；使用文字工具输入文字、置入“条形码 .jpg”文件，进行展开图的排版，如图 5-89 所示。

图 5–88　绘制侧面的广告语展示部分

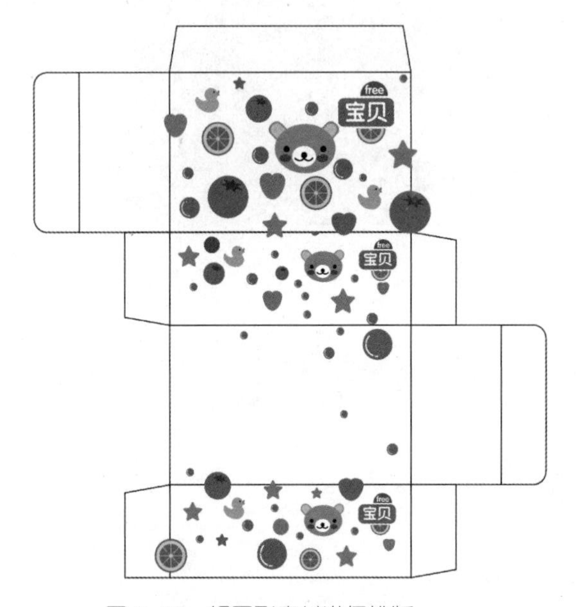


图 5–87　将图形素材进行排版

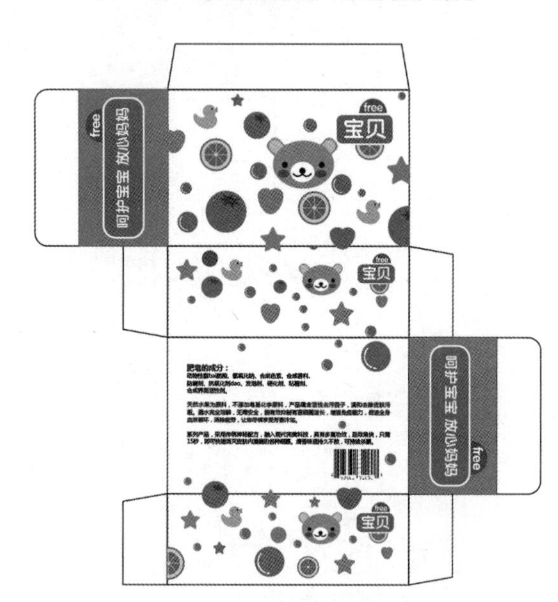


图 5–89　输入文字并置入条形码文件

步骤 08　再次复制草莓味和葡萄味的图形素材并进行排版设计，如图 5-90 所示。使用画板工具在文件中新创建两个画板，并将设计好的展开图复制两个到新画板中，如图 5-91 所示。

图 5–90　草莓味和葡萄味的图形素材

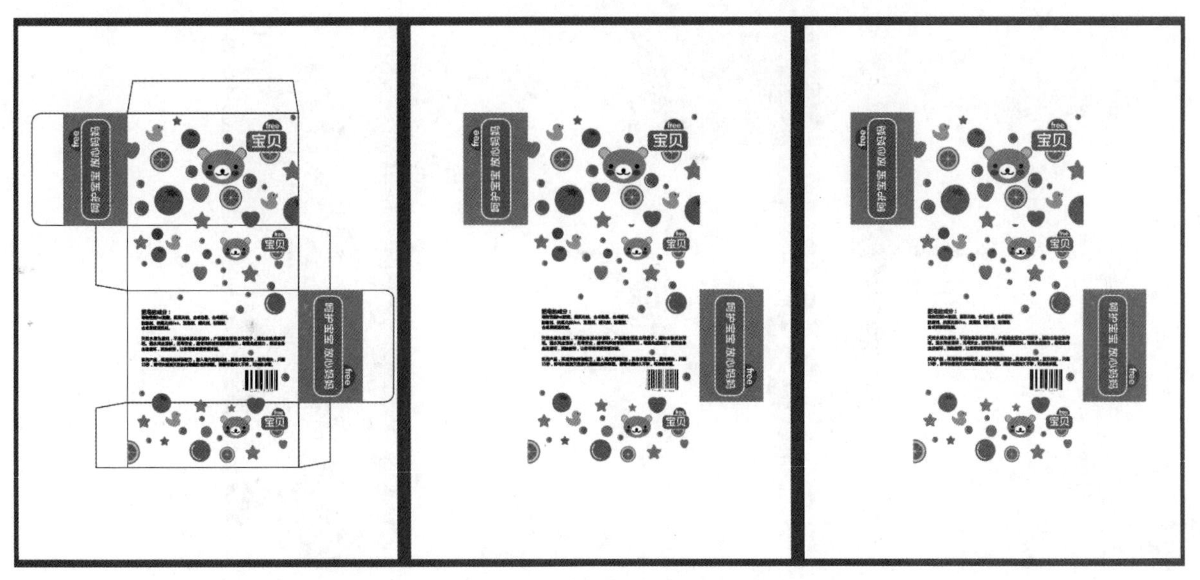


图 5–91　在文件中新建两个画板并复制到新画板

步骤 09　将新复制的水果口味图形替换成第一个设计并修改色系，如图 5-92、图 5-93 所示。

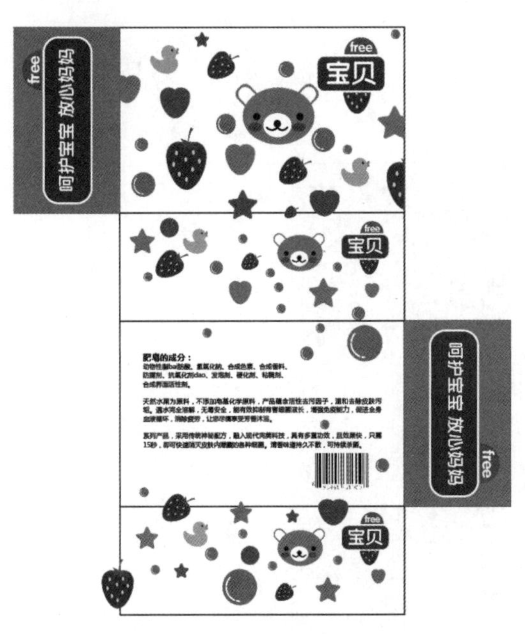


图 5–92　草莓味产品包装

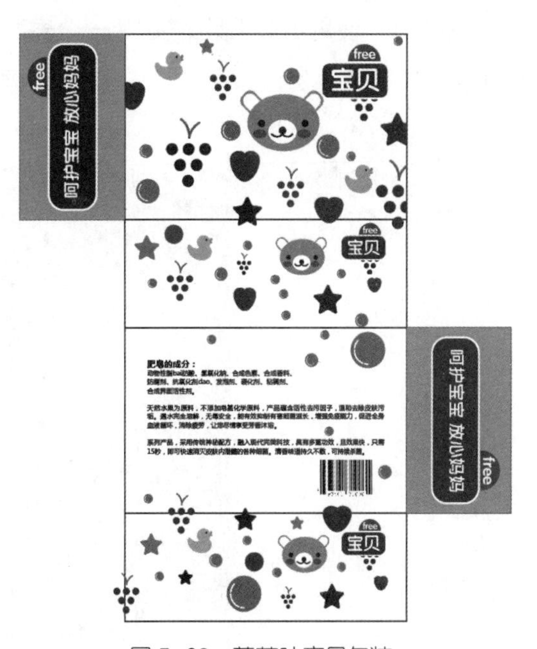


图 5–93　葡萄味产品包装

步骤 10　制作 3D 效果图。将文件中需要贴图用的 3 个展示面进行剪切蒙版并添加为符号，以便进行贴图，如图 5-94 所示。

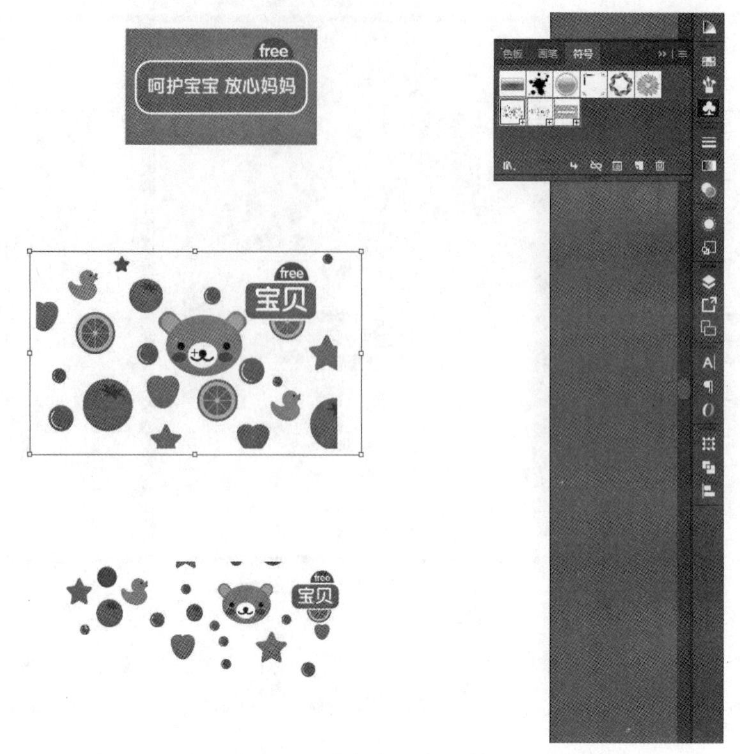


图 5-94　将 3 个展示面进行剪切蒙版并添加为符号

步骤 11　使用矩形工具创建一个宽 95mm、高 60mm 的矩形，执行“效果”→“3D”→“凸出和斜角”菜单命令，在弹出的“3D 凸出和斜角选项”对话框中设置参数，如图 5-95 所示。

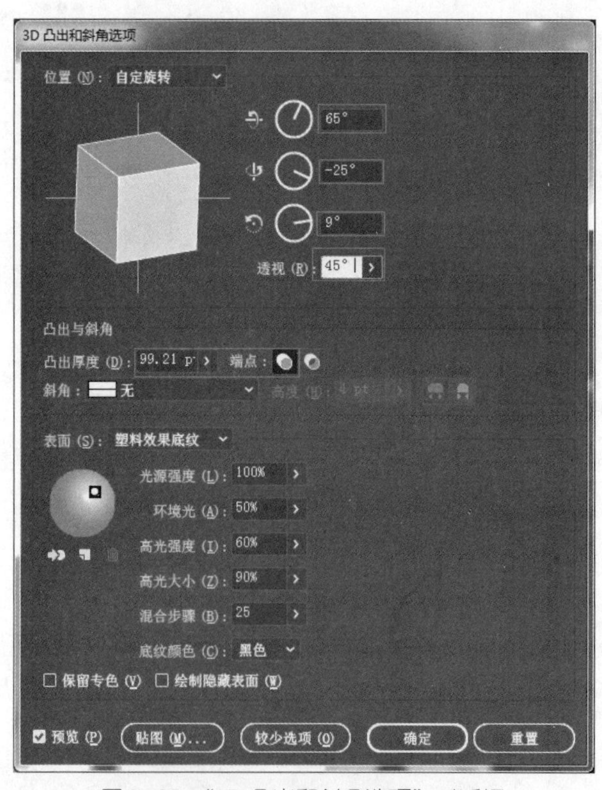


图 5-95　“3D 凸出和斜角选项”对话框

步骤 12　单击“3D 凸出和斜角选项”对话框中的“贴图”按钮，弹出“贴图”对话框，通过“表面”后的几个按钮依次找到前面的 3 个展示面，每选择好相应的一个面，便在“符号”下拉列表中找到相应的贴图，如图 5-96 所示。

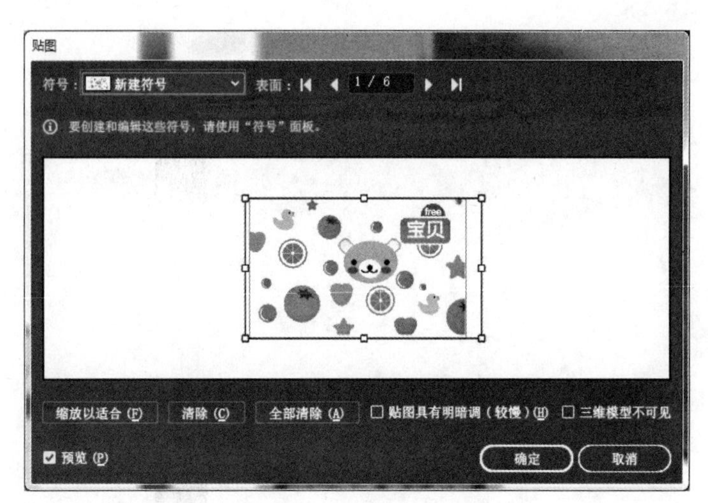


图 5-96　“贴图”对话框

步骤 13　将另外两种水果口味的包装也进行相应的效果制作，最终完成产品的系列包装展开图，如图 5-97 所示。

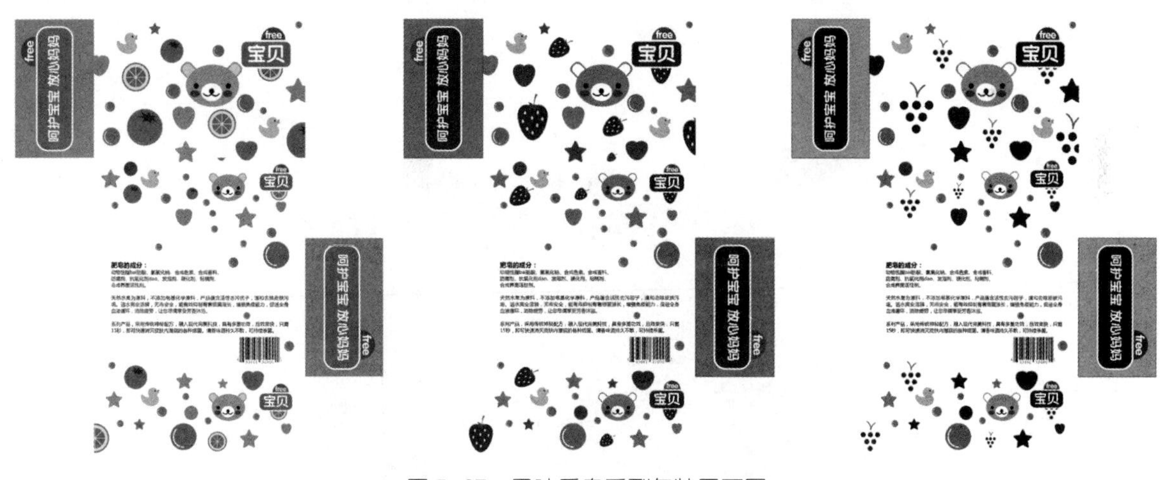


图 5-97　果味香皂系列包装展开图

# 本章小结

本章主要介绍了与包装设计相关的知识，包括食品包装设计、瓶类包装设计、系列产品包装设计 3 部分；学习了 Illustrator 软件的绘制方法和基本 3D 效果展示功能，包括包装结构设计与绘制、3D 效果的应用、图形的绘制、包装展示面的设计和绘制等。通过对案例的详细讲解，帮助读者提高设计表现力和工作效率，这些能力将帮助其更好地适应当前设计市场的需求。

# 思考与练习

1. 请给企业设计一款中秋月饼礼盒，要求有中秋节日的特色，并能够体现企业对客户的衷心祝福。设计效果可参考图 5-98。

图 5-98　中秋月饼礼盒设计效果

2. 设计一款 300ml 玻璃瓶的芒果汁包装设计，要求有展开图和 3D 效果展示，充分体现出该产品的特点，设计效果可参考图 5-99。

图 5-99　芒果汁包装设计效果

3. 设计茶叶礼盒的系列产品，该礼盒有红茶、绿茶、普洱和毛尖 4 种产品，要统一设计风格并区分产品自身特色，要求有 3D 礼盒效果展示。系列茶叶礼盒设计效果可参考图 5-100。

图 5–100　系列茶叶礼盒设计效果

## 关键词

包装　　包装结构　　系列包装　　3D 效果展示

## 知识延展

【材料是包装设计的重要表现手段】

现代包装设计是一门实用性极强的设计门类，设计师不能只停留在图形创意和计算机设计阶段，更应注重材质的特性与应用。优秀的现代包装设计应该是将好的设计创意与多元化的材料及工艺相结合，进而产生良好的视觉与触觉效果的产物。纸质材料在印刷效果、外观造型、绿色环保等方面都具有一定优势。因此，了解纸质材料的特性，可以帮助设计师更有效地进行包装设计。

# 第 6 章　企业形象设计

### 学习目标

通过本章的学习，让学生了解什么是企业形象设计，应该如何使用 Illustrator 软件进行制作，让学生更加灵活地运用软件中的工具与命令来达到设计意图。

### 学习要求

| 知识要点 | 能力要求 |
|---|---|
| 1. 标志制图、标准字、标准组合设计 | 1. 熟练运用 Illustrator 绘制 VI 设计基础部分 |
| 2. 办公用品设计 | 2. 能够使用 Illustrator 设计名片 |
| 3.UI 设计 | 3. 能够将企业形象风格带入 UI 设计中 |

### 思维导图

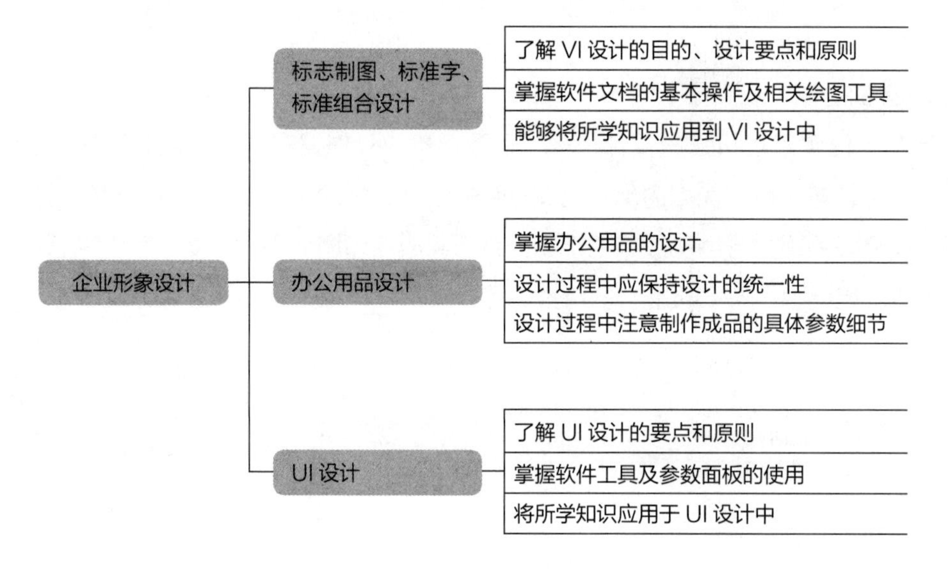

**故事导读**

## 良品铺子品牌形象设计升级

良品铺子在迎来其发展的第12周年之际，发布了全新的品牌VI形象。新的品牌VI形象最显著的变化是LOGO上的卡通形象“良品妹妹”消失了，变为类似印章的变体字“良”，如图6-1所示。

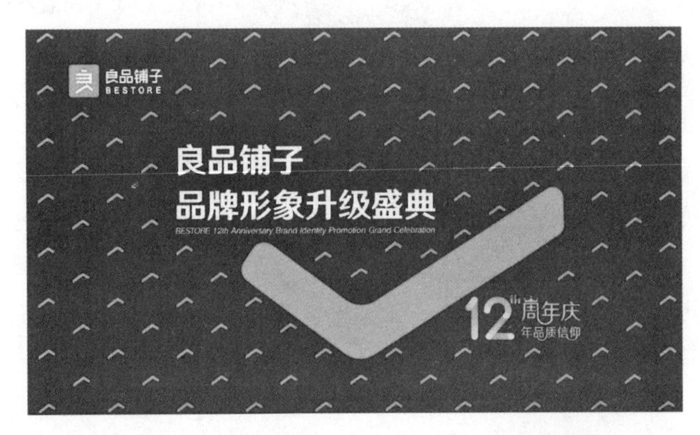

【故事导读－良品铺子品牌形象设计升级】

图6-1　良品铺子在12周年发布了全新的品牌LOGO

主标志“良”采用了削减笔画的表现形式，去掉了良字左侧的一竖及下半部分的一撇一捺，取而代之的是下方类似“倒对勾”形状的线条符号，如图6-2所示。

图6-2　“良”采用了削减笔画的表现形式

主标志“良”的每笔以相等的宽度为文字赋予了简洁的力量；横向平行的设计，实现平滑的视线流动；上窄下宽的字形结构，则带来稳定的信赖感；四边以圆角方形描绘轮廓，形成适当的比例与空间。

主标志“良”从中国传统的篆刻艺术中汲取灵感，寓意该企业回归创业初心、坚持“百里挑一”的品质理念；更以独一无二的“良品红”演绎新的品牌形象——一个年轻时尚、具有国际范儿的生活方式倡导者。良品铺子VI标志的周边衍生应用如图6-3所示。

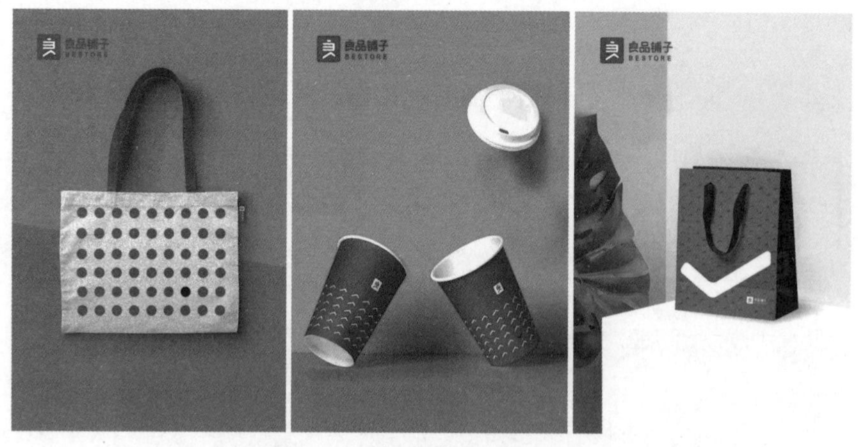

图 6–3　VI 标志的周边衍生应用

（资料来源：作者根据网络资料整理。）

# 6.1　标志制图、标准字、标准组合设计

**教学目标**

1. 了解 VI 设计的目的、设计要点和原则；
2. 掌握软件文档的基本操作及相关绘图工具；
3. 能够将所学知识应用到 VI 设计中。

**故事导读**

**传播中国文化，让东方美学走向世界**

以“东方彩妆，以花养妆”为定位的花西子品牌，带着使命感和责任感，传承中国文化和东方美学。

无论是产品设计、视觉设计还是包装设计，花西子都讲究融合与平衡。融合指的是古与今的结合，既有取自中国几千年中的经典器物，也有现代最前沿的工艺与材料；平衡指的是传统与时尚的取舍。花西子汲取苗银和苗绣这两种民族文化的精华，并采用创新的设计手法进行诠释，如图 6-4 所示。

【故事导读－传播中国文化，让东方美学走向世界】

图 6–4　花西子产品形象展示



（资料来源：作者根据网络资料整理。）

### 6.1.1 企业形象设计概述

1. 什么是企业形象识别设计

企业形象识别（Corporate Identity，CI）是将企业经营理念与精神文化，运用整体传达系统（特别是视觉传达设计），传达给企业的关系者或团体（包括企业内部与社会大众），使其对该企业产生一致的认同感与价值观。

当今市场竞争越来越激烈，企业之间的竞争已不只是产品质量、技术等方面的竞争，而是多元化的整体竞争，企业欲求生存必须从管理、观念等方面进行调整和更新，制定出长远的发展规划和战略，以适应市场环境的变化。CI 设计系统以企业定位或企业经营理念为核心，包括企业内部管理、对外关系活动广告宣传，以及其他以音像为手段的宣传活动在内的各个方面。CI 设计系统使企业各方面以一种统一的形象展现于社会大众面前，并建立起该企业与众不同的个性形象，使该企业产品在其他同类产品中脱颖而出，迅速有效地创造品牌效应，占领市场。

CI 的实施，可使企业内部的经营管理走向科学化和条理化，并趋向符号化，根据企业的发展目标和经营理念，制定一套能够贯彻的管理原则和管理规范，以符号的形式执行，使企业的生产过程和市场流通流程化，以降低成本，有效地提高产品质量；对于外部传播形式，CI 则利用各种媒体做统一性的推出，使社会大众大量地接收企业传播的信息，建立起良好的企业形象，以提高企业及产品的知名度，增强社会大众对企业形象的记忆，从而提高对企业产品的购买率，使企业产品更为畅销，为企业带来更好的社会效益和经济效益。

2. 企业视觉形象识别系统

有研究表明，人们接收和加工外界信息，85% 以上依赖视觉媒介的作用、视觉器官的机制和视觉传播的效应；而人们对于企业及其产品的认知，主要取决于对企业标志的视觉性直观感知、定向辨识，以及以视觉识别系统为基础的企业识别系统所塑造和传播的企业形象。

在 CI 设计系统中，企业视觉形象识别系统是最外在、最直接、最具有传播力和感染力的部分，它将企业标志的基础要素有效地展开，形成企业特有的视觉形象，传达企业精神与经营理念，可以有效地提高企业及其产品的知名度，对推动产品成功进入市场起着重要的作用。中国银行部分形象设计展示如图 6-5 所示。

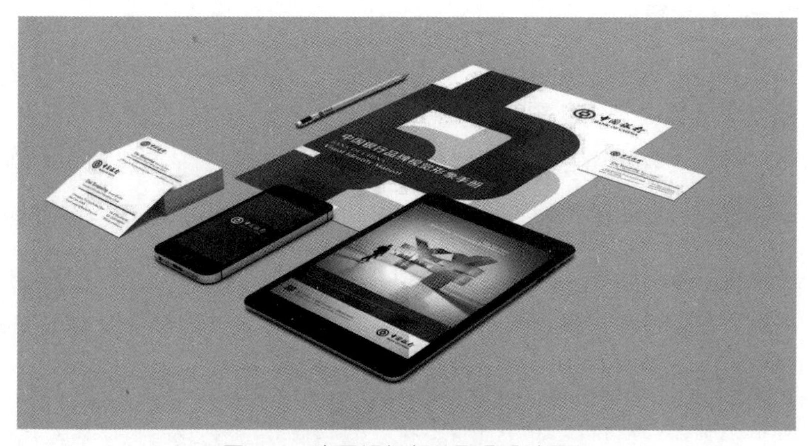

图 6-5　中国银行部分形象设计展示

3. VI 设计的原则

企业视觉形象（Corporate Visual lmage）与企业视觉形象识别（Visual Identity，VI）并不是一个概念。前者是企业客观存在的要素，也就是说一个企业无论是否制定了自己的 VI，也无论其所制定的 VI 是否成功，该企业的视觉形象都是存在的，只不过有好坏的差异罢了。而要创造好的企业视觉形象，则需要一套优秀的 VI 设计。优秀的 VI 设计必须把握以下原则。

（1）统一性原则。

为了达成对外传播企业形象的一致性与连贯性，企业通过视觉一体化设计，将信息与认识个性化、明晰化、有序化，将各种形式传播媒体上的形象统一，这样才能集中强化企业形象，使信息传播更加迅速有效，在社会上形成强烈的影响力。

对企业识别的各种要素，从企业理念到视觉要素均要予以标准化，采用统一的规范设计；对外传播均采用统一的模式，并坚持长期使用，不轻易变动。

要达成统一性，实现标准化导向，必须采用简化、统一、系列、组合等手法，对企业形象进行综合设计。

（2）差异性原则。

为了能让社会大众易于识别和获得他们的认同，企业形象必须是个性化的、与众不同的，因此差异性的原则十分重要。

差异性首先表现在对不同行业的区分上。在社会大众的心目中，不同的企业与机构均有其行业的形象特征，如化妆品企业与机械工业企业的企业形象特征是截然不同的。在设计时必须突出行业特点，才有利于企业形象的识别与认同。此外，还必须突出与同行业其他企业的差别，才能独具风采，脱颖而出。

（3）民族性原则。

企业形象应该依据不同的民族文化进行塑造与传播，美国和日本许多企业之所以取得成功，民族文化是其根本的动力。要塑造能跻身于世界之林的中国企业的形象，必须弘扬中华民族的文化优势。灿烂的中华民族文化，是我们取之不尽、用之不竭的灵感源泉，这其中有许多值得吸收的精华，都有助于创造具有中华民族特色的企业形象。

（4）有效性原则。

有效性是指 VI 设计计划能得以有效地推行运用。VI 设计是解决问题的手段，不是企业的装扮物，因此其可操作性十分重要。

VI 设计要具有有效性，能够有效地发挥视觉形象识别的作用，这就必须依据企业的自身情况、企业的市场地位和发展规划，一切从实际出发。要保证 VI 设计的有效性，一个十分重要的因素是企业管理者要有良好的现代经营意识，对企业形象战略也有一定的了解，尊重专业 VI 设计机构或专家的意见和建议，给予相当的投入和政策支持，否则 VI 设计就会失去其有效性。

4. 标志的标准制图、标准字体

标志是企业的象征，盲目使用标志，容易给人造成标志使用混乱的印象和负面效果，致使社会大众产生误解，从而影响企业的形象。合理便捷的标志标准制图范例（图 6-6），可以让标志使用者有章可循，因此应依图制作，对标志进行精细化设计与制作。

图 6-6　合理便捷的标志标准制图范例

标志设计并不一定必须是有准确比例的规则图形，也可以很随性，尤其是在中国，中国画讲究神韵，书法艺术讲究结构上的虚实相生。例如，2008 年北京奥运会标志（图 6-7）、2010 年上海世博会标志（图 6-8）。对于相对不规则的标志，一般使用网格制图的形式进行规范。

图 6-7　2008 年北京奥运会标志

图 6-8　2010 年上海世博会标志

此外，标志在设计初期，常以手绘的形式来表现，虽然使用了基础图形绘制，但数据上并不是很规则，在这种情况下，便需要将手绘稿扫描到计算机中，利用软件的基础图形来进行规范，在手绘的基础上进行标准制图。当然，电子稿与手绘稿难免有些差距，这便需要设计师在电子稿上进行必要的修改，在充分表达设计意图的基础上进行美化和规范。

标准字体是企业形象识别系统的基本要素之一，企业的标准字体包括中文、英文或其他文字字体。标准字体是根据企业或品牌的个性进行设计的有别于普通字体，比普通字体更美观、更具特色的字体。标准字体的设计可分为书法标准字体设计、装饰标准字体设计和英文标准字体设计。

5. 企业标准字体及组合设计

企业标准字体是指将某种事、物、团体的形象或名称组合成一个群体组合的字体，是将企业的规模、性质与企业经营理念、企业精神，通过文字的可读性、说明性等，形成企业独特的字体，以达到企业形象识别的目的。企业标准字体是企业视觉形象识别系统基本要素中最重要的部分，它种类繁多，运用广泛。在企业视觉形象识别系统的应用要素中，标准字体出现的频率仅次于企业标志，因此它绝不能被忽视。

标准字体直接将企业或品牌的名称传达出来，可以强化企业视觉形象与品牌的诉求，补充说明标志图形的内涵。标准字体不但是信息传达的需要，同时也是构成视觉表现感染力的一种重要元素。由于标准字体本身就具有说明作用，又兼具标志的识别性，因此标志与标准字体的结合设计形式越来越被广泛采用。

组合设计就是将企业标志、标准字体、标准色等基本要素组合起来的一种设计形式，适用于不同媒体和市场宣传中。设计一套规范化、系统化、统一化且富有延展性的组合模式，包括各种要素组合时的位置、距离、方向、大小等。各种视觉设计要素在各应用项目上的组合关系一经确定，就应严格地固定下来，以期达到通过同一性系统化来加强视觉诉求的作用。

6. 标准字体的设计原则

（1）识别性原则。文字是一种视觉语言，同时又是一种可供转换的听觉语言。人们要在瞬间读出企业名称、品牌名称，这就要求标准字体清晰明了，可读性强，不会产生歧义，更不要出现让读者猜字的状况，这是标准字体的基本要求。一般来说，人们阅读和认知的时间应控制在 3 秒之内，超过 3 秒人们就会失去阅读的兴趣，因此标准字体首先应该让人一目了然，易于识别，便于记忆（图 6-9、图 6-10）。

图 6-9　顺丰速运标志与标准字体组合

图 6-10　中国银行标志与标准字体组合

（2）关联性原则。标准字体的设计不仅需要考虑美观，还应与商品的特性有一定内在联系。例如，食品类企业使用的标准字体较为活泼（图 6-11），而机械类企业使用的标准字体比较简单、尖锐（图 6-12），而且不同的字体由于笔形与组合比例不同，给人的感受也大不相同，有的浑厚有力，有的柔婉秀丽，有的活泼流畅，有的则庄重大方。

（3）独特性原则。企业之间的标准字体既要独具一格，又要有很强的视觉冲击力，否则就不会给人留下持久的印象，但标准字体的风格要符合企业标志的风格，例如以卡通形象为主体的标志，标准字体的风格也应可爱、活泼一些（图 6-13）。

图 6–11 食品类企业使用的标准字体较为活泼

图 6–12 机械类企业使用的标准字体比较简单、尖锐

图 6–13 突出公司极力推崇企业动漫化形象为品牌核心的概念

（4）造型性原则。标准字体的造型是否有创新感、有亲和力、有美感，是其能否吸引消费者的关键所在，富有美感的标准字体，可以起到更好的传播效果（图 6-14）。

（5）延展性原则。标准字体和标志一样，都具有连载性，因为标准字体出现频率很高，除了用于印刷，它还要面对不同材质、不同技术、不同范畴的制约，所以设计师在设计过程中要把标准字体在未来应用中的诸多因素都考虑在内，如放大、缩小及各种媒体上的传播和采用不同材质制作等（图 6-15）。

（6）系统性原则。企业标准字体设计完成后，必须导入企业视觉形象识别系统中与其他设计要素组合运用，使其形成一个整体，共同展现企业形象（图 6-16）。

图 6–14 2022 年北京冬奥会以汉字“冬”造型设计的 LOGO

图 6–15 “中国银行”延展到了企业的各个宣传方面

图 6–16　标准字体与其他设计要素组合运用，共同展现企业形象

### 6.1.2　餐饮企业标志设计案例

**案例内容：**

本案例为将手绘设计稿通过标准制图的形式进行 LOGO 绘制，在 VI 设计中，LOGO 设计为主导，根据标志进行延展设计，其中标志的标准制图、方格制图、标准字体及组合形式都为 VI 设计中的基础设计部分，便于 VI 终端展现设计的展开。

新工具、命令操作效果案例样式如图 6-17 所示。

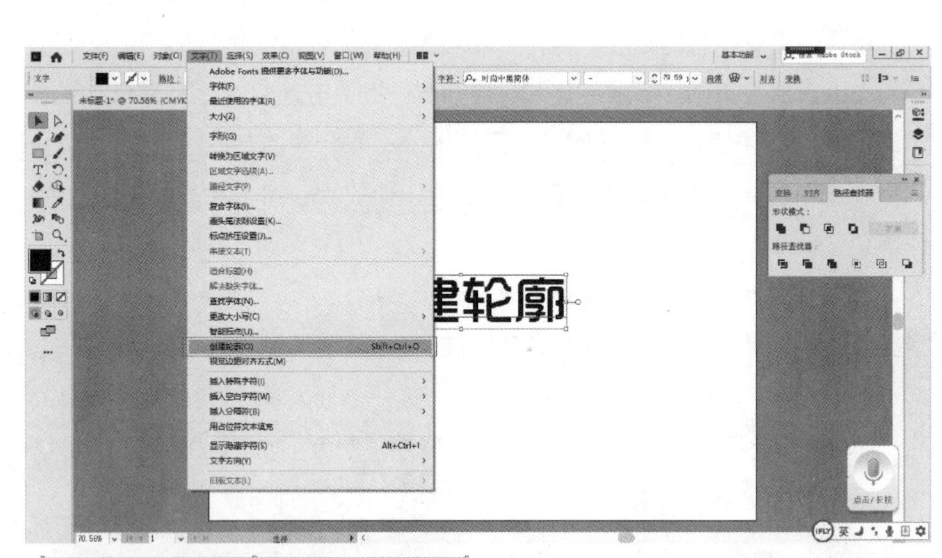

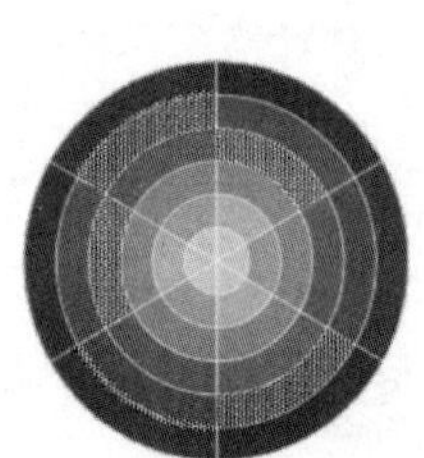

图 6–17　新工具、命令操作效果案例样式

本节学习一些新工具、命令，具体的介绍和操作如下。

在编辑工具栏中，先找到矩形网格工具▦，并将该工具栏拖拽到工作区中，便于在后面操作中使用。

使用矩形网格工具▦的过程中，当在画板上单击并拖动鼠标时，按住 Shift 键，可创建正方形网格；按住 Alt 键，将以单击点为中心向外绘制网格；按下 F 键，水平网格线间距可自下而上以 10% 的倍数递减；按下 V 键，水平网格线间距可自上而下以 10% 的倍数递减；按下 X 键，垂直网格线的间距可从左到右以 10% 的倍数递减；按下 C 键，垂直网格线的间距可从右到左以 10% 的倍数递减；按下向上键或向下键，可增加或减少网格中的直线数量；按下向左键或向右键，可增加或减少垂线的数量，如图 6-18（a）所示。

形状生成器工具可以将多个形状组合的部分进行合并和删减，帮助我们快速切割图形，分割出想要的形状，如图 6-18（b）所示。

（a）　　　　（b）

图 6-18　矩形网格工具与形状生成器工具

使用矩形工具绘制几个矩形，并组合成一个仙人掌的形状，如图 6-19 所示。

使用直接选择工具将图中的几个矩形进行倒角，如图 6-20 所示。

图 6-19　用矩形组合成一个仙人掌的形状

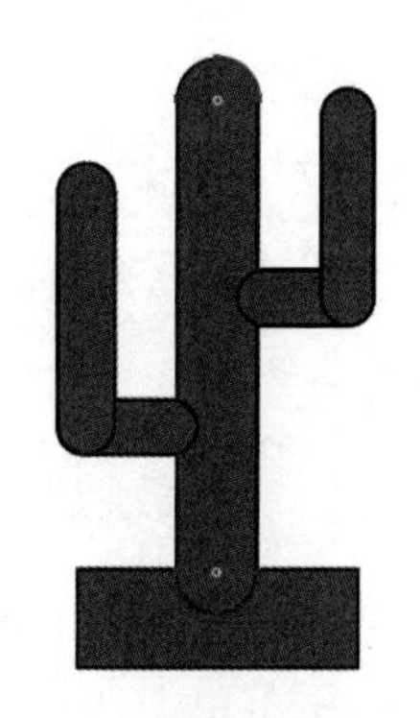

图 6-20　将矩形进行倒角

先将图形全部选中，然后使用形状生成器工具进行图形的合并与删减，按住鼠标滑过要合并的多个圆角矩形，将其合并为一个图形，如图 6-21 所示。按住 Alt 键，使用形状生成器工具将最下面的矩形与合并图形进行删减，如图 6-22 所示。最终完成效果如图 6-23 所示。

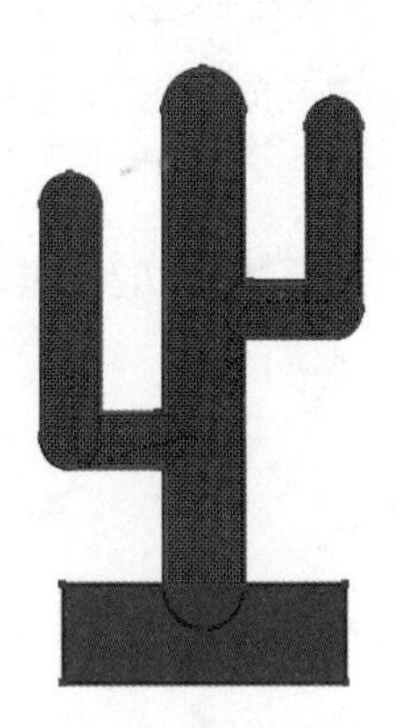

图 6-21　将上面的 5 个矩形进行合并

图 6-22　将最下面的矩形与合并图形进行删减

图 6-23　最终完成效果

实时上色工具主要用于形状内分割区域的颜色填充。选择该工具后，当我们选择了色板中的某个颜色，那么，鼠标指针将会显示 3 个颜色色块，选中的颜色位于中间，色板上该颜色的两个相邻颜色位于两侧，如果想使用相邻色，可使用键盘上的左右箭头方向键来切换。下面通过一个例子来具体说明。

使用极坐标网格工具，在画面中单击，在弹出的“极坐标网络工具选项”对话框中设置适当的参数（图 6-24），绘制一个图形，如图 6-25 所示。

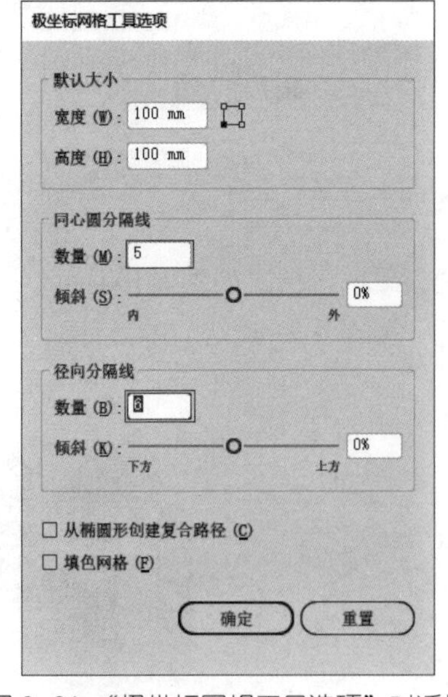


图 6-24　“极坐标网格工具选项”对话框

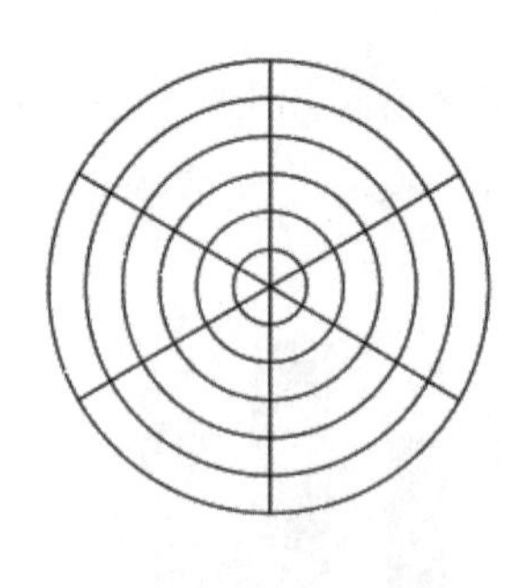

图 6-25　绘制一个图形

使用实时上色工具，选择一种颜色进行填充（图 6-26），在填充的过程中，要从最外圈开始并且每隔一个图形进行填充，每填充好一个颜色之后，可以按键盘上向左的方向键进行颜色递减的选择，填充效果如图 6-27 所示。

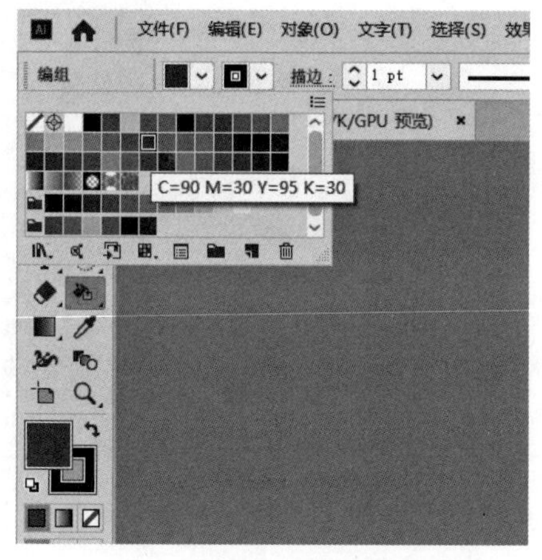


图 6-26　选择一种颜色进行填充

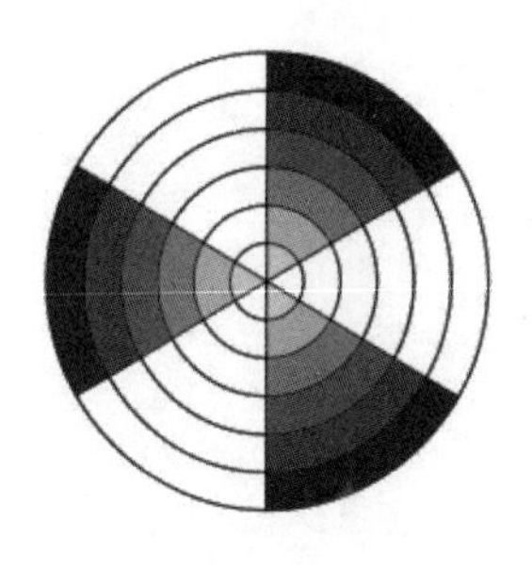

图 6-27　填充效果

再选择一个深色（图 6-28），先按照上述方法将未填色部分进行填充，这里选择深红色。并且按键盘上向右的方向键进行填充，然后将描边颜色改为白色，填充效果如图 6-29 所示。

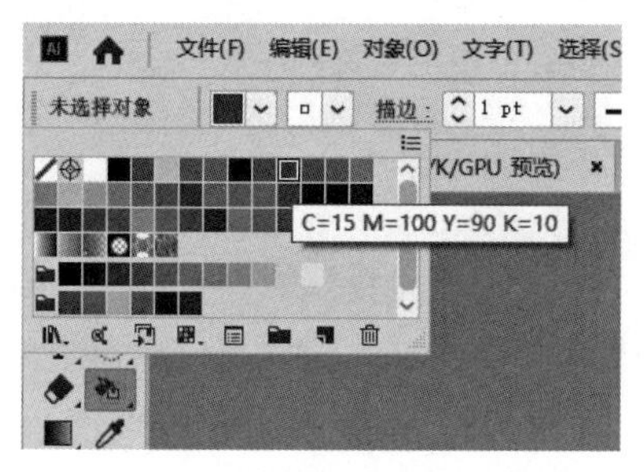


图 6-28　选择第二种颜色填充

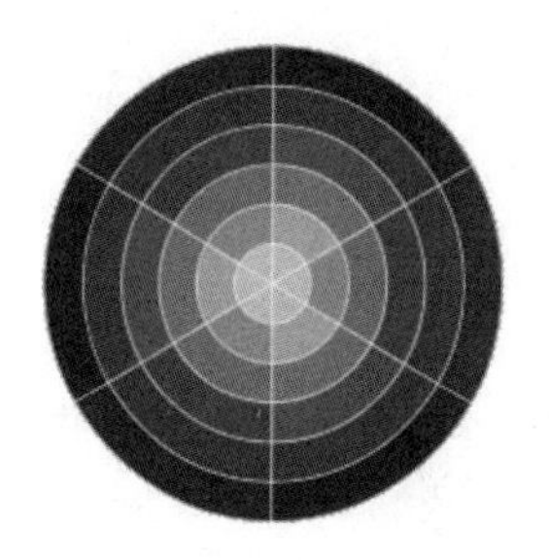

图 6-29　填充效果

使用实时上色工具既可以选择正在实时上色的某一个图形，也可以按住 Shift 键进行多选，如图 6-30 所示。

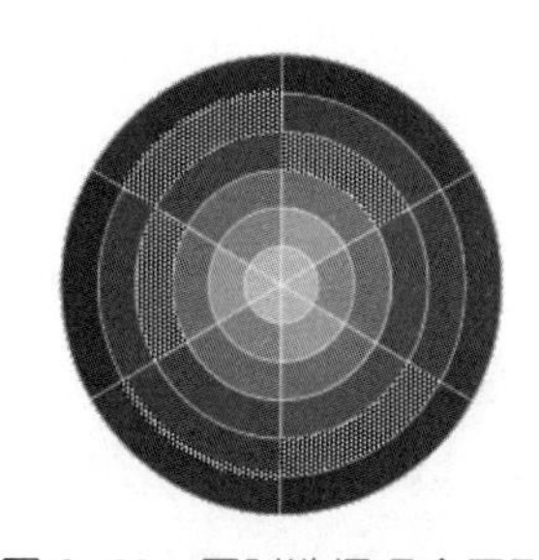

图 6-30　同时选择多个图形

“创建轮廓”命令可以将文字转换为路径，对文字轮廓进行变形处理，制作出特殊效果的艺术字，还可以填充渐变颜色。一旦创建轮廓之后，文字将不能再进行内容上的编辑，只能改变其外观形式。可以说，改变之后的文字已不再是文字，而是一个复合图形。执行“创建轮廓”命令前后的效果对比如图 6-31 所示。

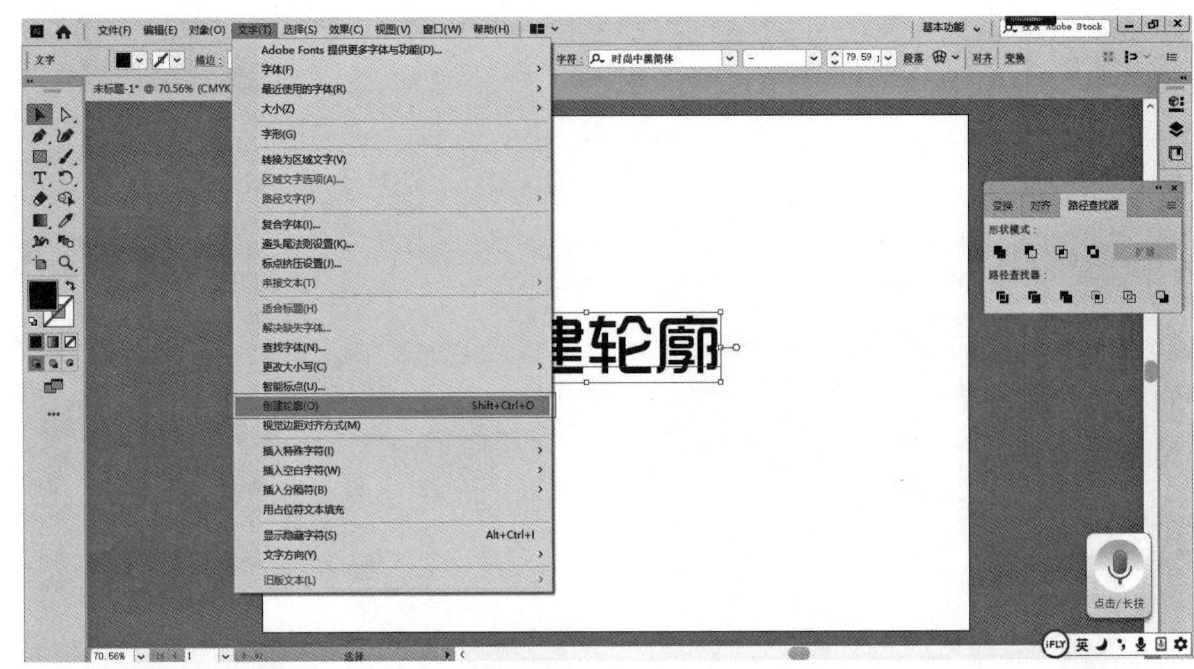


创建轮廓 创建轮廓

图 6-31　执行“创建轮廓”命令前后的效果对比

图 6-32　和一锅 LOGO 案例样式

和一锅 LOGO 案例样式如图 6-32 所示。

**操作步骤：**

步骤 01　执行“文件”→“新建”菜单命令，在弹出的“新建文档”对话框中设置“单位”为“毫米”，“宽度”为“297mm”，“高度”为“210mm”，单击“创建”按钮完成操作。执行“文件”→“置入”菜单命令，找到图片素材“和一锅 LOGO 手绘稿.jpg”置入画板，调整图片的位置后，执行“对象”→“锁定”→“所选对象”菜单命令，将图片锁定（图 6-33），锁定的目的主要是防止在绘制过程中不小心移动图片的位置，造成绘制不准确。

步骤 02　因为和一锅 LOGO 的造型以弧线为主，所以选择圆弧制图法。选择工具箱中的椭圆工具，根据手绘稿绘制正圆形，在控制栏中设置“填充”为“无”，“描边”为“红色”。在绘制过程中，要确保图形与图形之间的边缘线重叠，以避免在绘制之后实时上色时出现错误，如图 6-34 所示。

步骤 03　将所绘制的基础图形全部选中，执行“对象”→“实时上色”→“建立”菜单命令（图 6-35），选择工具箱中的实时上色工具，在控制栏中设置“填充”为“红色”，“描边”为“无”，参照手稿进行实时上色处理，如图 6-36 所示。在实时上色的过程中需要非常仔细，有时会出现边缘线没有重叠或重叠过大而导致上色不准的情况，出现此类情况时，需要在已建立好的“实时上色”组图形上双击鼠标，当进入隔离状态后再进行微调修正。

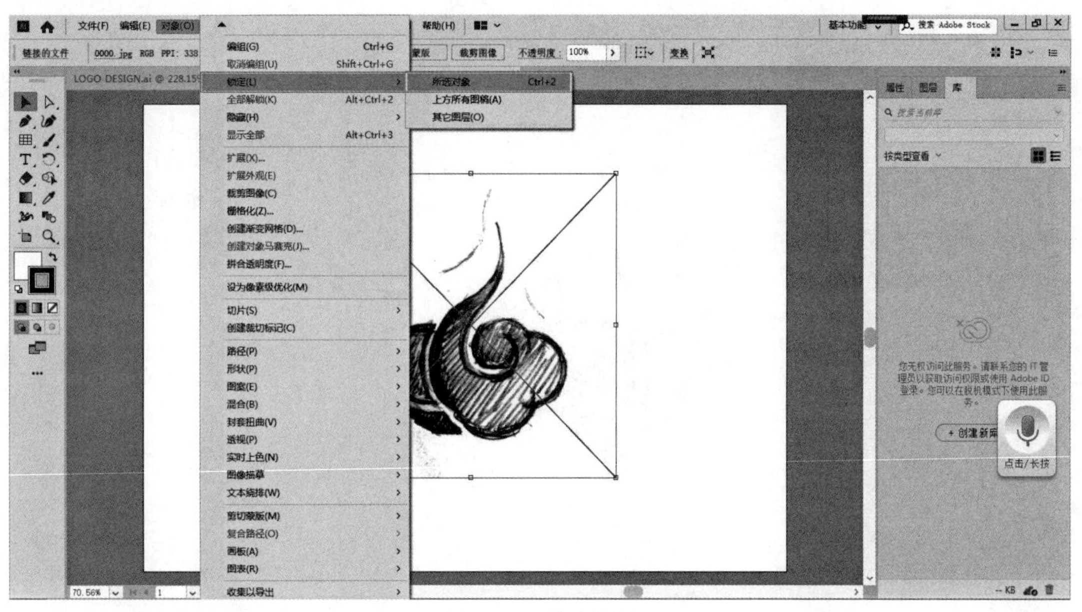


图 6–33　锁定图片

图 6–34　利用椭圆工具按照手绘稿进行绘制

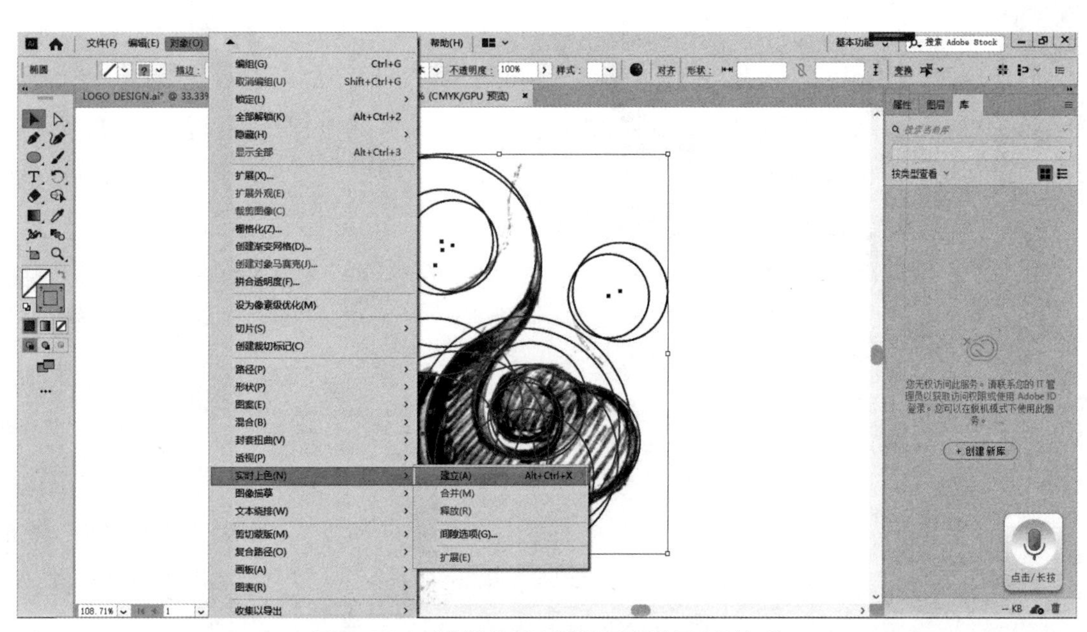


图 6–35　对绘制的所有基础图形进行实时上色

图 6–36　进行实时上色处理

步骤 04　选中对象，将“描边”设置为“无”，执行“对象”→“实时上色”→“扩展”菜单命令，如图 6-37 所示。

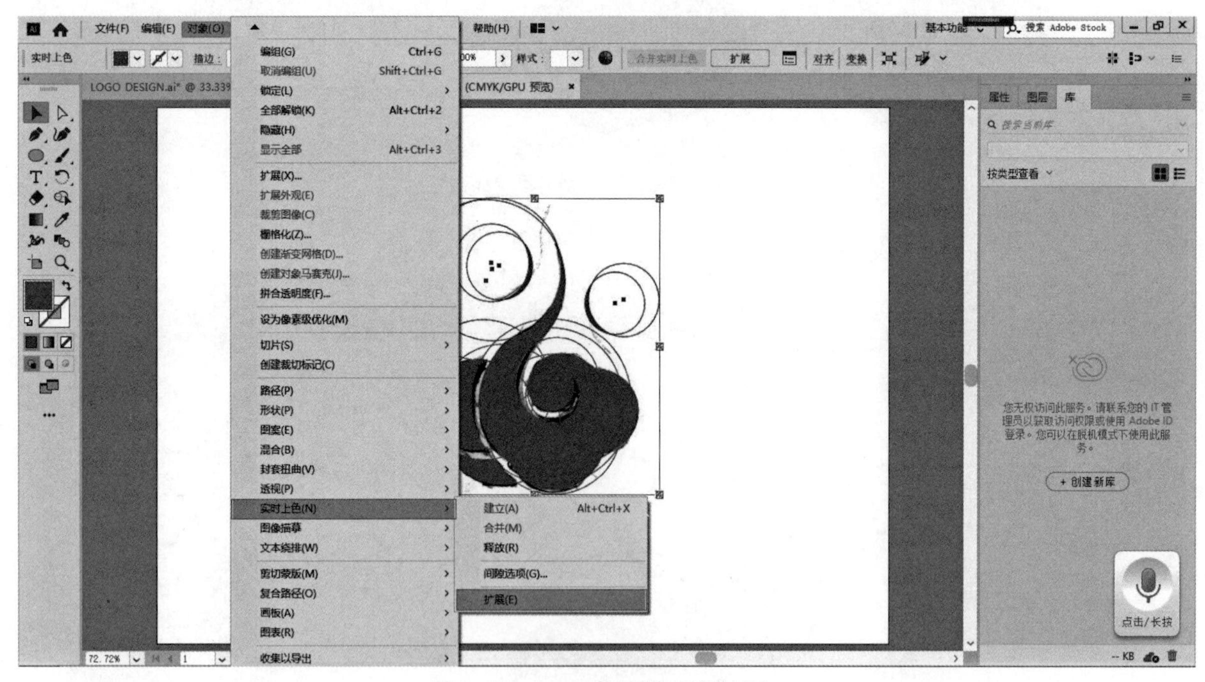


图 6–37　上色后对图形进行扩展

步骤 05 可以看到，扩展后的图形内部路径显示非常乱（图 6-38），需要将它整合为一个图形，将多余的路径删除，单击鼠标右键，在弹出的快捷菜单中选择“取消编组”菜单命令。执行“窗口”→“路径查找器”菜单命令，打开“路径查找器”面板，按住 Alt 键，先单击“联集”按钮（图 6-39），再单击“路径查找器”面板中的“扩展”按钮，保存文件，该文件在未来继续做其他的 VI 项目时也可以使用。联集后的路径效果如图 6-40 所示。标志素材完成后的效果如图 6-32 所示。

图 6-38 扩展后的图形内部路径

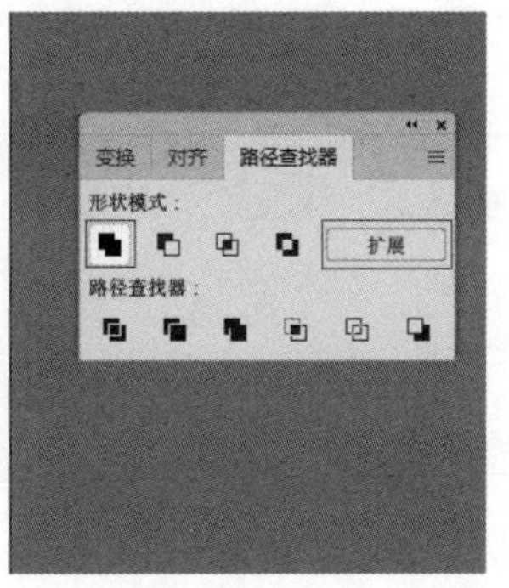


图 6-39 将扩展后的图形取消编组并执行“联集”命令

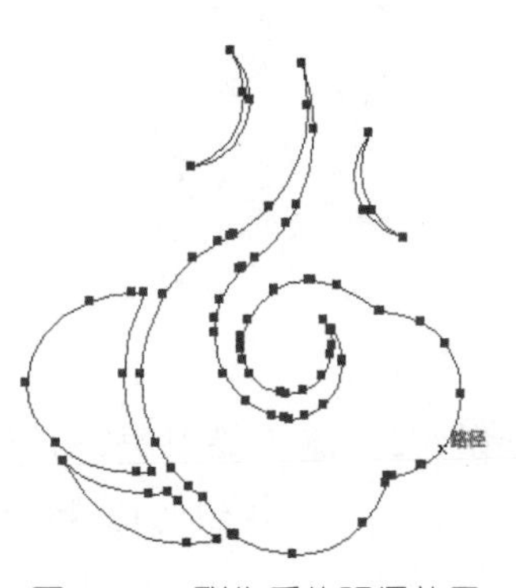


图 6-40 联集后的路径效果

方格制图案例样式如图 6-41 所示。

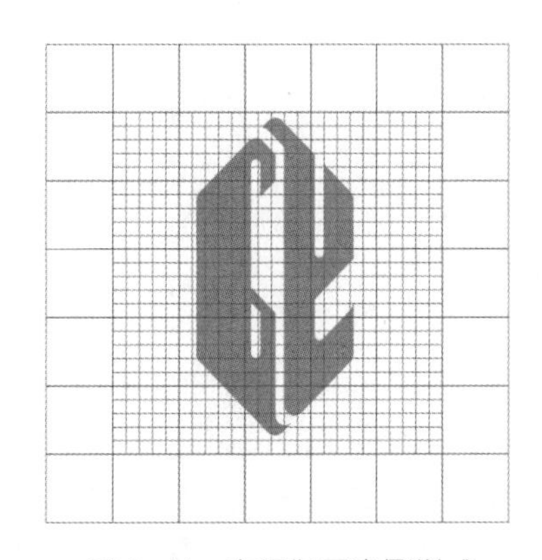

图 6-41 方格制图案例样式

在前面我们利用参考线绘制了一个标志，也提到了标准制图的概念。其实，标准制图就是用来规范标志设计的造型是否准确，当造型准确之后，就开始针对标志的大小、最小使用尺寸、可用范围、位置、间距、比例、标志与企业名称之间的关系、后期使用规范等，进行设计操作。标志要严格按照设计规范进行使用，否则会破坏企业的视觉形象规范，不利于企业对外界的视觉形象宣传。

常用的标志制图标示法主要有网格标示法、比例标示法、圆弧角度标示法等，我们可以根据标志的特点、个人喜好或擅长的领域选择应用，也可以结合多种标示法一起使用。

**操作步骤：**

步骤 01 执行“文件”→“新建”菜单命令，在弹出的“新建文档”对话框中设置“单位”为“毫米”，“宽度”为“297mm”，“高度”为“210mm”，单击“创建”按钮完成操作。使用工具箱中的矩形网格工具（图 6-42），在画板中单击，弹出“矩形网格工具选项”对话框，设置“宽度”为“20mm”，“高度”为“20mm”，将“水平分割线”和“垂直分割线”均设置为“4”（图 6-43），将控制栏中的描边粗细改为 0.25。

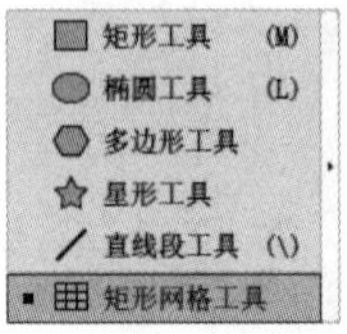

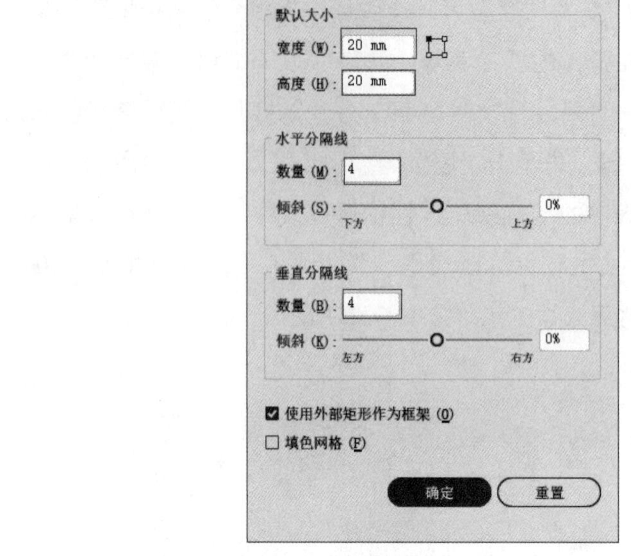


图 6-42　矩形网格工具



图 6-43　“矩形网格工具选项”对话框

步骤 02　选中绘制完成的矩形网格，单击鼠标右键，执行“变换”→“移动”菜单命令（图 6-44），在“移动”对话框中将“水平”设置为“20mm”，“垂直”设置为“0mm”，单击“复制”按钮（图 6-45），按组合键 Ctrl+D 3 次，复制后的效果如图 6-46 所示。

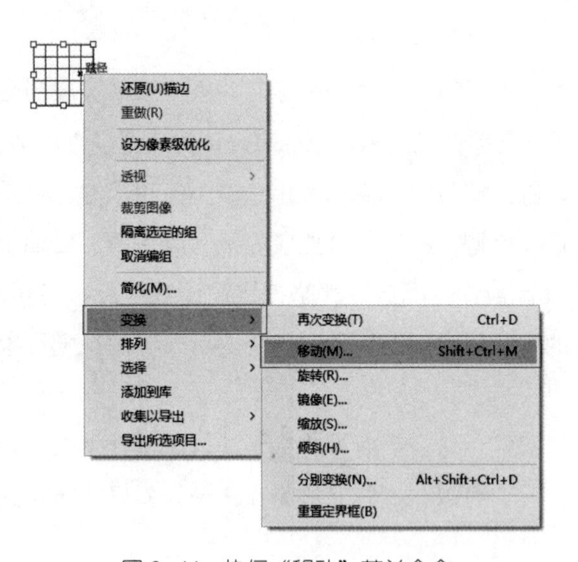


图 6-44　执行“移动”菜单命令

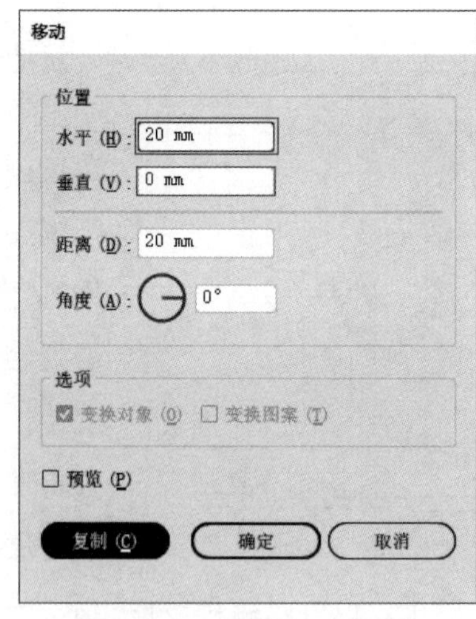


图 6-45　“移动”对话框

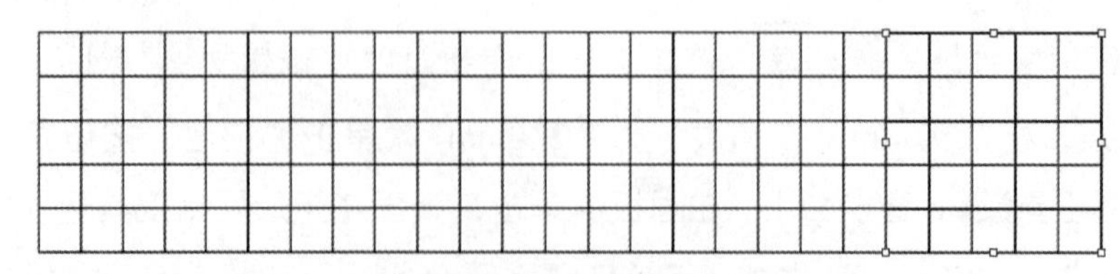

图 6-46　复制后的效果

步骤 03　选中绘制完成的 5 个矩形网格，单击鼠标右键，执行“变换”→“移动”菜单命令，在“移动”对话框中将“水平”设置为“0mm”，“垂直”设置为“20mm”，单击“复制”按钮（图 6-47），按组合键 Ctrl+D 3 次，复制后的效果如图 6-48 所示。

图 6-47　“移动”对话框

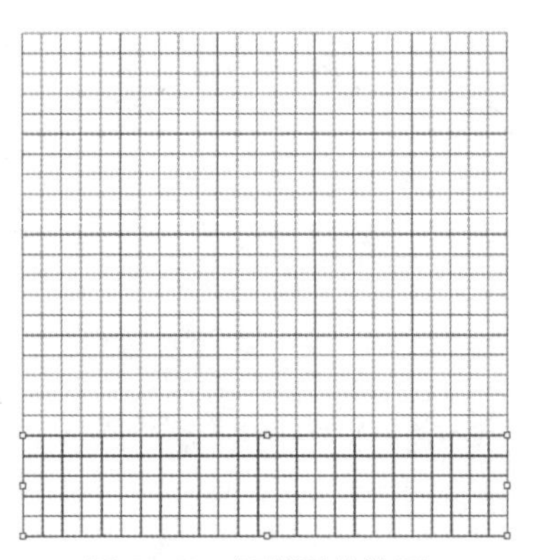

图 6-48　复制后的效果

步骤 04　单独选中右上角的矩形网格，单击鼠标右键，执行“变换”→“移动”菜单命令（图 6-49），在“移动”对话框中将“水平”设置为“20mm”，“垂直”设置为“-20mm”，单击“复制”按钮（图 6-50），复制右上角的矩形网格，如图 6-51 所示。

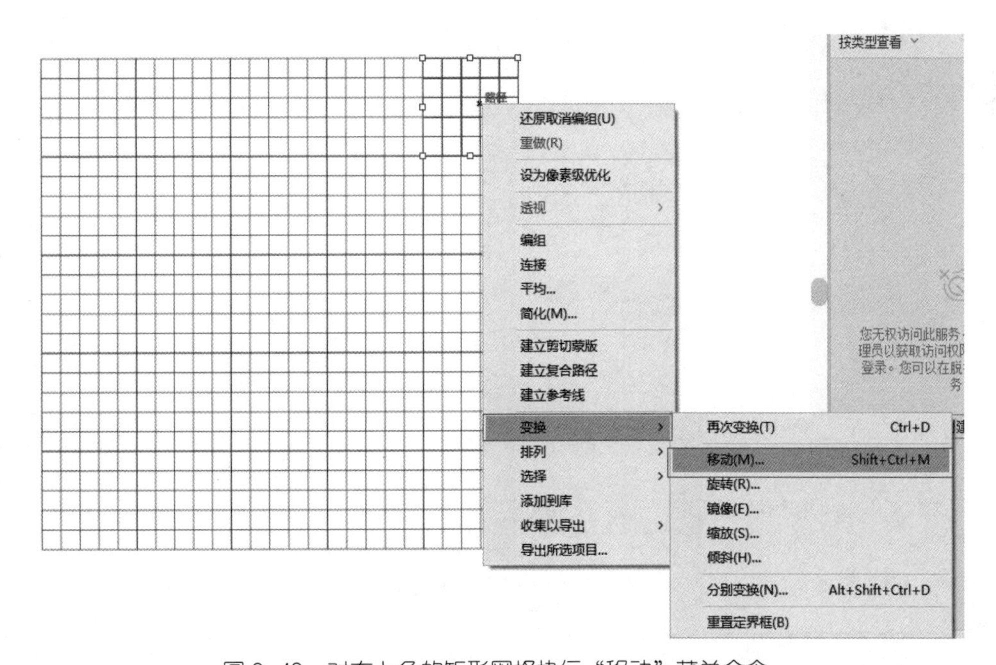


图 6-49　对右上角的矩形网格执行“移动”菜单命令

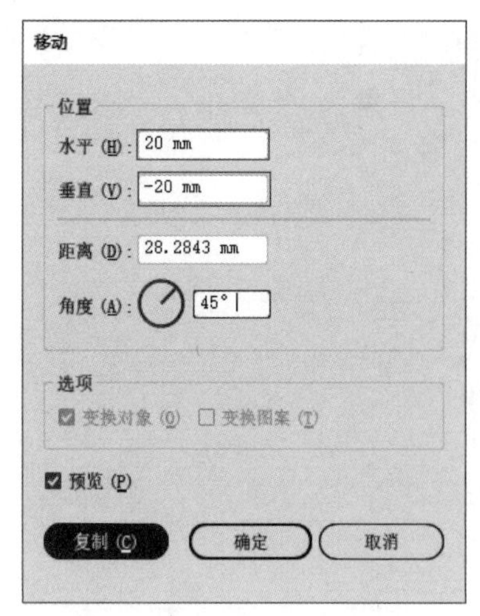


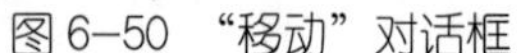
图 6-50 “移动”对话框

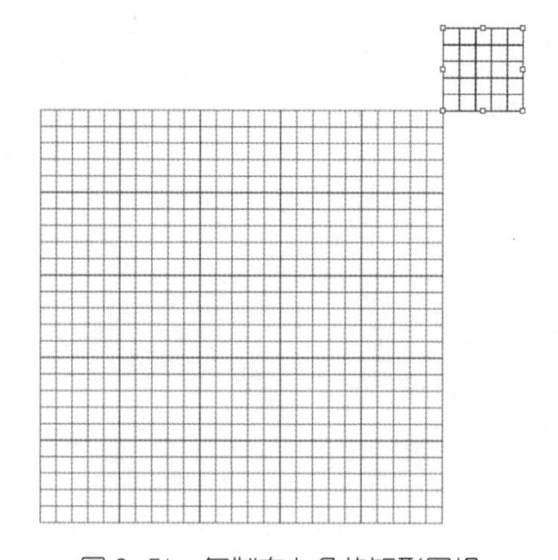

图 6-51 复制右上角的矩形网格

步骤 05 将复制出来的矩形网格选中，单击鼠标右键，执行“取消编组”菜单命令(图 6-52)，将矩形网格内部的分割线全部删除，选择边框，单击鼠标右键，执行“变换”→“移动”菜单命令，在“移动”对话框中将“水平”设置为“-20mm”，“垂直”设置为 0mm，单击“复制”按钮(图 6-53)，按组合键 Ctrl+D 5 次，复制后的效果如图 6-54 所示。

步骤 06 挑选左上角和右上角的两个正方形，单击鼠标右键，执行“变换”→“移动”菜单命令，在“移动”对话框中将“水平”设置为“0mm”，“垂直”设置为“20mm”，单击“复制”按钮(图 6-55)，按组合键 Ctrl+D 5 次，复制后的效果如图 6-56 所示。

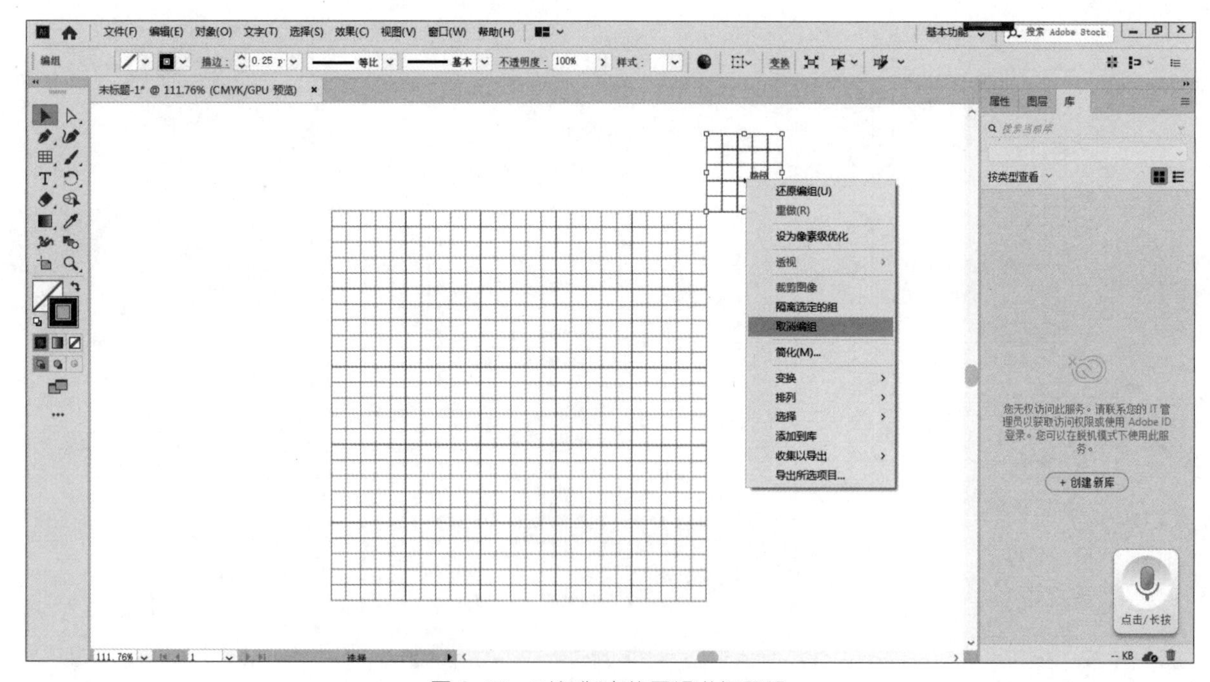


图 6-52 对复制出的网格进行解组

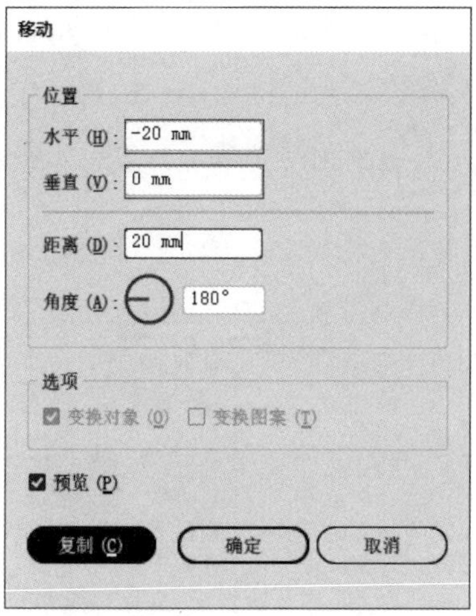

图 6–53 “移动”对话框

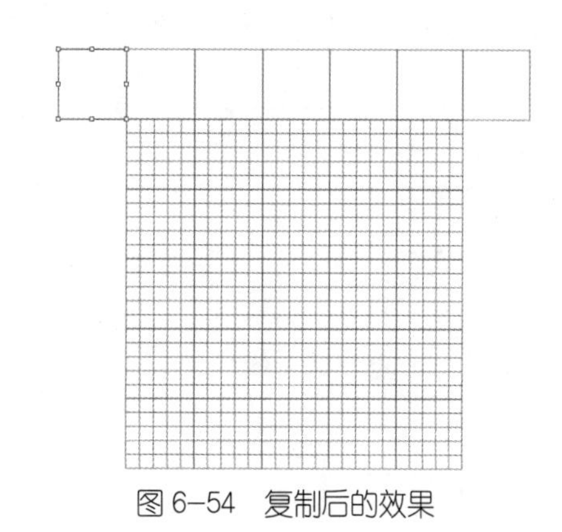

图 6–54 复制后的效果

图 6–55 “移动”对话框

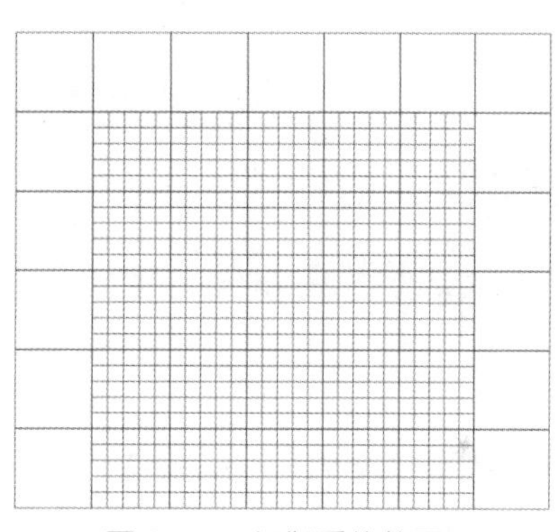

图 6–56 复制后的效果

步骤 07 选择最顶端的 7 个正方形，单击鼠标右键，执行“变换”→“移动”菜单命令，在“移动”对话框中将“水平”设置为“0mm”，“垂直”设置为“120mm”，单击“复制”按钮（图 6-57），复制后的效果如图 6-58 所示。

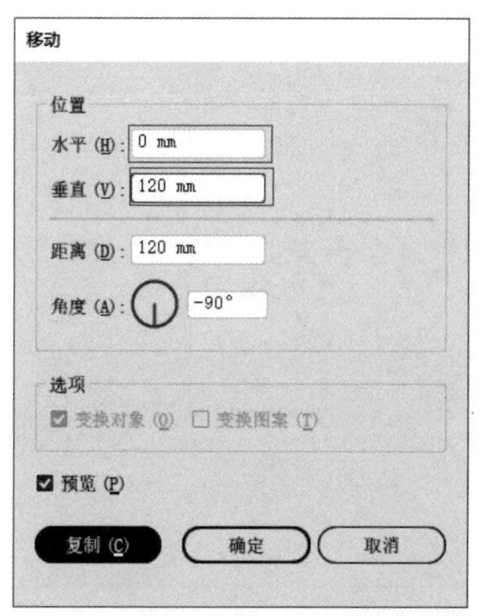


图 6–57 “移动”对话框

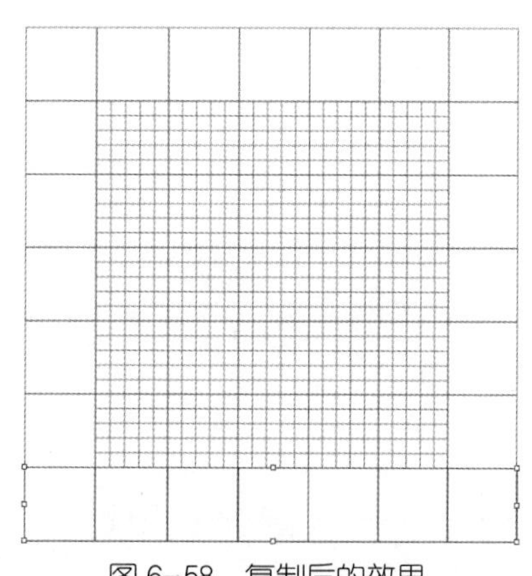

图 6–58 复制后的效果

步骤 08　全选画板中所有的矩形图形，单击鼠标右键，执行“编组”命令( 图 6-59 )，打开“LOGO 素材 .ai”，复制并粘贴到画板中，修改标志的颜色，等比例缩放到合适的大小，放置在中间的网格中，调整 LOGO 的图层位置，使其处于网络图层的下方，标志的方格制图便完成了，效果如图 6-60 所示。

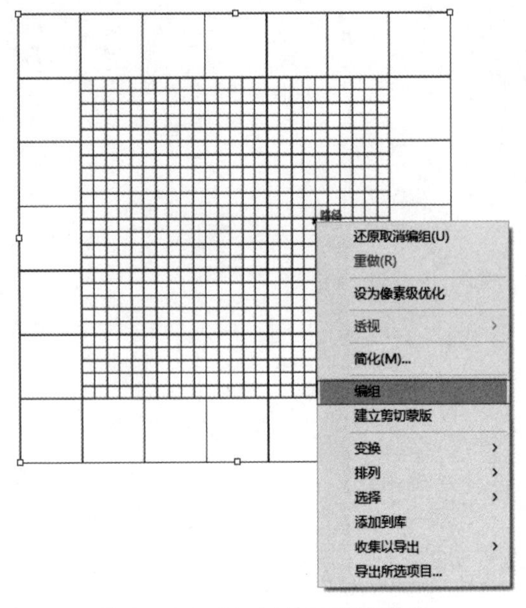

图 6–59　对所有的矩形进行编组

图 6–60　标志的方格制图效果

“和一锅”标志设计案例样式如图 6-61 所示。

**操作步骤：**

步骤 01　执行“文件”→“新建”菜单命令，在弹出的“新建文档”对话框中设置“单位”为“毫米”，“宽度”为“297mm”，“高度”为“210mm”，单击“创建”按钮，完成操作，给文件命名为“和一锅标准字”，如图 6-62 所示。

图 6–61　“和一锅”标志设计案例样式

图 6–62　新建文档

步骤 02　选择工具箱中的文字工具 T，在画面中单击，输入“和一锅”字样。选择方正大标宋简体字体为原型进行修改设计，在输入文字后，将字号调整到合适大小，单击鼠标右键，执行“创建轮廓”菜单命令（Ctrl+Shift+O），如图 6-63 所示。

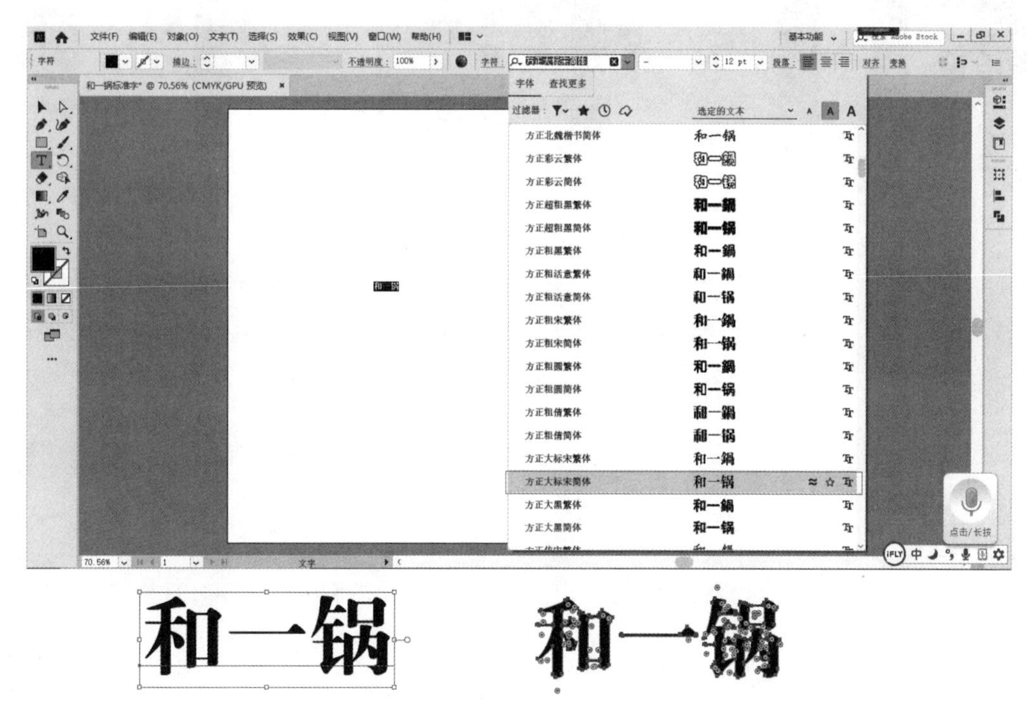

图 6-63　输入文字并调整字号

步骤 03　将文字转换为图形，在转换的图形上单击鼠标右键，执行“取消编组”命令（图 6-64），将“和”字水平向左移动，准备进行设计修改，如图 6-65 所示。

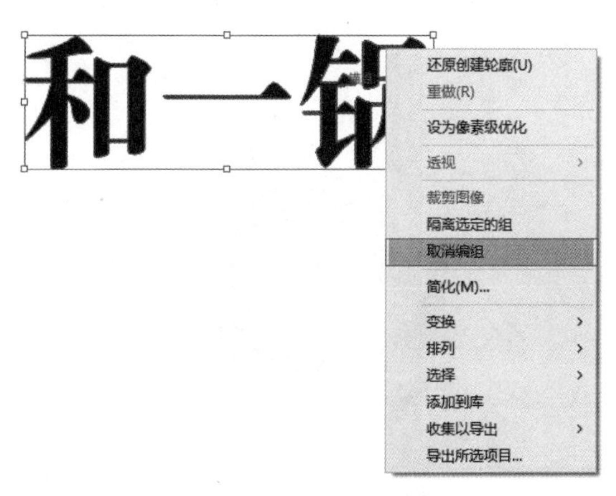


图 6-64　对文字执行“取消编组”命令

图 6-65　将“和”字水平向左移动进行设计修改

步骤 04　将“和”字中的“禾”与“口”进行拆分，先使用直接选择工具分别选择 A、B 两个锚点进行剪切，然后在剪切好的字上单击鼠标右键，执行“释放复合路径”菜单命令，这时文字就被拆分开了，如图 6-66 所示。

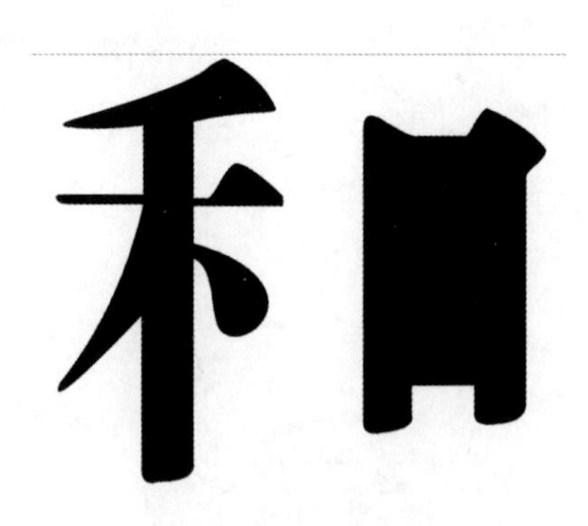

图 6–66 “和”字的设计制作步骤

步骤 05 执行“视图”→“轮廓”菜单命令（Ctrl+Y），可以针对路径进行细致的调整，我们会发现路径并不是闭合的，这时可以将“口”字删除，将“禾”字进行闭合。使用工具箱中的钢笔工具将两个断点之间绘制成闭合路径，要绘制出宋体字的特征，如图 6-67 所示。

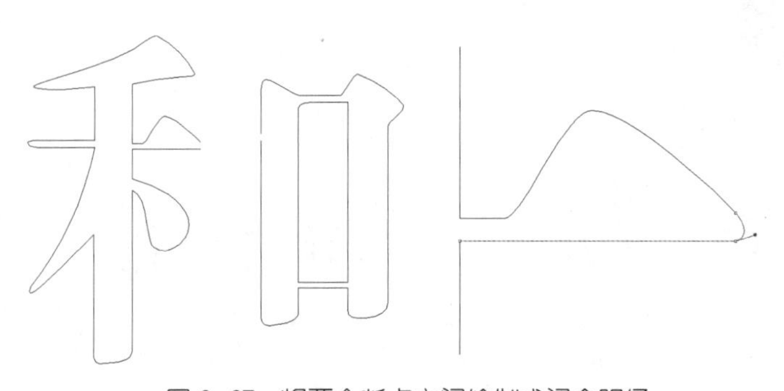

图 6–67 将两个断点之间绘制成闭合路径

步骤 06 执行“文件”→“置入”菜单命令，找到素材“辅助图形手绘稿 .jpg”，并按照制图的方式进行绘制，建立实时上色后为其填充颜色。在利用椭圆工具绘制时，切记将路径边缘精准地重叠，避免实时上色时出现失误。图 6-68 所示为所置入图形的绘制步骤。

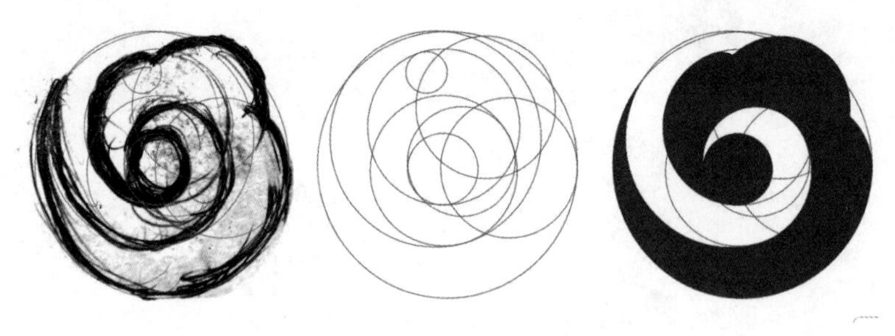

图 6–68 所置入图形的绘制步骤

步骤 07 将绘制的云纹图形去掉描边颜色，执行“对象”→“实时上色”→“扩展”菜单命令，再将扩展之后的图形拼合成一个图形，调整到合适大小后与“禾”字重新组成“和”字，在拼合时应注意两者之间的距离。

首先绘制一个正圆形 L，L 的大小与云纹图形的尾端弧线正好契合，然后选取“和”字的横的高度得到矩形 A，并将 A 移动到 L 的顶端，让 A 的底端与 L 的顶端相切，复制 L，原位粘贴，并且以中心为基准向外进行等比例放大，得到L1，这时L1的线正好与矩形A的顶端相切。移动云纹图形的位置，使L1与“禾”字相交于B、C两点。此时，“和”字中“口”的部分已替换为云纹图形，如图6-69所示。

步骤08　执行“视图”→“轮廓”菜单命令，将界面视角切换成轮廓模式（Ctrl+Y），对“和一锅”3个字的字间距和大小进行调整；拖拽出3条水平参考线，分别位于字体的顶端、底端以及云纹的一个夹角点X，并且得到“和”字笔画竖的宽度A，以此宽度设置3个字之间的间距，如图6-70所示。

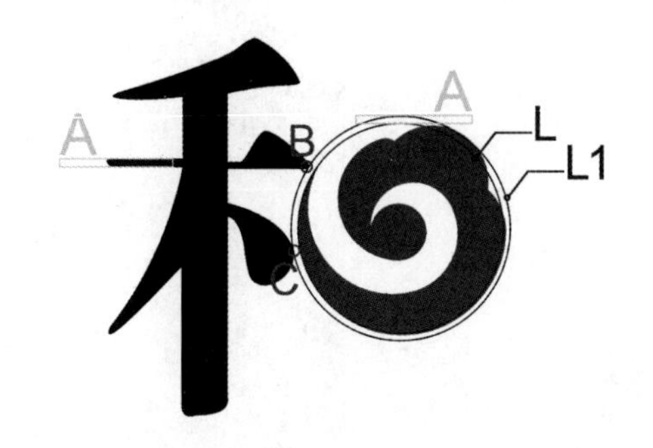


图6–69　用云纹图形替换“和”字中“口”的部分

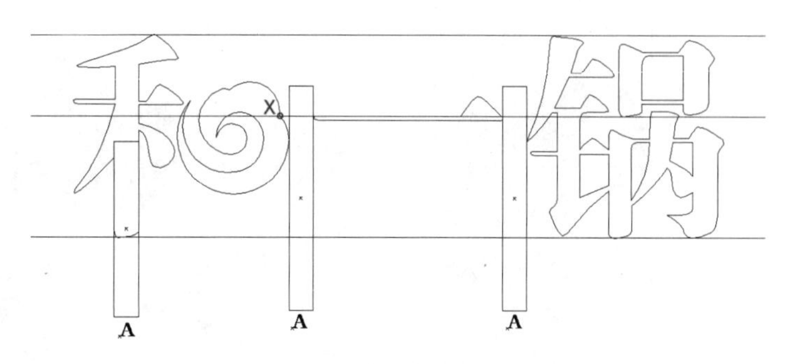


图6–70　调整3个字之间的间距

步骤09　将文件中所有的字进行编组，标准字的设计完成，效果如图6-71所示。

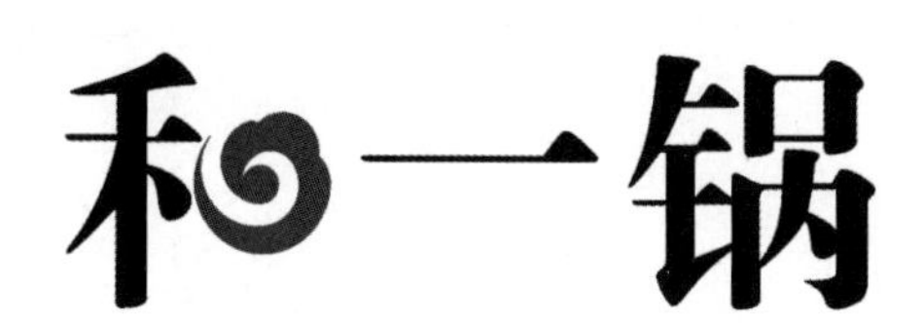

图6–71　标准字效果

步骤10　执行“文件”→“新建”菜单命令，在弹出的“新建文档”对话框中设置“单位”为“毫米”，“宽度”为“297mm”，“高度”为“210mm”，单击“创建”按钮完成操作，并命名为“LOGO与标准字组合”，如图6-72所示。

图6–72　新建文档

步骤 11　打开前面制作好的和一锅 LOGO 矢量图文件，复制并粘贴到新建的文件“LOGO 与标准字组合”中，等比例缩放调整好标志的大小，使 LOGO 的宽度与前两个字“和一”的宽度一致（最好使用辅助线来帮助对齐），然后选中 LOGO 和标准字，执行“水平居中对齐”命令，如图 6-73、图 6-74 所示。

图 6–73　将 LOGO 和标准字都粘贴到文件中

图 6–74　调整 LOGO 的大小并与标准字进行水平居中对齐

步骤 12　使用矩形工具绘制一个正方形，正方形的大小以“和”字中的云纹图形宽度为标准，并将该正方形大小设定为单位“A”，以便于接下来调整 LOGO 与标准字之间的距离，如图 6-75 所示。

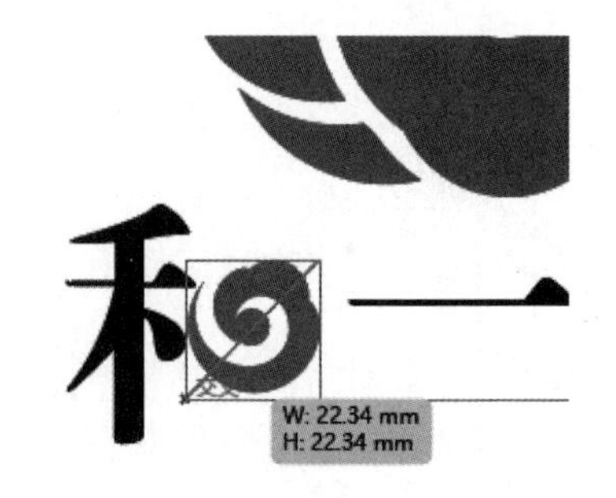


图 6–75　以标准字中的云纹图形宽度为标准

步骤 13　将定义好的正方形 A 底边缘线与文字顶端相重叠（图 6-76），再将 LOGO 的底端与正方形的中心点水平对齐（图 6-77），让 LOGO 的底端与文字的顶端保留 1/2A 的距离，再次让 LOGO 与标准字水平居中对齐（避免在此过程中有误操作）。

图 6–76　将 A 置于“和”字顶端

图 6–77　调整 LOGO 的位置

步骤 14　选择工具箱中的直线段工具，分别在标准字的左、右、底端绘制直线与其相切，在 LOGO 顶端同样绘制一条直线与其顶端相重叠。在标志组合的四周扩出一个 A 的距离，该距离为 LOGO 与标准字组合使用过程中的不可侵犯区域（图 6-78），以便于企业形象的对外宣传（这只是其中的一种形式组合，在宣传的过程中会遇到不同情况，所以还需要设计更多种组合形式）。

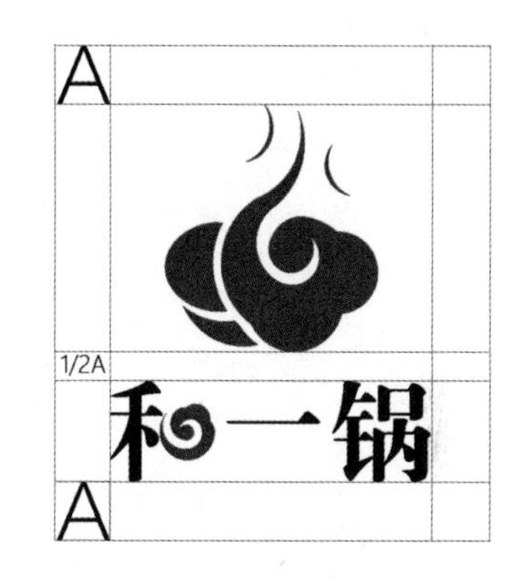

图 6–78　设置标志组合的不可侵犯区域

# 6.2　办公用品设计

**教学目标**

1. 掌握办公用品的设计；
2. 设计过程中应保持设计的统一性；
3. 设计过程中注意制作成品的具体参数细节。

**故事导读**

【故事导读 – 赋予品牌故事，让企业更有生命力】

**赋予品牌故事，让企业更有生命力**

幼儿园 LOGO 的视觉识别设计类似于企业的视觉识别设计，都是将非可视内容转化为静态的视觉识别符号。幼儿园通过 VI 设计，对内可以增强员工的认同感、归属感，加强幼儿园的凝聚力，对外可以树立幼儿园的整体形象，将园方信息传达给受众，通过视觉符号不断地强化品牌形象，从而获得受众的认同（图 6-79）。

对童蒙品尚国际幼儿园进行整体设计时，在明显地将该幼儿园与其他幼儿园区分的同时，又确立了该幼儿园明显的特征，确保该幼儿园的独立性和不可替代性，明确了该幼儿园的市场定位（图 6-80）。

图 6-79　童蒙品尚国际幼儿园 LOGO

图 6-80　童蒙品尚国际幼儿园辅助图形应用

品牌吉祥物“艾达”是一头勇敢的海豚，设计师通过品牌故事赋予其生命力。小朋友会对可爱的艾达爱不释手。吉祥物的设计及应用，起到了无可替代的传播作用，传达该幼儿园的经营理念和校园文化，同时以自己特有的视觉符号系统吸引公众的注意力，使受众对该幼儿园的教育理念形成品牌忠诚度（图 6-81）。

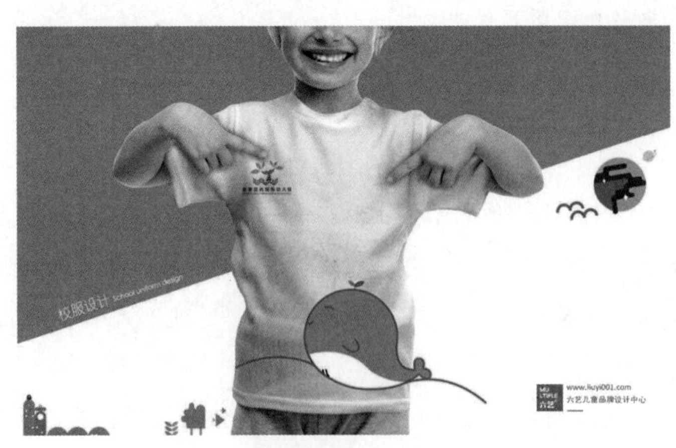


图 6-81　童蒙品尚国际幼儿园品牌吉祥物

（资料来源：作者根据网络资料整理。）

### 6.2.1 办公用品设计概述

1. 办公用品设计的理念

好的 VI 设计应通过标志造型、色彩定位、标志的外延含义、应用、品牌气质传递等要素助推品牌成长，帮助品牌战略落地，累积品牌资产。在标志设计之初，站在品牌战略的高度，为品牌设计有一定包容性的标志，可以为品牌的长远发展提供延伸空间。

办公用品设计应紧紧围绕企业文化理念进行，彰显统一性与规范性，即严格按照办公用品的规格进行设计，既体现艺术性，又给人以舒适的视觉感受（图 6-82）。

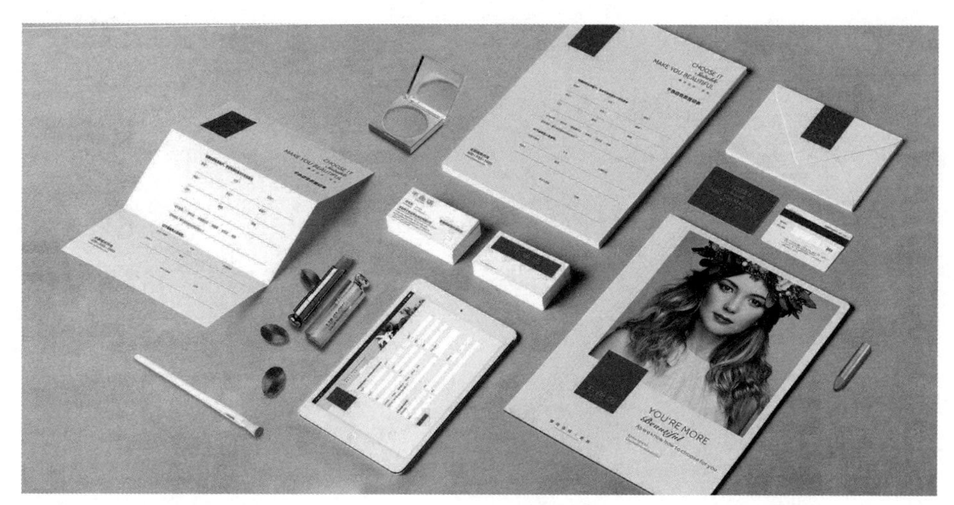

图 6-82　办公用品设计展示

2. 办公用品设计的作用与内容

在企业众多的视觉传达媒介中，办公用品的用量大、扩散面广、传播率高、渗透力强、使用时间持久。将企业的基本视觉要素应用于办公用品上，既无损基本的使用价值，也不需要增加经费开支，可谓有利无弊。

另外，办公用品的统一设计和管理，能给人一种乐观、整齐、正规的感觉，有利于形成企业良好的品牌风格；在日常工作中可以增强员工的自尊心、自信心、责任感和荣誉感，给员工的精神状态、工作态度、工作效率带来不可低估的影响。

企业常见的办公用品包括：信封、信纸、便笺、名片、徽章、工作证、请柬、文件夹、介绍信、账票、备忘录、资料袋、公文表格、年历、礼品（T 恤衫、领带、领带夹、钥匙扣、雨伞、纪念章、礼品袋）等。

3. 办公用品设计的原则

（1）内容规范性。

办公用品所承载的信息切不可仅从美观的角度进行省略或弱化处理。比如企业信息（企业名称、地址、电话等），文字不可太小或排列得过分花哨，应确保文字的阅读性。另外，信封、信纸的尺寸规格必须严格按照国家的统一规定来设计，信封上的邮政编码、邮票的位置等都不可随意更改。

（2）设计个性化。

办公用品的设计虽然存在较为严格的限制，但切不可因此而导致公式化的设计。千篇一律的办公用品设计，会失去品牌整体形象的识别性能。因此，风格化设计可突出品牌的整体识别特点。

（3）注重材质选择。

大多数办公用品设计的实施载体是纸张，设计方案经由印刷来实现。纸张结合印刷工艺的创新发挥，有时会产生出奇制胜的效果。以名片设计为例，由于名片印刷的纸张存在多重选择，其中不同质感、风格多样的艺术纸张会给人独特、微妙的高品质感。设计师慎重挑选适宜的纸张及印刷工艺，可令设计方案锦上添花。

### 6.2.2 名片设计案例

**案例内容：**

本案例为名片设计，按照企业行业特征进行风格设计，并突出名片的功能性特点。

名片设计案例效果如图 6-83 所示。

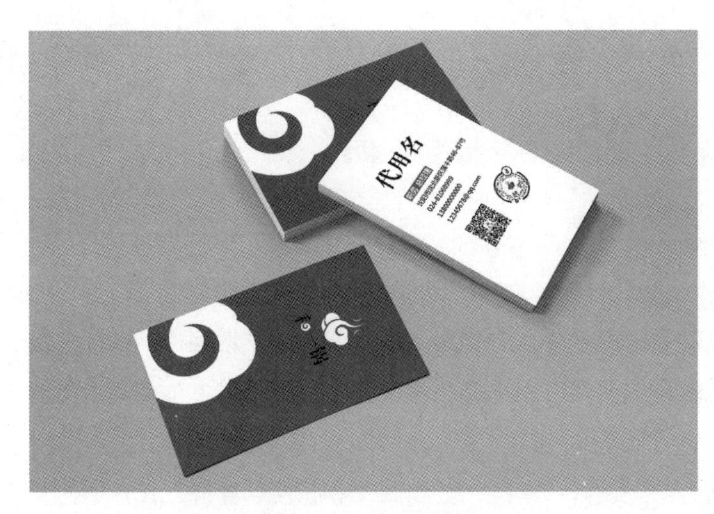


图 6–83 名片设计案例效果

**操作步骤：**

步骤 01 执行“文件”→“新建”菜单命令，在弹出的“新建文档”对话框中设置“单位”为“毫米”，“宽度”为“55mm”，“高度”为“90mm”，画板数量为 2，四边分别加上出血 2mm，单击“创建”按钮完成操作，具体参数设置如图 6-84 所示。

步骤 02 打开前面已制作好的“LOGO 与标准字组合”矢量图文件，复制并粘贴到画板中，如图 6-85 所示。

步骤 03 选择工具箱中的矩形工具，在画板中单击，绘制一个“宽度”为“59mm”，“高度”为“94mm”的矩形（图 6-86），并填充红色。复制标准字中的图形部分，并激活“变换”面板中的“约束宽和高比例”按钮，将“宽度”改为“45mm”后放到画板中相应的位置，如图 6-87 所示。

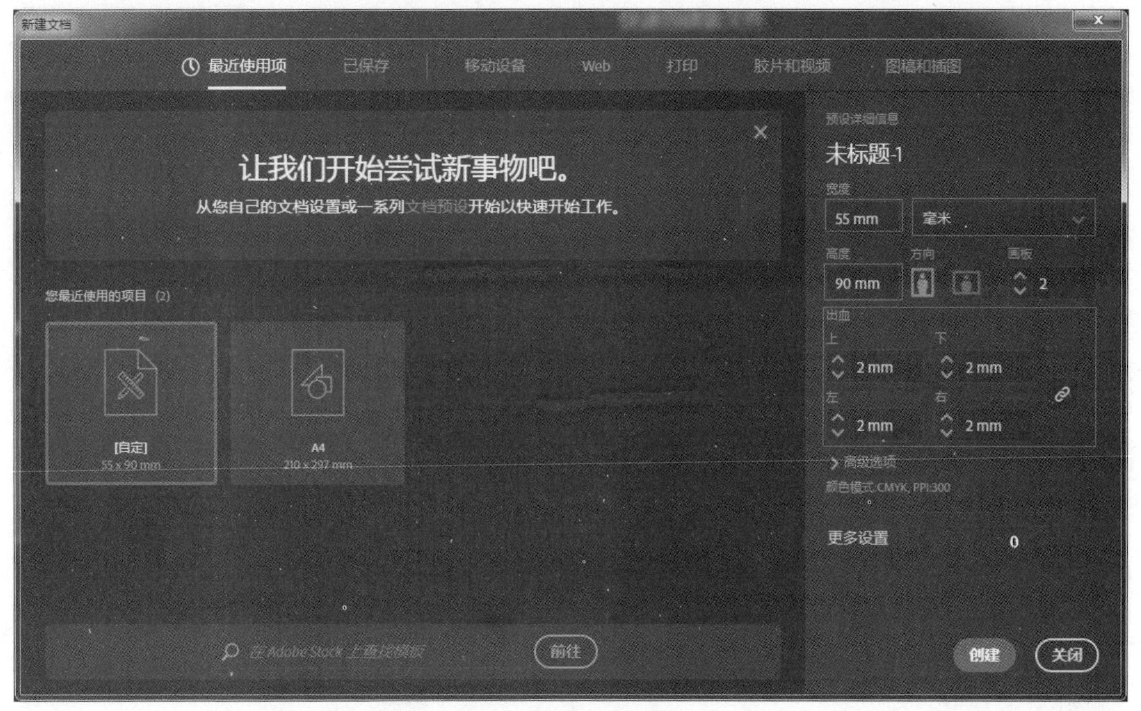


图 6–84　新建文档

图 6–85　将“LOGO 与标准字组合”矢量图文件复制并粘贴到文件中

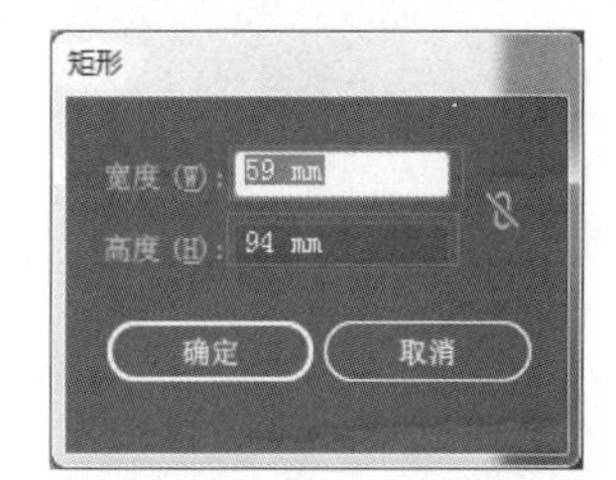


图 6–86　创建 59mm × 94mm 的矩形

图 6–87 将标准字中的图形部分放到相应位置

步骤 04 将“LOGO 与标准字组合”中的红色部分修改为白色，并将其进行等比例缩放，将“宽度”改为“20mm”后放置到画板中相应的位置，如图 6-88 所示。

图 6–88 将“LOGO 与标准字组合”中的红色部分修改为白色并调整位置

步骤 05 选择工具箱中的文字工具T，单击画板输入相应的文字内容，并调整字体和字号，如图 6-89 所示。

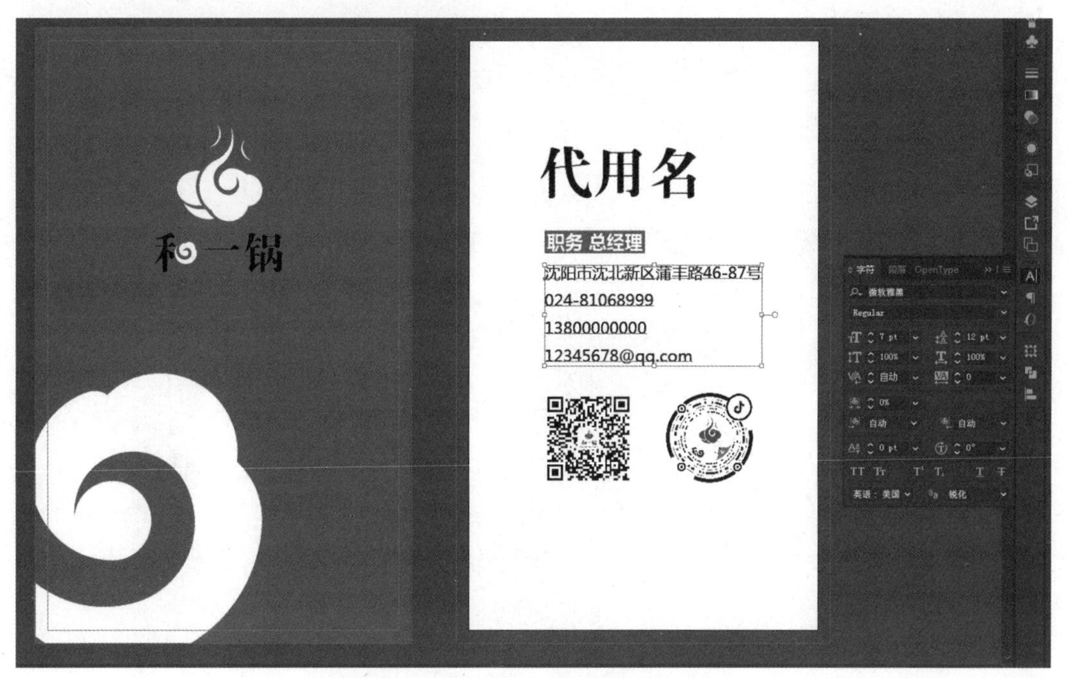

图 6-89　输入文字并调整字体和字号

步骤 06　执行“文件”→“置入”菜单命令，找到素材“二维码 1.jpg”和“二维码 2.jpg”，将其置入画面并调整大小后进行排版，如图 6-90 所示。

图 6-90　置入两个二维码素材

步骤 07　复制画板 1 中的红色背景图形，原位粘贴，选择新粘贴的图形后，单击鼠标右键，执行“排列”→“置于顶层”菜单命令；将画板 1 中所有元素选中，单击鼠标右键，执行“建立剪切蒙版”菜单命令，效果如图 6-91 所示。

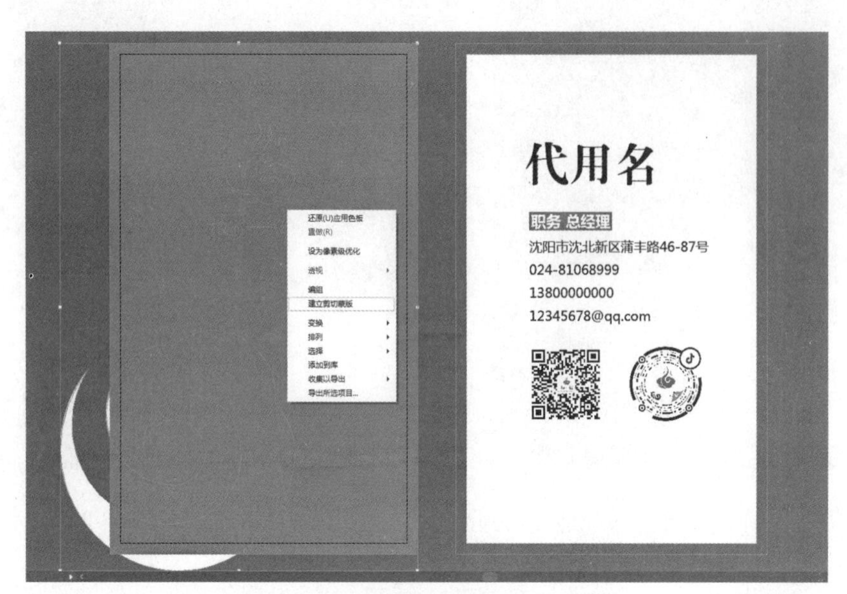


图 6-91　创建蒙版将画板外部隐藏

# 6.3　UI设计

**教学目标**

1. 了解 UI 设计的要点和原则；
2. 掌握软件工具及参数面板的使用；
3. 将所学知识应用于 UI 设计中。

**故事导读**

**一笼故事餐饮形象设计**

【故事导读 - 一笼故事餐饮 VI 设计】

一笼故事的品牌命名灵感来源于广式小吃中常用的载体“笼”。其口味定位为清淡、健康；品牌风格定位为小资、小清新；品牌情感定位为怀旧、回味；衍生出“故事”二字，从而组合为一笼故事，有“半笼茶点，半笼贪欢”之意。

一笼故事 LOGO 说明：

一笼故事 LOGO 字体运用简约等线体连贯组合，经过圆润处理，突出品牌的年轻活力与亲和力；字体“故”字加入了水纹（经过特殊处理），“古”既象征古筝，又暗示蒸笼，突出品牌的中国元素及广式粥点古老的属性（图 6-92、图 6-93）。

图 6-92 一笼故事 LOGO

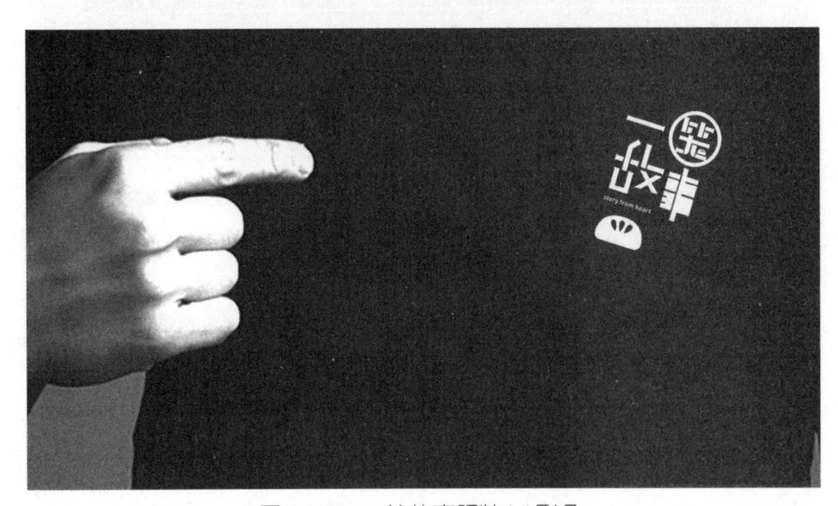


图 6-93 一笼故事服装 VI 形象

LOGO 图形运用“一”的大写“壹”结合蒸笼里面的条形蒸气孔，进行抽象化处理，突出一笼故事的“笼”，“壹”既代表一笼故事的品牌，也象征着第一、上好的等完美寓意。英文字母“The cage”既对“笼”进行辅助说明，也预示品牌面向的群体很广泛，“深圳”小图章暗示品牌起源于“深圳”。

（资料来源：作者根据网络资料整理。）

### 6.3.1 UI 设计概述

1. UI 的概念

UI 是 User Interface 的缩写，译为用户界面。UI 设计是指对软件的人机交互、操作逻辑、界面美化的整体设计。好的 UI 设计不仅让软件变得有个性、有品位，还让软件的操作变得方便、简单，充分体现软件的定位和特点。

UI 设计现已成为屏幕产品（包括能在计算机、手机、平板电脑等设备上运行的各种产品）的重要组成部分。UI 设计是一项复杂的，有不同学科参与的系统工程，包括认知心理学、设计学、语言学等学科（图 6-94）。

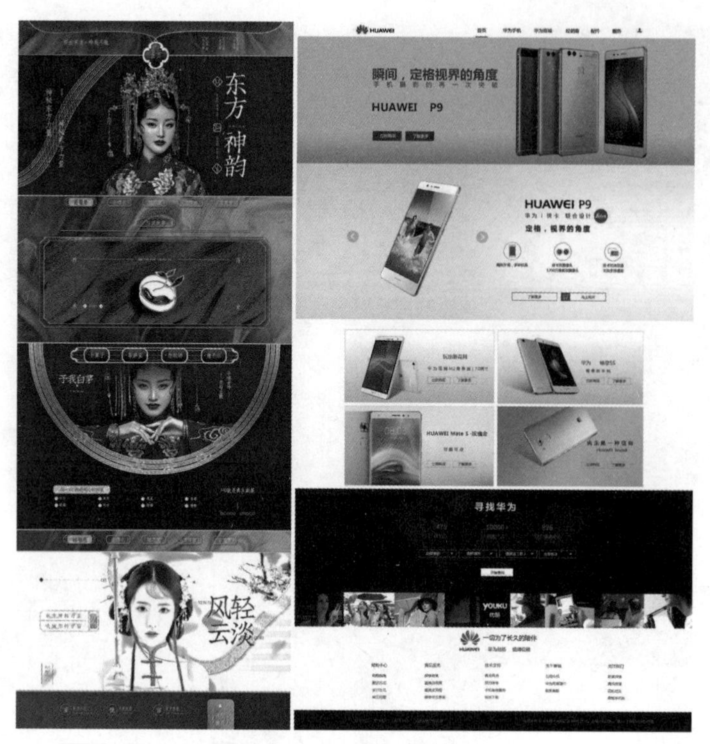


图 6–94　UI 界面设计展示

2. UI 设计的内容

UI 设计的前身是平面设计和网页设计。与这两种设计相比，UI 设计更加关注用户体验并加入了操作逻辑、交互方式、空间响应等设计内容，其目的是使软件界面变得更有个性、有品位，让操作变得更简单、更自由。

3. UI 设计的原则

在进行 UI 设计时，一般会由项目组有经验的人或项目经理确立 UI 设计规范，所有的参与人员应了解这个规范，以降低时间成本和培训成本。

总体来说，UI 设计规范主要包括用户控制原则、一致性原则、简单美观原则、布局合理原则、响应时间合理原则等。

（1）用户控制原则。

UI 设计的一个重要原则是永远以用户体验为中心，让用户总是感觉在控制软件，而不是被软件所控制。

（2）一致性原则。

一致性原则包括两个方面：一是尽可能允许用户将已有的知识运用到新产品中；二是在同一产品中的相同元素或数据要保持一致。

允许用户将已有的知识传递到新的任务中，可以方便用户更快地学习新事物，并将更多的精力集中到新任务上，从而使用户不必花时间来尝试技术交互中的不同，进而产生一种稳定、愉快的感觉。

在同一款产品中，要使用一致的外观、字体、手势、命令等来展示同样的功能或信息。

（3）简单美观原则。

任何产品和程序的 UI 设计都应该是易于掌握和使用的。尽管增加功能和保持简单存在一定的矛盾，但一个有效的设计应尽可能平衡这个矛盾。支持简单性的一种方法就是将信息减少到最少，只要能够进行正常交互即可，不相关或冗长的元素会干扰设计，使用户难以方便地提取重要信息。

美观是 UI 设计的重要因素，不论是在何种设备上运行的软件，是否美观会影响用户对软件的第一印象。出现在界面上的每一个视觉元素都很重要，图形的创意、颜色的运用、可视化设计的技巧，都是构成界面必不可少的元素，它们互相搭配，共同提升用户的视觉体验，提高用户的满意度。

（4）布局合理原则。

在进行 UI 设计时，需要充分考虑布局的合理化问题，一般提倡多做“减法”，将不常用的功能区隐藏，有利于提高软件的实用性。总体来说，布局设计是为了提升用户的使用体验，方便用户使用的布局设计才是最合理的。

（5）响应时间合理原则。

系统响应时间应适中，响应时间过长，用户就会感到不安或不耐烦；响应时间过短，也会影响用户的操作节奏，并可能导致错误。因此，系统应该在 2 ～ 5 秒显示处理信息，避免用户误认为没响应而重复操作。在加载信息或启动程序时（超过 5 秒），应该添加进度条或进度提示，避免用户产生焦躁心理。

### 6.3.2 网页设计案例

**案例内容：**

本案例为企业终端展示 UI 设计，按照企业行业特征与企业形象进行设计，并保证网页自身的功能性。

网页界面设计案例展示如图 6-95 所示。

图 6–95 网页界面设计案例展示

**操作步骤：**

步骤 01 执行“文件”→“新建”菜单命令，在弹出的“新建文档”对话框中设置“单位”

为“像素”，“宽度”为“1024px”，“高度”为“800px”，“颜色模式”为“RGB 颜色”，“分辨率”为“72ppi”，单击“创建”按钮完成操作，如图 6-96 所示。

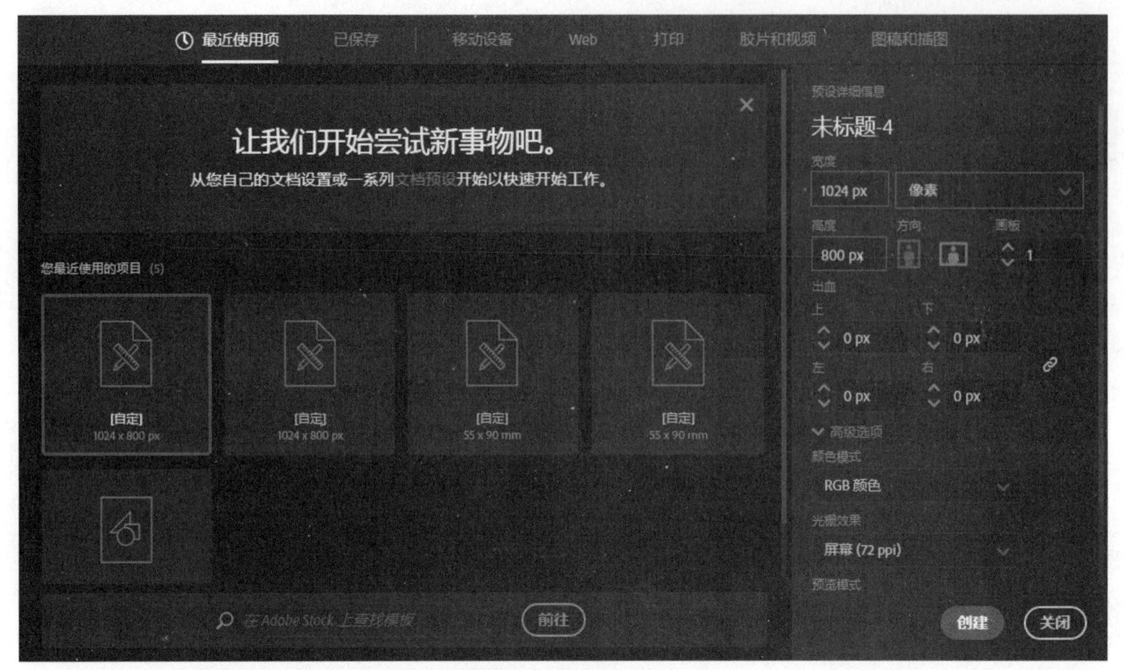


图 6–96　新建文档

步骤 02　执行“文件”→“置入”菜单命令，找到素材“网页背景 .jpg”置入画板并摆放到合适的位置，为了避免误操作，可以选中背景图片，执行“对象”→“锁定”→“所选对象”菜单命令，将背景图片锁定，如图 6-97 所示。

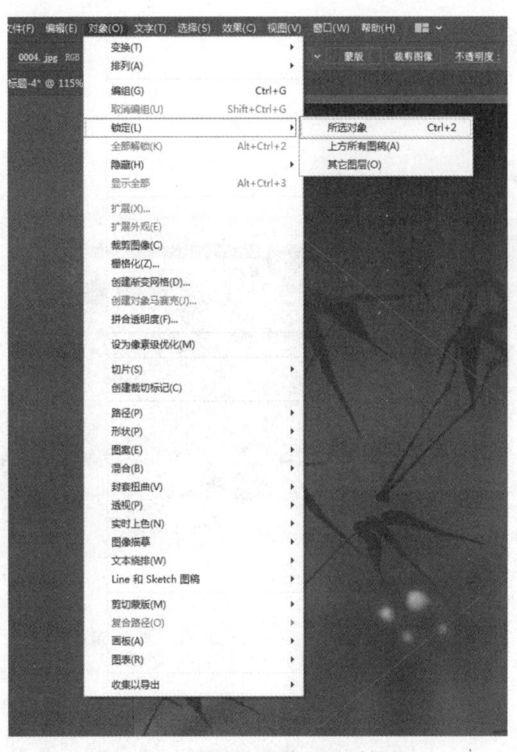


图 6–97　将素材置入画板并锁定

步骤 03 打开前面已制作好的文件“LOGO 与标准字组合”文件，将其复制到画面中并调整好大小和位置，再导入图片素材“烤肉 .psd”和“装饰图 .psd”，摆放到合适的位置。使用文字工具 T 单击画板输入相应的文字，调整好字体和字号后进行排版，如图 6-98 所示。

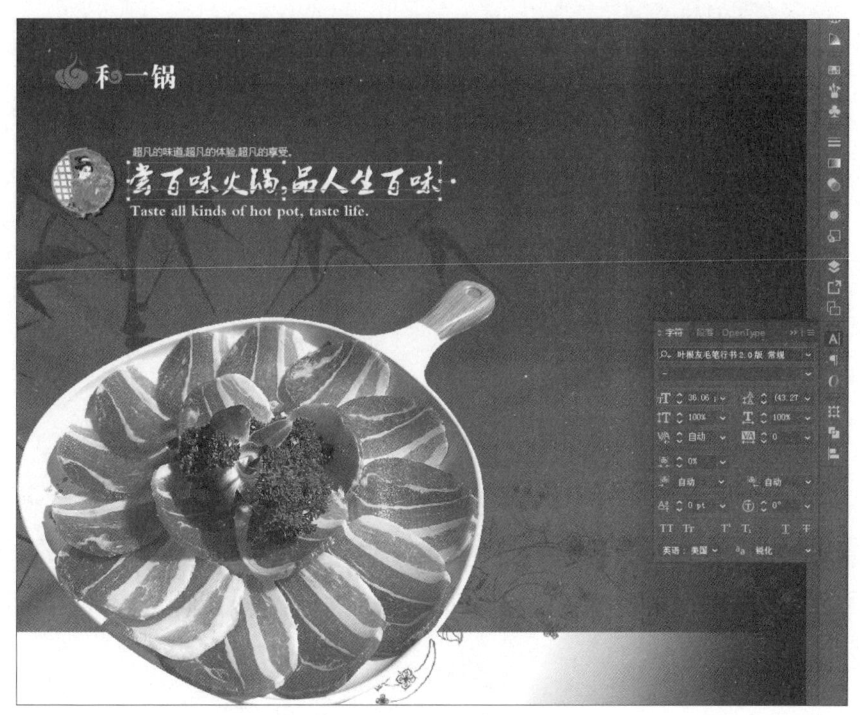


图 6–98 置入图片素材并排版

步骤 04 使用圆角矩形工具绘制菜单栏部分，并填充渐变色，调整渐变角度，如图 6-99 所示。

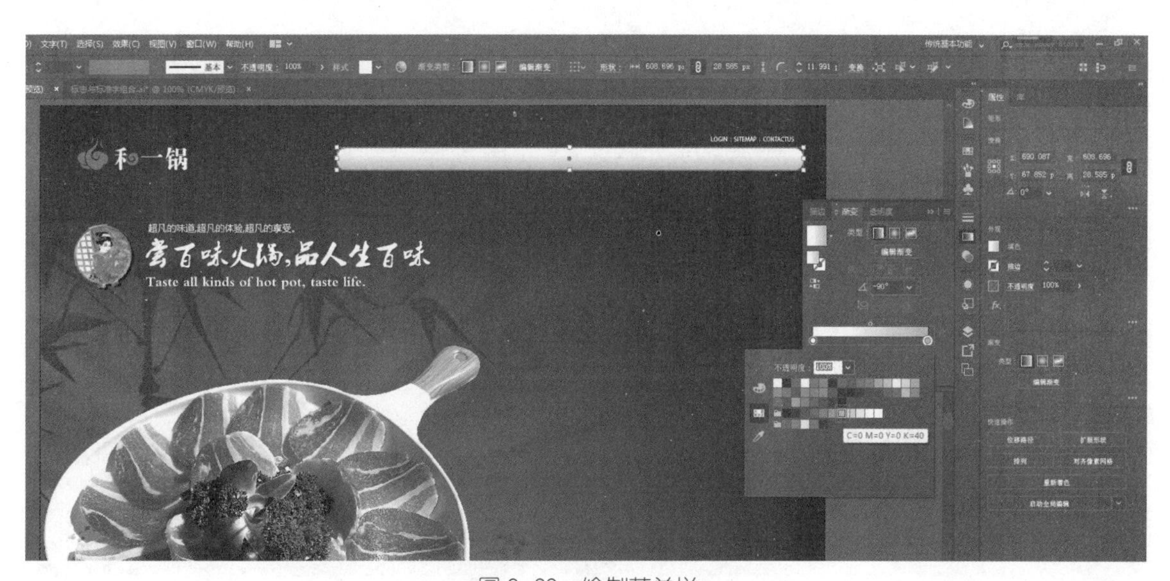


图 6–99 绘制菜单栏

步骤 05　使用文字工具T单击画板输入相应文字，调整字体和字号后摆放到菜单栏横条样式中，在菜单栏的上面右侧和下面左侧分别输入相关文字并调整字号。因为制作的是网站首页，所以将首页改为红色，表示当前所在页面，如图 6-100 所示。

图 6–100　输入文字并在菜单栏上制作文字按钮

步骤 06　使用文字工具T单击画板，输入相应文字并置入图片素材。企业动态和图片新闻的排版如图 6-101 所示。

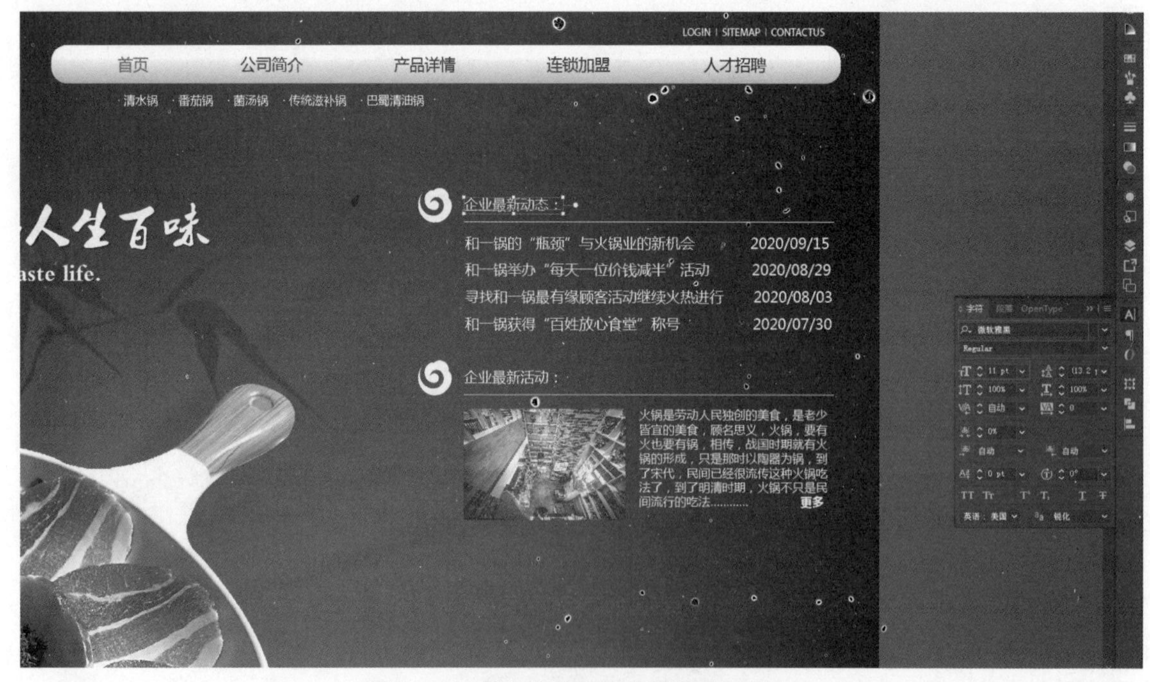


图 6–101　输入相应文字并置入图片素材

步骤 07　使用文字工具 T 单击画板，输入企业的联系方式并在调整字体和字号后进行排版（图 6-102）。在首页的尾端使用矩形工具 □ 绘制一个矩形并填充渐变。

图 6-102　输入企业的联系方式

步骤 08　输入企业相关信息，置入图片素材并进行排版，如图 6-103 所示。

图 6-103　输入企业相关信息并置入图片素材

# 本章小结

本章主要介绍了使用 Illustrator 软件进行基础 VI 设计时用到的一些工具和命令，虽然操作比较简单，但符合 VI 设计的基本要求，让读者能同时了解 VI 设计的基础理论和实践操作方法，与实际工作的要求基本吻合。

VI 设计中包含了很多项目，每一个项目都是一种独立的宣传手段，而 VI 设计就是将这些宣传手段串联起来，统一风格进行多渠道的对外宣传。

# 思考与练习

1. 请为中国移动标志与标准字组合（图 6-104）设计两种表现形式，并且要标注元素之间的距离关系与不可侵犯区域。

图 6–104　中国移动标志与标准字组合

2. 请为企业设计一套办公用品，包括信封、信纸和档案袋，可参照的案例样式如图 6-105 所示。

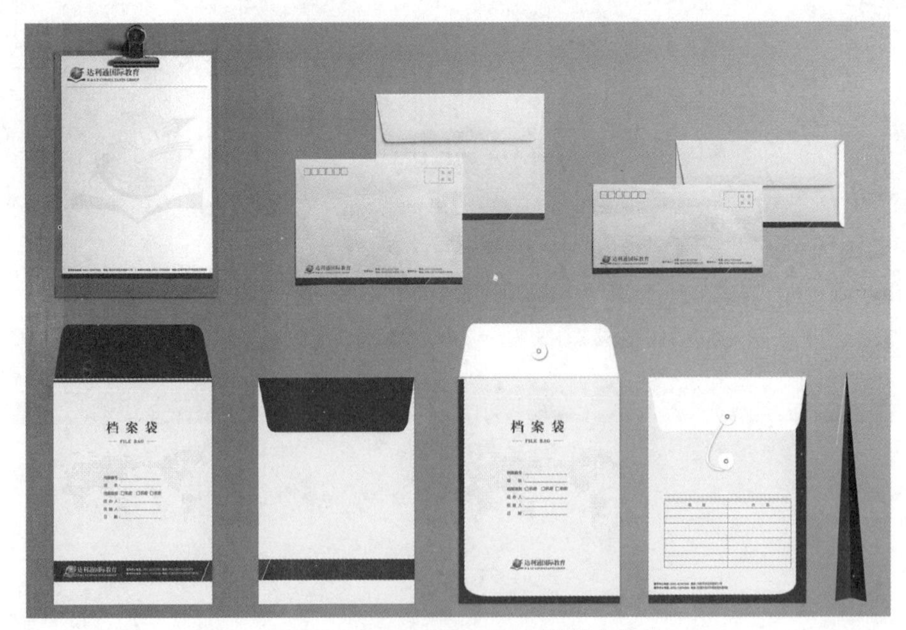


图 6–105　办公用品设计案例样式

3. 请为企业设计一款移动终端——手机版（竖版）网页，要求所有功能不能删减，案例样式如图 6-106 所示。

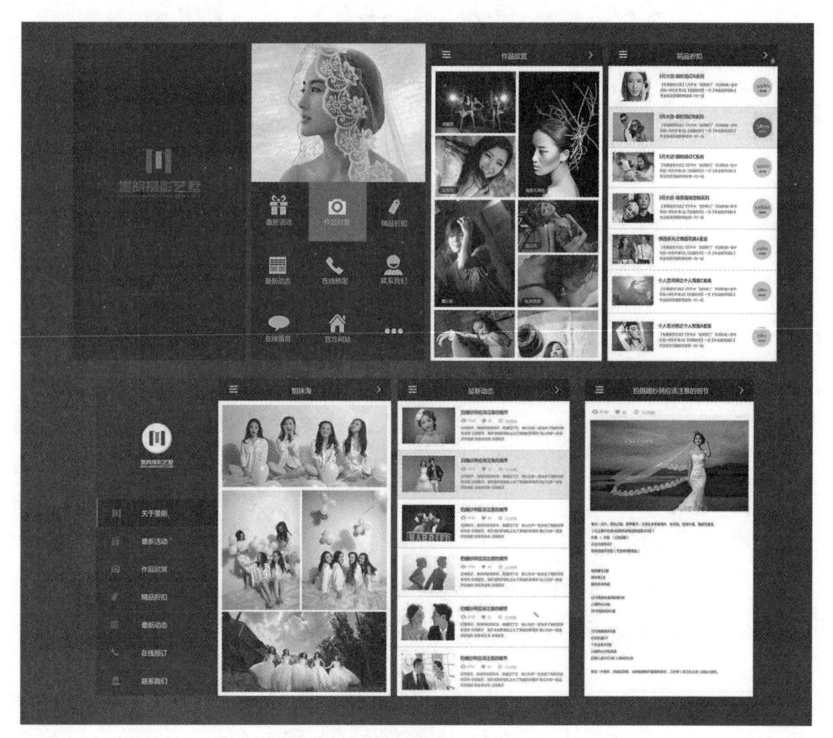

图 6-106　手机版（竖版）网页案例样式

# 关键词

VI 设计　　办公用品设计　　UI 设计

# 知识延展

【VI 项目中的材料、结构和工艺】

材料可以用来制作实物，包括纸张、石材、木材、金属等，有线、块、板等形式。

结构是指材料组织的方式，如排列、拼装、垒积、粘接、折叠等。

工艺主要指技术形式，包括印刷工艺、涂饰工艺、安装工艺、加工工艺等。

# 参考文献


阿涛，2020.VI 设计规范与应用自学手册 [M]. 北京：人民邮电出版社 .

曹琳，2016. 书籍装帧创意与设计 [M]. 2 版 . 武汉：武汉理工大学出版社 .

凤凰高新教育，2016. 中文版 Illustrator CC 基础教程 [M]. 北京：北京大学出版社 .

符远，2008. 标志与 VI 设计 [M]. 北京：高等教育出版社 .

何洁，等，2016. 现代包装设计 [M]. 北京：清华大学出版社 .

江奇志，2018. 包装设计：平面设计师高效工作手册 [M]. 北京：北京大学出版社 .

李冰，吴晓慧，2011. 书籍装帧设计 [M] 北京：清华大学出版社 .

李杏林，田帅，2018. Illustrator 图形设计实战秘技 250 招 [M]. 北京：清华大学出版社 .

刘平，王南，2019.VI 设计项目式教程（微课版）[M]. 2 版 . 北京：人民邮电出版社 .

柳林，赵全宜，明兰，2016. 书籍装帧设计 [M]. 2 版 . 北京：北京大学出版社 .

赛哲生物视觉团队，2017. 生命科学插图从入门到精通：Adobe Illustrator 使用技巧 [M]. 广州：广东科技出版社 .

王炳南，2016. 包装设计 [M]. 北京：文化发展出版社 .

伍德，2020. Adobe Illustrator CC 2019 经典教程（彩色版）[M]. 张敏，译 . 北京：人民邮电出版社 .

姚冲，暴秋实，黄佳俊，2018. Illustrator CC 中文全彩铂金版案例教程 [M]. 北京：中国青年出版社 .

赵飒飒，2019. Illustrator 商业案例项目设计完全解析（中文版）[M]. 北京：清华大学出版社 .